福州大学哲学社会科学学术著作出版资助计划项目

我国海洋绿色经济与绿色发展研究

黄文彬◎著

中国财经出版传媒集团
经济科学出版社
Economic Science Press

图书在版编目（CIP）数据

我国海洋绿色经济与绿色发展研究/黄文彬著．
—北京：经济科学出版社，2021.8
ISBN 978－7－5218－2763－7

Ⅰ.①我…　Ⅱ.①黄…　Ⅲ.①海洋经济－绿色经济－经济发展－研究－中国　Ⅳ.①P74

中国版本图书馆CIP数据核字（2021）第162696号

责任编辑：程辛宁
责任校对：隗立娜
责任印制：张佳裕

我国海洋绿色经济与绿色发展研究
黄文彬　著
经济科学出版社出版、发行　新华书店经销
社址：北京市海淀区阜成路甲28号　邮编：100142
总编部电话：010－88191217　发行部电话：010－88191522
网址：www.esp.com.cn
电子邮箱：esp@esp.com.cn
天猫网店：经济科学出版社旗舰店
网址：http：//jjkxcbs.tmall.com
北京季蜂印刷有限公司印装
710×1000　16开　18.75印张　320000字
2021年8月第1版　2021年8月第1次印刷
ISBN 978－7－5218－2763－7　定价：86.00元
（图书出现印装问题，本社负责调换。电话：010－88191510）

前　言

21世纪是海洋的时代，坚持陆海统筹、坚持人海和谐、坚持海洋经济绿色发展、坚持海洋生态文明建设是未来海洋经济重点发展方向。全面了解我国海洋经济发展现状与存在的不足、深入研究我国海洋经济绿色发展水平和海洋绿色经济效率、探索分析我国海洋生态文明建设，可以为海洋经济的绿色发展提供可靠的依据与方法，在可持续发展的前提下提高海洋绿色经济效率，科学有序的保证海洋生态文明的持续推进，实现建设海洋强国、构建海洋命运共同体的目标。

本书将主要集中在以下几方面内容研究：第一，构建适用于我国海洋产业发展与竞争力研究的指标体系，研究我国海洋产业发展现状与竞争力情况，发现并解决海洋产业发展中的问题，探索分析我国海洋产业发展的优势与不足，寻找改善海洋产业竞争劣势的途径；第二，研究我国海洋产业增长的特点，将我国海洋产业增长变动情况分解为四个不同的效应，并从时间和空间上对这些效应进行对比研究，寻找我国海洋产业发展区域合作空间，为政府有关职能部门及海洋企业提供决策建议及参考，促进沿海各省份海洋产业均衡可持续发展；第三，构建我国海洋绿色经济与绿色发展指标体系，测算我国海洋绿色经济与绿色发展综合指数，分析我国海洋经济产业绿色发展水平的时空特征；第四，测算我国海洋绿色经济效率并客观分析我国海洋绿色经济效率的影响机制，从绿色的角度观察我国海洋经济效率的真实情况及变化趋势，发现海洋经济可持续发展中存在的问题；第五，基于我国22个海洋生态文明示范区城市的数据，从海洋经济发展、海洋环境资源和海洋社会文明三个角度出发，构建我国海洋生态文明评价指标体系，客观分析我国海洋生态文明发展现状并提出相应政策建议。

本书的研究将在一定意义上，丰富海洋产业竞争力测算的理论模型和实证方法；有助于直观描绘我国海洋经济与环境协调发展水平，为科学有效地开发海洋资源、促进海洋经济绿色发展提供理论依据；有助于全面了解我国海洋经济绿色发展状况，评估海洋经济绿色发展水平；有助于提高我国海洋生态文明整体水平，早日实现由“海洋大国”到“海洋强国”的转变。

本书的出版得益于“福州大学哲学社会科学文库”基金经费的资助，特此表示感谢！感谢福州大学经济与管理学院统计系硕士生黄妙娟、王亚茹、郑慧颖、许艺芳、杨冉、杨惠静等同学在本书数据收集、整理与实证分析处理部分所做的工作，感谢所有参考文献的作者们。

黄文彬

2021年5月

目　录

第一章
绪　　论

地球上海洋面积高达 3.6 亿平方公里，约占地球 70% 的面积，海洋面积为陆地面积的 2.4 倍，海水体积更是达到 13.5 亿立方公里，约占地球上总水量的 97%[①]，海洋为人类的生存与发展提供了丰富资源。随着世界经济的发展以及科学技术的进步，人类对资源的需求量日益加大，但随着陆域经济的发展受到制约，随着人类探海技术的日臻成熟，对海洋的开发和利用成为各个沿海国家发展的焦点。海洋蕴含着巨大的自然资源，如海洋生物资源、海洋矿产资源、海洋能源等，这些海洋资源具有巨大的可开发与利用空间，同时海洋也是联系世界的重要通道，它对于人类的生存、世界的发展、文明的进步意义非凡，海洋是支撑未来世界发展、具有重要战略意义的新兴开发领域。2001 年联合国首次提出“21 世纪是海洋的世纪”，这标志着全球海洋已经进入人类有计划开发的时代，海洋将成为 21 世纪发展中最后的疆域，世界各国将在这个新的疆域上进行博弈。

---

① 陈可文．中国海洋经济学［M］．北京：海洋出版社，2003.

海洋疆域的探索与开发成为世界沿海国家制定可持续经济发展规划的新战略高地，各沿海国家逐渐意识到海洋经济发展的重要性，纷纷设立海洋研究机构和海洋管理机构，制定海洋战略发展计划和规划，并加大对海洋及其相关产业的发展力度，提升海洋产业竞争优势，意欲将海洋产业发展成为国家经济的支柱产业，促使海洋经济成为新的经济增长点。美国肯尼迪总统1961年就提出“海洋与宇宙同等重要”的观点，此后美国便将海洋发展列为国家战略的重要构成部分，制定、颁布了一系列的海洋规划。在跨进21世纪后，美国对海洋发展的重视程度不断加强，2004年制定和颁发《21世纪海洋经济蓝图》，其绘制了美国海洋事业在21世纪的发展蓝图。之后历届美国总统均十分重视海洋发展，小布什总统颁布《美国海洋行动计划》，奥巴马总统签署了《关于海洋、我们的海岸与大湖区管理的行政令》（简称“行政令”），特朗普总统颁发《关于促进美国经济、安全与环境利益的海洋政策行政令》。日本作为典型的岛国，其独特的地理位置和资源禀赋决定了海洋产业对国家经济发展的重要性，因此日本很早就意识到要向海洋发展。日本早于1968年就颁发了《日本海洋科学技术计划》，而在2007年出台的《海洋基本法》，更是提出了“海洋立国”的国家战略。现在，日本已将海洋发展提升至国家发展战略层面，并确立了海洋渔业、海洋船舶工业、滨海旅游业、海洋新兴产业为四大支柱产业。英国作为古老的海洋国家，其优越的地理位置促进了海洋产业的发展。英国在20世纪前制定的海洋政策法规主要是集中于单一分散的海洋产业或海洋区域，进入21世纪后，英国发布了一系列综合性的海洋经济政策。2011年英国颁布了《英国海洋产业增长战略》，该战略是其历史上第一个海洋产业增长战略，目的是带动国家海洋产业增长。澳大利亚的海洋产业是其支柱产业之一，也是其国民经济增长最快的产业之一。澳大利亚在20世纪90年代便颁发了《澳大利亚海洋产业发展战略》《澳大利亚海洋政策》《澳大利亚海洋科技计划》等系列政府文件，并提出了21世纪国家海洋战略与海洋经济发展的政策举措。同时，《澳大利亚海洋产业发展战略》明确了海洋及其相关产业对海洋资源的利用要以可持续发展为前提。

我国幅员辽阔，是名副其实的海洋大国，海洋中蕴含的巨大能量也正是国家强劲发展的物质基础。我国的“海洋国土”近300万平方公里，相当于陆地面积的1/3，海岸线总长达32000公里[①]，各类海洋资源丰富，海洋生物种类繁多，沿海旅游业发展迅猛，这也为我国大力发展蓝色海洋经济提供了有利条件。海洋是我国通向世界的重要渠道，我国90%的贸易是通过海洋出口，对外开放也起始于沿海地区，在国际竞争日益激烈的背景下，广袤的蓝色海洋是我国经济发展的突破口，海洋经济的发展对我国具有重大意义。自20世纪90年代，我国开始制定一系列的海洋资源开发方针与政策，将海洋资源的开发与利用划入国家经济发展战略版图，海洋经济真正开始迅猛发展。1991年国务院召开首次海洋工作会议后，海洋开发和利用逐渐上升至国家发展战略层面，海洋经济也开始得到关注和发展。在跨入21世纪后，海洋发展已被提升至我国国家战略层次。由《2019年中国海洋经济统计公报》的数据显示，2019年全国海洋生产总值89415亿元，占GDP的比重为9.0%，对比1990年的全国海洋生产总值所占GDP比重仅为2.36%，我国的海洋产业始终保持稳步增长。海洋经济平稳发展，也成为国民经济发展的有力武器。虽然我国的海洋经济有所发展，但发展仍相对落后，存在海洋开发利用层次较低、海洋科研和创新能力不强、海洋经济仍依赖传统产业等问题；同时我国在发展海洋经济的过程中，由于缺乏海洋环境保护意识以及前期粗放式的经济发展模式，导致海洋资源消耗急遽增大、海洋废弃物排放污染剧增、海洋生态环境遭受破坏，海洋经济增长的速度超出海洋环境的承载能力，这些问题导致海洋生态系统的恶化，不仅对海洋环境造成了影响，同时也限制了海洋经济的进一步发展，更不利于深度挖掘海洋的巨大潜力，因此"先发展后治理"的方式必须要摒弃，转变发展思路，建立和完善海洋生态保护机制迫在眉睫，海洋经济的转型势在必行。

2012年联合国颁发的《蓝色世界里的绿色经济》报告指出：一个健康的沿海生态系统，在发展绿色经济的同时，能带来诸多的良好效益。《蓝色世界里的绿色经济》提出了一系列既能促进经济发展、又能实现资源环境保护的可持续发展建议。随着《蓝色世界里的绿色经济》综合报告的发布，越来越多国家开始关注海洋经济的可持续发展。美国国家海洋与大气局提出"蓝色经济"概念：蓝色经济是一个同时具有经济可持续性和环境可持续、有着广阔发展前景的海洋经济。澳大利亚海洋政策科学咨询小组也在报告中提及

① 陈可文．中国海洋经济学［M］．北京：海洋出版社，2003.

推动海洋的管理保护工作，进一步实现海洋“蓝色经济”的可持续发展的观点，咨询小组研究人员认为打造“蓝色经济”亟须提上政府议事日程并落实。

在此背景下，我国也出台了相应的法律法规和相关的政策，增强海洋管理，约束海洋过度开发。在“十三五”发展规划中，提出“绿色”理念发展经济，拓展海洋经济空间，海洋经济绿色发展，合理开发资源，优化海洋产业结构，建设可持续的海洋生态文明。自中共十八大提出了“海洋强国战略”以来，国家在国民经济发展的统筹规划给予海洋经济发展更多重视，对于海洋生态环境的可持续发展的关注更是与日俱增。中共十九大进一步指出“坚持陆海统筹，加快建设海洋强国”，指出要提高海洋资源开发能力，着力推动海洋经济向质量效益型转变，发展的同时还要兼顾海洋生态环境的保护和海洋科学技术的创新。2018 年以来，习近平总书记在山东等地区考察时多次强调，发展海洋经济是强国战略的重要部分；建设海洋强国，首先须认识海洋，方能经略海洋，表明了我国对海洋经济可持续发展工作的重视程度。21 世纪是海洋的时代，坚持陆海统筹，坚持人海和谐，坚持海洋经济绿色发展，坚持海洋生态文明建设，建设海洋强国是未来海洋经济重点发展方向。

本书将聚焦分析我国海洋产业发展和竞争力情况、海洋经济绿色发展水平和海洋绿色经济效率、海洋生态文明建设。希望通过这些研究，能够全面了解我国海洋经济发展现状和存在的不足，为海洋经济的绿色发展提供可靠的依据与方法，在可持续发展的前提下提高海洋绿色经济效率，科学有序的保证海洋生态文明的持续推进，实现建设海洋强国、构建海洋命运共同体的目标。

本书将主要集中在以下几方面内容研究：第一，构建适用于我国海洋产业发展与竞争力研究的指标体系，研究我国海洋产业发展现状与竞争力情况，发现并解决海洋产业发展中的问题，探索分析我国海洋产业发展的优势与不足，寻找改善海洋产业竞争劣势的途径；第二，研究我国海洋产业增长的特点，将我国海洋产业增长变动情况分解为四个不同的效应，并从时间和空间上对这些效应进行对比研究，寻找我国海洋产业发展区域合作空间，为政府有关职能部门及海洋企业提供决策建议及参考，促进沿海各省份海洋产业均衡可持续发展；第三，构建我国海洋绿色经济与绿色发展指标体系，测算我国海洋绿色经济与绿色发展综合指数，分析我国海洋经济产业绿色发展水平的时空特征；第四，测算我国海洋绿色经济效率并客观分析我国海洋绿色经济效率的影响机制，从绿色的角度观察我国海洋经济效率的真实情况及变化趋势，发现海洋经济可持续发展中存在的问题；第五，基于我国22个海洋生态文明示范区城市的数据，从海洋经济发展、海洋环境资源和海洋社会文明三个角度出发，构建我国海洋生态文明评价指标体系，客观分析我国海洋生态文明发展现状并提出相应政策建议。

第二章

国内外研究综述

第一节　海洋经济研究

国外对海洋经济的研究最早可以追溯到20世纪60年代，当时沿海国家已经开始意识到海洋开发的重要性，竞相开展海洋相关研究，并将海洋开发提升至国家政策层面。1960年法国发起了“向海洋进军”的口号，并于1967年组建了全球首个国家海洋开发中心，踏出了海洋经济研究的第一步。美国、英国、日本等沿海国家也纷纷出台海洋发展战略和海洋开发计划，海洋经济的探索之旅由此拉开序幕。各个沿海国家的重视推动了海洋经济的发展，学者们的探索也使得海洋经济的研究进程加快。国外对于海洋经济的研究可以大致划分为两个阶段：初探阶段和发展阶段。20世纪80年代之前，各个国家和学者们对海洋经济的研究尚处于初探阶段。美国学者罗霍姆（Rorholm，1967）以新英格兰南部海洋区域为研究对象，使用投入产出法研究海洋产业对区域经济的影响，这是对海洋经济研究的初探。美国于

1972 年颁布的《海岸带管理法》中正式使用了“海洋经济”术语，1974 年美国提出了“海洋 GDP”的概念及核算方法，推动了海洋经济研究的发展。学者们及各国政府对海洋经济的摸索和研究，使得海洋经济研究有了质的飞跃。20 世纪 80 年代后，人们对海洋经济的研究进入发展阶段，这个阶段海洋经济的研究取得了突破性的进展，研究范畴不再局限于传统渔业，而是拓展到更多的海洋产业，同时也开展海洋产业或海洋经济对区域经济重要性的研究。布里格斯、汤森和威尔逊（Briggs，Townsend and Wilson，1982）使用投入产出模型估计缅因州渔业部门带来的收入增长，测度渔业对经济发展的重要性。庞特科沃（Pontecorvo，1989）从国民收入角度，估算了 1972 年美国海洋经济部门的产出，研究海洋经济对区域经济的重要程度。韦斯特伍德和容（Westwood and Young，1997）尝试细分海洋产业，区分海洋工业构成，研究细分的海洋产业对国家经济的贡献程度。总体上而言，当时国外对海洋经济的研究仍相对分散，主要关注具体产业及整体“量”的分析，对海洋经济发展“质”的关注相对较少。

随着研究的深入，学者们从总量研究逐渐转向对发展质量和发展效率的研究，更加关注海洋经济与海洋环境之间的关系。金、霍格兰和道尔顿（Jin，Hoagland and Dalton，2003）将海洋经济的投入产出模型与海洋食物网模型结合，创造性地提出了“经济 - 生态模型”，将海洋经济和海洋生态纳入一个相互关联的系统，为海洋经济与生态健康的协调发展研究提供了新思路。芬诺夫和奇哈特（Finnoff and Tschirhart，2008）介绍了连接海洋动态经济和生态的一般均衡模型，应用 CGE/GEEM 关联建模方法对有冲突的经济活动和环境保护进行建模分析，开拓了海洋经济研究的技术工具。梅里诺、巴兰赫和费尔南德斯等（Merino，Barange and Fernandes et al.，2014）研究海洋生态系统开发的经济效率，探究北大西洋渔业的捕获情况与沿海地区最大经济利润之间的平衡点。

综上所述，国外对于海洋经济的研究自 20 世纪 60 年代以来，研究范畴不断扩大，研究内容和方法呈现多样化，对海洋经济的研究逐渐从量的角度向质的角度过渡，从单纯地关注“海洋经济”向“海洋经济与海洋生态环境”结合研究转变，研究进程加快。

我国海洋经济研究的起步相对较晚，最早是在 1978 年由于光远等牵头，首次提出“海洋经济”理念。1991 年，国务院召开了全国首次海洋工作会议，由此，“海洋经济”频频出现在政府政策文件及学者的研究报告中，掀开了我国海洋经济研究的浪潮。相对于陆域经济，海洋经济的发展相对缓慢：一方面，是因为海洋经济起步较晚，海洋开发管理尚处于摸索阶段；另一方面，是海洋经济的内涵界定不够清晰而造成海洋经济统计的缺陷。学者们不断地研究和探索，尝试厘清“海洋经济”概念。杨金森（1984）提出，“海洋经济是以海洋为活动场所和以海洋资源为开发对象的各种经济活动的总称”，并指出海洋经济包含多个门类，如渔业、旅游业等。这是国内学者首次正式地界定“海洋经济”概念，也是海洋经济中较为经典的定义。权锡鉴（1986）认为海洋经济过程主要表现为物质交换的过程，其定义的海洋经济相对狭义，多体现在海洋生产过程。陈万灵（1998）认为海洋经济更偏向于对海洋资源的开发利用，海洋统计年鉴数据不应只局限于传统海洋产业，还应包含众多新兴海洋产业，如海洋能源等。徐质斌（2006）认为海洋经济是所有与海洋有依赖关系的经济活动的总称，包含活动场所、产品原料等，对于海洋经济的概念定义范围更为宽广，不仅仅局限于海洋资源。2004 年，国务院正式定义了“海洋经济”概念，提出“开发利用海洋相关的产业及活动”都属于海洋经济范畴，同时国务院还对海洋经济相关产业的范围进行了界定，包含海水利用业、海洋生物医药业在内的八大产业，海洋产业的范围由此得到了官方明确。

我国学者从不同角度对海洋经济展开研究，研究的广度和深度均在不断拓展。研究范围涉及全国层面，也涉及区域层面，甚至细化到市县层面。研究内容涉及海洋经济的正面发展，也涉及海洋经济的负面影响，如环境生态问题等。研究领域不仅包含海洋经济，也涉及相关的交叉学科，研究视野更为宽广。

国内学者对于海洋经济的研究，大致分为两大类。第一类关注海洋经济本身的发展状况，更为注重海洋经济发展质量，如海洋竞争力评价、海洋经济效率测算、海洋产业结构等方面的研究。刘明（2017）构建了海洋经济竞争力的评价指标体系，对沿海省份的海洋综合竞争力进行综合评价。盖美、朱静敏和孙才志等（2018）基于 SBM 模型对我国沿海省份的海洋经济效率进行测算，分析其时空演变特征。郭建科、邓昭和许妍等（2019）构建了固定效应模型，对我国三个海洋经济圈的海洋产业发展轨迹进行分析和比较。第二类关注海洋经济发展过程中的生态健康问题，更为注重海洋生态环境问题研究，如海洋生态预警研究、海洋脆弱性研究等。高乐华和高强（2018）针对海洋经济与海洋生态发展现状，建立协调发展的预警机制，设置警戒界限，对海洋经济增长导致的海洋环境恶化进行监测报警。彭飞、孙才志和刘天宝等（2018）基于脆弱性的研究方法，构建我国海洋脆弱性评价体系，对沿海省份海洋生态经济的脆弱性进行评价。

第二节　海洋产业研究

一、产业结构研究

产业结构概念最早出现在20世纪40年代经济领域的研究中，它既可以解释产业与产业之间以及产业内部各要素的比例关系，也可以解释产业布局、产业组织和地区分布的关系。随着研究的深入，目前产业结构的理论主要从以下两方面进行阐述：一是从“质”的角度动态地揭示产业间技术经济联系与联系方式不断发生变化的趋势，揭示经济发展过程中，国民经济中起主导或支柱地位的产业部门不断更替的规律及其相应的“结构”效益，从而形成狭义的产业结构理论；二是从“量”的角度静态地研究和分析一定时期内产业间的技术经济数量比例关系，即产业间“投入”与“产出”的量的比例关系，从而形成产业关联理论。广义的产业结构理论包括狭义的产业结构理论和产业关联理论。

国外关于产业结构的研究最早是从产业结构红利的角度出发，刘易斯（Lewis，1954）使用二元经济模型对产业经济进行研究后认为，农村的剩余劳动力向更高生产效率的现代部门转移，能够提高现代部门的生产力，同时由于产业结构红利带来的效率提升，国家整体的生产率以及产出也可以得到提高。佩内德（Peneder，2003）通过研究认为当社会中各部门的生产效率不同时，投入要素从低效率转移到高效率部门，能够使得社会平均生产率得到提高，形成产业结构红利保持经济上涨。迪特里希（Dietrich，2012）采用了回归方法对经济合作与发展组织的国家进行了产业经济分析，认为产业结构的变化在推动经济增长方面发挥重要作用。另外也有学者从结构性红利减速的角度进行研究分析，他们认为产业结构升级会造成劳动力由工业流动到服务业，而第二产业的劳动生产率一般是高于第三产业的，因此经济会出现“结构性减速”。艾肯格林、帕克和茜恩等（Eichengreen，Park and Shin et al.，2012）研究了全球经济的发展后发现，产业结构调整会使得经济增速先提高后下降。

国内研究方面，吕铁和周叔莲（1999）在产业结构变动对生产率影响的分析中提出可以从合理化和高级化两个方面对产业结构进行考察。丁焕峰（2006）发现当某个产业的技术创新带来新需求时，必然会带来产业结构的优化升级，即便是某产业的创新仅仅带来效率的提升，也可能激发产业结构的优化升级。孙军（2008）发现后发国家中对产业结构升级起重要影响的是内部高层次的需求空间以及政府对技术创新的鼓励。刘美平和吴良平（2008）认为不同时期政府制定的工业化战略是产业结构升级过程中的最初干预力量，这在经济发展过程中将会派生出不同的具体动力源。郑若谷、干春晖和余典范等（2010）将产业结构与制度两个因素引入随机前沿生产函数框架中，他们从实证结果中发现，产业结构的变化对经济增长的影响直接而显著，且该影响在短期和长期内均有明显作用。干春晖、郑若谷和余典范等（2011）对中国产业结构变动与经济增长之间进行了研究分析，实证结果显示产业结构合理化和高级化对经济增长的作用是显著的，但是这种作用是阶段性的，并且合理化对于经济发展的作用要大于高级化。孙鹏和陈钰芬（2014）对1978～2012年中国31个地区的面板数据进行研究后，证实了产业结构合理化和高级化对经济增长的作用是阶段性的，常浩娟和王永静（2014）通过分析1952～2011年的数据也得到相同结论。李春生和张连城（2015）基于1978～2013年的数据，运用VAR模型进行实证分析，发现我国产业结构优化演变路径已变为“二、三、一”，其中第二产业的发展在促进产业结构变化的同时，对整体经济增长也起到了不容忽视的正向作用。

二、海洋产业结构研究

海洋产业结构研究方面，周洪军、何广顺和王晓惠等（2005）分析了我国海洋产业发展过程中海洋产业结构存在的问题。张红智和张静（2005）分析研究了我国海洋产业结构现状，同时指出海洋第一产业在海洋产业结构中占主导地位，说明整体海洋产业结构仍需调整优化。赵昕、马洪芹和李秀光等（2006）在回顾分析我国海洋产业结构演进历史以后，对相关的指标做了一些修正，同时还跟产值结构模式进行了对比分析，认为随着我国海洋经济发展和统计口径朝着标准模式完善，我国的海洋产业结构已经基本实现了合理化。张静和韩立民（2006）对于海洋产业结构演变规律方面进行了研究，认为海洋产业由于开发难度大、技术水平要求高、区域海洋资源禀赋差异大的原因，与陆地产业比起来其结构演变规律较为特殊，同时还提出我国海洋产业结构存在同构化、低度化等问题。武京军和刘晓雯（2010）研究了我国沿海各省份海洋产业的结构特征，研究中运用了灰色关联分析和系统聚类分析等方法，并根据实证结果提出了各区域海洋产业优化调整方向。洪爱梅和程长春（Hong and Cheng，2016）按海洋产业结构水平将我国沿海 11 个省份分为两个样本，发现两个样本在劳动力投资、资本投资、消费水平、对外开放程度和政府支持效应上存在较大差异。王波和韩立民（2017）利用面板门槛效应回归分析方法研究中国海洋产业结构变动对海洋经济增长的影响，发现虽然海洋产业结构的变动对海洋经济增长的影响是显著的，但海洋第三产业占 GDP 比重对海洋经济增长的影响不显著，另外海洋产业结构的变动会引起海洋资本、劳动力以及科技投入对海洋经济增长方式的改变，同时这还具有阶段性的特征：传统的海洋投资结构对于海洋经济的初期发展具有正向促进增长作用，但是一旦跨过了门槛值，反而会抑制其增长；而劳动力对海洋经济增长的正向效应则一直比较显著。

三、产业竞争力研究

产业竞争力的研究起源于国外。最早阐述产业竞争力的理论是亚当·斯密（Adam Smith，1776）在其著作《国富论》中提出的绝对优势理论，该理论为研究产业竞争力提供了基础理论。之后的学者在此理论上进行继承和发展：大卫·李嘉图（David Ricardo，1817）提出比较优势理论；埃利·赫克歇尔（Eli F Heckscher，1919）和其学生贝蒂尔·俄林（Bertil G Ohlin，1933）提出资源禀赋论；雷蒙德·弗农（Raymond Vernon，1966）提出产品生命周期论；迈克尔·波特（Michael E Porter，1990）提出国家竞争优势理论；等等。在众多产业竞争力理论中迈克尔·波特的国家竞争优势理论最为经典，该理论首次从“产业”层面对国际竞争力进行研究，迈克尔·波特认为影响产业竞争力的要素有生产要素条件、市场需求条件、相关及支撑产业、企业战略、结构和同行竞争以及机遇和政府作用这两个辅助要素，并基于以上6个要素提出产业竞争力评估的“钻石模型”。世界经济论坛（WEF）和瑞士洛桑国际管理学院（IMD）（1980）建立了一套国际竞争力评价体系，并基于该评价理论对工业化国家和主要发展中国家的竞争力进行综合评估，评价结果被编辑成《全球竞争力报告》《世界竞争力年鉴》于每年出版。英国学者邓宁（Dunning，1993）认为在国际间经济活动日益频繁的环境下，波特的“钻石模型”会低估市场全球化对国家竞争优势的影响，因此他将“跨国公司的商业活动”作为第三个辅助要素加进“钻石模型”中，构建出国际化“钻石模型”。艾伦和约瑟夫（Alan and Joseph，1993）发现波特的“钻石模型”对小规模的贸易国家解释性较差，因此他们结合加拿大的具体国情，提出加拿大“钻石模型”和美国“钻石模型”相结合的“双钻石模型”。韩国学者金东顺（Cho，1994）针对“钻石模型”不适用于欠发达国家或发展中国家的问题，结合韩国的实际国情，提出九要素模型。

产业竞争力的实证研究方面有：维拉里亚和阿胡马达（Villarreal and Ahumada，2015）通过使用VAR模型，研究一些关键变量对墨西哥制造业国际竞争力的影响，结果表明实际货币、劳动生产率和实际利率对墨西哥制造业竞争力的影响较大。陆怡蕙、姜文吉和黄思琦（Yir-Luh，Jiang and Huang，2016）研究与贸易有关的溢出如何影响经济合作与发展组织国家的工业竞争力，实证结果得出中国与贸易有关的溢出效应可以对经济合作与发展组织国家的产业竞争力产生正、反作用，同时发现全要素生产率增长是竞争力的驱动力，以及STI（科学、技术和创新）政策在支撑可持续发展和平衡增长中的重要作用。莫玛亚、巴特和拉尔瓦尼（Momaya，Bhat and Lalwani，2017）以印度工业竞争力为对象，研究战略灵活性在提高机构对竞争力的贡献方面的作用，结果表明国际化的人力资源、供应链和技术管理有力推动了印度机构的发展。费里安托和柏林达尔多（Ferianto and Berliandaldo，2019）以SWOT分析法研究管理战略对提高印度尼西亚中药材产业竞争力的作用，得出管理战略可以提高印度尼西亚中药材产业在本地和全球市场的竞争力水平。瓦伦、诺里亚尔和辛格（Varun，Nauriyal and Singh，2020）分析印度在2005年实施产品专利制度后，其医药行业在跨国制药公司进入印度国内市场后的竞争力状况，研究基于数据包络模型的实证结果表明印度医药企业需要通过采用最佳管理方法、确保资源的最佳利用以及在技术和产品创新方面的大量投资来大幅度提高其医药行业效率。

国内产业竞争力的研究时间较短，起始于20世纪80年代末。1989年国家体改委和世界经济论坛（WEF）、瑞士洛桑管理学院（IMD）合作研讨国家竞争力问题，此举拉开了我国产业竞争力研究的帷幕。我国学者狄昂照（1992）在其著作《国际竞争力》中对国际竞争力的概念和测算方法进行比较研究，该书是我国首部关于产业竞争力与国际竞争力研究的书籍。任若恩（1993）与荷兰格林根大学的专家合作，基于价格水平、劳动力成本、生产率等指标数据对中国制造业的国际竞争力进行研究，并发表了《关于中国制造业国际竞争力的初步研究》《关于中国制造业国际竞争力的进一步研究》等学术论文。金碚（1996）在其著作《中国工业国际竞争力——理论、方法和实证研究》中，以波特教授的"钻石模型"为出发点，基于经济学理论知识，首次提出将产业国际竞争力研究嵌入到经济学理论框架的经济分析范式。裴长洪（1998）在其著作《利用外资和产业竞争力》中，对利用外资和产业竞争力问题做出更为系统的研究分析，该研究在对当时国内外产业国际竞争力进行总结和探讨外，还进行了中国产业竞争力、中国出口竞争力等方面的实证研究。赵彦云教授带领的中国人民大学竞争力研究与评价中心，在1996~2003年发表了一系列以中国国家竞争力为对象的研究报告，如《中国国际竞争力发展报告（1996）》《中国国际竞争力发展报告（1997）——产业结构主题研究》，这些研究报告从理论、方法、模型和实证分析等方面系统全面的发展了中国国际竞争力的研究，并提出以核心竞争力、基础竞争力、环境竞争力构建的"三位一体"模型认识中国的产业国际竞争力。张金昌（2002）在其著作《国际竞争力评价的理论和方法》中提出，产业竞争力很大程度取决于国家经济发展阶段以及宏观经济政策环境，并总结出影响产业竞争力的五个决定因素，即产业类型、产业成长阶段、市场竞争结构、国家经济发展阶段以及宏观政策环境。刘小铁（2004）提出决定产业竞争力强弱的五个因素，即资源条件、技术创新、企业素质、产业组织结构以及政府作用，它们共同构成产业竞争力的"五要素论"。

国内有关产业竞争力的实证研究有：沈忱、李桂华和顾杰等（2015）定义了外显竞争力和内隐竞争力两个概念，并从这两个维度出发结合定性研究和定量研究方法，构建衡量中国产业集群品牌竞争力的评估体系。侯兵、周晓倩和卢晓旭等（2016）以长三角地区城市群为研究对象，基于动态演变的视角利用熵值法测量2009～2015年长三角地区城市群的文化旅游竞争力。刘艳、曹伟和晏晏等（2016）结合熵权和TOPSIS模型，基于产业联动视角，构建评价城市物流业竞争力的评估体系，并对“一带一路”包含的10个内陆节点城市的物流业竞争力进行测算。郑乐凯和王思语（2017）从全球价值链视角出发，使用贸易增加值前向分解方法对中国制造业与服务业的国际竞争力重新进行了估算，客观评价了中国产业的出口竞争力。李晓钟和黄蓉（2018）考察在工业4.0的背景下纺织产业和电子信息产业的协调关系，以及两者融合对纺织产业竞争力水平发展的驱动作用。缪小明、王玉梅和辛晓华等（2019）基于中国2000～2016年的集成电路产业和贸易数据，运用内容分析法和典型相关分析法进行实证研究。

四、海洋产业竞争力研究

国外产业竞争力研究多集中在陆域产业，较少研究海洋产业竞争力，与此同时，大部分海洋产业研究文献是针对海洋渔业、海洋油气业、海洋交通运输业等某一特定海洋产业的发展模型进行评价研究。凯尔（Kyle，1997）考察美国海洋交通运输业与技术创新的关系，基于古典利润函数对15家公司在1971～1982年进行研究，结果表明技术更新使得燃料和劳动力的需求变少、运输速度变快，即技术更新增强海洋交通运输业的生产力。兰根和尼丹（De Langen and Nijdam，2003）发现某些企业在集群过程中扮演着特殊的角色，并将这些企业定义为“领导企业”，荷兰海洋产业中的“领导企业”对其集群起到领导作用，并促进了荷兰海洋产业国际化。贝尼托、伯杰和弗雷斯特等（Benito，Berger and Forest et al.，2003）从集群角度分析挪威海洋产业，提出挪威海洋产业的创新能力有所下降，海洋制造业和服务业之间的差距越来越明显，同时海洋产业的国际竞争力逐渐减弱，海洋产业各部门间的关联度也逐渐减小。马纳吉和奥帕卢奇等（Managi and Opaluch et al.，2006）通过测算墨西哥1976～1995年海洋油气业的全要素生产率，验证技术变革、环境管制对海洋油气勘探、开发和生产的影响，研究结果表明海洋油气业的发展很大程度依赖技术创新，而环境管制对其影响是负向的。格拉斯

（Glass，2010）对新西兰的造船业现状和影响因素进行研究，提出新西兰船舶制造业在全球具有竞争力的关键在于技术创新和产品设计的优势。马克科宁、英基宁和萨尔尼（Makkonen，Inkinen and Saarni，2013）通过对芬兰海洋产业集群与创新关系的研究，得出海洋船舶工业和海洋交通运输业等产业竞争力的提升依赖于科技创新，并提出要根据芬兰当前环境适当的制定海洋产业研发创新政策。斯塔夫鲁拉基斯和帕帕季米特里欧等（Stavroulakis and Papadimitriou et al.，2015）对海洋产业集群竞争优势的构成因素进行批判性的考察，他们提出产业集群和海洋集群的竞争优势在于自身的系统起源和整体表现，因此应该将集群本身视为竞争优势。

步入21世纪以来，伴随着我国海洋经济的深入发展，国内学者对海洋产业竞争力的研究也逐步展开。梳理国内研究文献，可将其分为三大类型："省份层面"即以某一个或几个省份为研究对象评估海洋产业竞争力；"区域层面"即以区域为研究对象评估海洋产业竞争力；"全国层面"即研究全国范围的海洋产业竞争力。

省份层面海洋产业竞争力研究。王圣和张燕歌（2011）提出产业竞争力由显性竞争力和潜在竞争力构成，并从资源禀赋、产业聚集、区位优势、创新力构建山东海洋经济竞争力评估系统。常玉苗和蔡柏良（2012）在设计海洋产业竞争力评估体系时考虑陆海统筹这一思想，并从资源丰富度、人力资源、海洋科技等角度和综合竞争力，比较分析江苏与其他沿海省份的优、劣势及差距所在。姚晴晴（2014）运用因子分析法，将山东和其他沿海省份作比照，得出山东海洋产业竞争力不强。赵冉和张特特（2014）以"钻石模型"为理论基础、以系统动力学为分析方法，研究浙江海洋产业竞争力产生的内在、外在驱动因素，以及驱动因素的作用机理，并强调了海洋管理对于海洋产业竞争力重要性。巫克帆（2014）从海洋产业的发展特征和影响因素出发搭建海洋产业竞争力评价体系，应用主成分分析——TOPSIS测算广东以及其他沿海省份的海洋产业竞争力，并通过对比分析获得广东海洋产业竞争力的优势和劣势。丁攀（2015）应用波士顿矩阵对上海海洋产业竞争力进行综合评估，并将上海各海洋产业分别与全国进行比较分析，构建上海主要海洋产业评价指标体系，通过熵值法衡量上海海洋产业竞争力构成，得出海洋科技对上海海洋产业影响重大。冯瑞敏、杜军和鄢波（2016）提出海洋产业竞争力由海洋产业发展潜力、海洋产业发展基础以及海洋产业科技实力三方面构成，并基于该理念评析广东海洋产业竞争力。

区域层面海洋产业竞争力研究。刘洋、丰爱平和刘大海等（2008）运用聚类分析评估山东半岛沿海城市的海洋产业结构及竞争力，结果表明山东半岛整体海洋产业现代化水平较低，并提出相关海洋产业优化升级政策建议。马仁锋、李加林和庄佩君等（2012）通过对长三角的海洋产业竞争力进行单要素对比分析以及全要素综合测评，从竞争力要素和省域两个维度分析长三角区域海洋产业竞争力的优、劣势及空间差异。李晓光和崔占峰（2012）以山东半岛蓝色经济区为研究对象，建立了一个囊括9个二级指标、58个三级指标的海洋产业竞争力评估体系，并用该体系考察蓝色半岛经济区内的城市海洋产业竞争力。康培元（2014）以山东半岛蓝色经济区指标数据为基础，综合使用熵值法及主成分分析法测算海洋产业竞争力，并通过构建状态空间模型展示海洋产业的收入、就业、税收与外汇效应等变量的动态变化情况。张恋（2014）将我国沿海地区划分为6个海洋经济区，运用偏离－份额分析法对各经济区海洋产业的结构及竞争力进行剖析，并根据测量结果将6个海洋经济区划分为不同发展类型。刘文龙（2016）基于海洋产业结构视角，使用偏离－份额分析法，对环渤海地区及其三省一市的海洋产业竞争力进行评估，将海洋产业归类为“明星”“金牛”“瘦狗”“幼童”四个档次。毛伟和居占杰（2018）基于因子分析法评估我国沿海省份的战略性新型海洋产业国际化水平，并分析环渤海地区、泛珠三角地区和长三角地区的区域差异状况。叶蜀君、包许航和温雪（2019）对广西北部湾经济区与其他经济区展开对比分析。

全国层面海洋产业竞争力研究。殷克东和王晓玲（2010）综合使用熵值法、灰色关联分析法、主成分分析法、层次分析法以及Kendall一致性检验方法，测算我国2002～2006年沿海地区海洋产业竞争力，测算结果表明“四维一体”模型具有一致性，且能准确、客观地反映出区域海洋产业竞争力动态变化，最后通过模糊聚类分析对综合评价结果进行验证。扈丹平（2010）通过与国外新兴海洋产业进行比较分析，论述当前我国海洋新兴产业国际竞争力水平，同时运用熵值法、变异系数、加权平方和等方法，评价我国主要海洋新兴产业的国际竞争力。俞立平和万崇丹（2012）基于11个沿海省份的面板数据，以综合得分为因变量，指标数据为自变量做回归分析，得出对海洋经济竞争力影响较大的因素。孙林林、李同晟和吴涛（2013）认为海洋产业结构对海洋经济增长作用较大，使用偏离－份额法和聚类法，验证出目前海洋产业对我国各沿海地区经济增长的贡献率参差不齐。张焕焕（2013）将我国与国外海洋产业大国发展现状进行对比分析，并依据海洋产业国际竞争力的主要影响因素建立评价指标体系，应用因子分析评价美国、日本、英国等海洋大国的海洋产业国际竞争力。严筱（2013）在综合考虑影响海洋产业竞争力的内外部因素的基础上，设计出涵盖6个变量层、17个指标的评价体系，并通过回归分析得出经济实力、科研能力、产出能力、环境保护对我国海洋产业竞争力的影响较大。孙才志和韩建（2014）基于2006~2011年沿海省份的海洋数据，从竞争优势和比较优势两个层面评价海洋产业竞争力，根据研究结果提出，沿海省份海洋产业竞争优势可分为强、中、弱三类，比较优势可分为区位、环境、区位与资源三类。伍业锋（2014）在考虑竞争结果的比较和影响结果的投入、过程要素后，认为评估海洋经济区域竞争力要从三个维度展开，即业绩表现、发展基础与发展环境，该测度框架更符合我国海洋经济所处的阶段和发展的内在需求。白福臣和周景楠（2016）从产业规模水平、产业结构水平、产业科技水平构建区域海洋产业竞争力评估系统，并综合运用主成分分析与聚类分析测算、分析11个沿海省份的海洋产业竞争力，并提出区域海洋产业竞争力是评价海洋经济发展的重要指标。祝敏（2019）基于环境成本、技术创新和产业结构三个层面展开海洋环境规制对海洋产业竞争力影响机制的研究，并使用2006~2015年沿海省份的面板数据构建回归模型以实证分析加以论证。

第三节　海洋绿色经济发展研究

一、绿色经济与绿色发展研究

工业革命以来，世界经济取得飞跃式的增长，但是人类过度的社会活动和以环境为代价的经济发展模式，使得全球的生态环境受到了严重污染与破坏。自20世纪以来接连发生多起震惊世界的环境污染事件，如伦敦烟雾事件、日本水俣病事件等，给经济带来巨大损失。由于发展经济带来的资源过度消耗和生态环境恶化问题不仅严重威胁到人类的生存安全，也使得经济发展可持续性经受着严峻的挑战，各国逐渐意识到环境问题的严重性，传统经济的转型迫在眉睫。1987 年，世界环境与发展委员会提出可持续发展的理念，呼吁建立健全相应机制。“绿色发展”“绿色经济”逐渐成为全世界关注的重点和热点问题。

“绿色经济”的概念在不同的历史时期有着不同的含义，根据其内涵的变迁，唐啸（2014）将“绿色经济”的发展研究大致划分为三个阶段：以生态系统为导向阶段、以“生态 - 经济”系统为导向阶段、以“生态 - 经济 - 社会”系统为导向阶段。

以生态系统为导向阶段，该阶段对于“绿色经济”的阐述主要集中在生态环境层面。“绿色经济”术语最早是由英国学者皮尔斯（Pierce，1989）提出的，皮尔斯认为经济的发展应当在环境和资源的承载范围内，并提倡将经济发展对环境造成的不良影响纳入经济衡量标准，但皮尔斯没有对“绿色经济”具体的内涵作进一步阐述，此时的“绿色经济”术语仅用于环境保护层面。

以“生态 - 经济”系统为导向阶段，该阶段的“绿色经济”内涵不再局限于生态环境，拓展到研究生态与经济的协调关系。2007 年，联合国环境规划署首次提出“绿色经济”的概念，并着重强调经济绿色化、绿色增长等理念。在 2008 年，联合国环境规划署又对“绿色经济”的内涵进行拓展，将环境纳入评价标准，并在全球范围内倡导“绿色经济”，提倡环境友好型经济发展模式。相对于以生态系统为导向阶段，该时期的“绿色经济”内涵更为丰富，将经济发展与环境破坏的内在联系考虑在内，提倡在保护环境的基础上绿色发展经济，强调经济发展的可持续性。虽然此阶段对于理论知识仍缺乏系统的规划，但“绿色经济”理念已经逐渐为世界各国所接受并开始付诸行动。

以“生态 - 经济 - 社会”系统为导向阶段，该阶段的“绿色经济”涵盖生态、经济、社会多个子系统，将社会福利系统考虑在内，丰富了“绿色经济”的内涵。2010 年，联合国环境规划署正式将社会系统与“生态 - 经济”系统连接起来，三者共同构成了“绿色经济”发展的内涵。将社会子系统纳入“绿色经济”研究范畴内，是理论发展的一大进步，意味着“绿色经济”不仅只是一种经济发展的模式，更是集经济发展、生态保护、社会福利于一体的综合发展观念。2012 年，联合国举行主题为“发展绿色经济”的会议，呼吁发展绿色经济，世界多个国家纷纷响应。至此，经过多年的演变，“绿色经济”的内涵不断得到丰富和外延，逐渐被用于经济发展与生态环境的研究中，在实践中不断得到发展。

国内对于此方面的研究相对较晚。学者刘思华（2001）引入“绿色经济”一词，在结合中国发展国情的基础上，提出“绿色经济”的定义。2002年，联合国开发计划署提出，中国应当转变经济发展模式，由“黑色发展”向“绿色发展”的模式转变。胡鞍钢（2004）提出进行“绿色改革”，发展经济、社会、生态三位一体的经济模式。“绿色发展”的理念开始出现在我国学术界和政府工作中，并逐渐引起重视。

2010年开始，我国开始编制绿色发展的检测指标体系，测算绿色发展指数，用于我国省域和市县绿色发展水平的评价，增强对绿色发展的检测力度。2011年，在“十二五”规划中第一次以“绿色发展”为主题，强调资源节约和环境保护。2012年，中共十八大提出“五位一体”的战略构想，将“生态文明建设”提升至与经济建设等同高度。2015年，中共十八届五中全会提出发展的五大理念，突出了“绿色发展”的地位，重视生态环境的保护和污染的治理。2017年，中共十九大全面阐释了“绿色发展”的背景、理念等，为绿色发展的实践提供了指导方针和行动指南。至此，“绿色发展”上升至国家政策层面，成为我国社会主义现代化建设的重要指导思想。

国内对于“绿色发展”的研究，主要分为两大类：绿色发展的内涵及模式的研究、绿色发展综合水平的评价。

绿色发展的内涵及模式的研究。王玲玲和张艳国（2012）认为绿色发展以环境保护为核心，包含绿色经济、绿色文化等多方面内容。蒋南平和向仁康（2013）认为绿色发展的含义不只是节约资源、保护环境，而是应当定义为资源合理利用、经济适度发展、人与自然和谐相处。张旭（2016）对绿色增长的含义和实现的路径进行分析总结，认为绿色发展在狭义上是指经济上的增长，在广义上则包含社会总财富的增长和人类福祉的提升。张伟（2016）基于绿色索洛模型，对我国产业绿色发展的实现路径、模式和影响因素进行研究，并提出针对性的建议。邹巅和廖小平（2017）认为国内对绿色发展的认知存在一定的误区，将“绿色”视为“发展”的对立面，过于重视“绿色”，过于追求经济与生态的协调，而导致发展缺乏活力，认为绿色发展应当将绿色与发展充分融合。邬晓霞和张双悦（2017）指出我国未来绿色发展的走势应当着重构建绿色区域，包括绿色城市、绿色乡村，以此为内核，以绿色制度为保障，全面实现绿色发展。

绿色发展综合水平评价的研究。向书坚和郑瑞坤（2013）构建了绿色经济发展指数并进行测算，结果显示我国经济的绿色发展水平仍较低。郭玲玲、卢小丽和武春友等（2016）结合绿色发展含义，从社会经济、资源环境、自然资产、生活质量与政策支持 5 个方面选取指标，使用相关分析等方法进行指标筛选，构建绿色增长指标体系。袁文华、李建春和刘呈庆等（2017）构建了包含经济、社会、生态在内的绿色发展综合评价体系，对山东地市的绿色发展水平进行评价。朱海玲（2017）基于绿色发展内涵，构建了含工业绿色、绿色金融等在内的绿色经济评价体系，并对绿色 GDP 进行核算。赵细康、吴大磊和曾云敏等（2018）将资源利用和环境污染的指标考虑在内，构建了绿色发展历时性评价模型，并将结果与共时性评价结果进行比较。石震、李战江和刘丹等（2018）从经济结构、效益、质量三个层面构建绿色经济的指标体系，运用“灰色关联－秩相关法”进行测算和分析。

二、海洋绿色经济研究

海洋经济战略性地位逐渐得到提高，海洋经济绿色发展也逐渐被提上国家层面和国际层面。2012 年联合国环境规划署等相关组织联合提出，海洋经济的发展应当由单纯地关注生产总值向更深内涵转变，社会目标和生态系统也应当被考虑在内，同时也对各个海洋产业，如滨海旅游业、渔业等，提出了一系列绿色发展的建议，为各国海洋经济绿色发展提供参考和标杆。

目前国外学者对于绿色发展的研究成果颇丰，但对海洋经济绿色发展的研究相对较少。克劳森和约克（Clausen and York，2010）建立路径模型，评估经济增长对海洋生物多样性的影响，认为应当将社会影响和生态研究纳入经济研究和海洋保护的范围内。基尔多和麦克尔戈姆（Kildow and Mcilgorm，2010）认为海洋经济的概念和衡量方法差异导致各国海洋经济的比较较为困难，两位学者梳理了海洋经济相关研究，对不同国家间的海洋经济、海岸带经济和海洋产业进行区分和比较，探求海洋经济与生态环境之间行之有效的研究方法。莫格拉和恩托纳（Morgera and Ntona，2017）通过海洋空间规划将联合国《可持续发展目标：目标 14》与其他可持续发展目标联系起来，

《可持续发展目标：目标 14》的重点是保护和可持续利用海洋，利用海洋生态服务系统，增强与其他可持续发展目标之间的协同作用。

国内“绿色发展”的理念提出时间较晚，相关研究起步也较迟。张莉、何春林和乔俊果等（2008）基于海洋经济绿色发展的内涵，提出了含海洋经济、社会发展、海洋资源与环境、智力支持 4 个子系统在内的海洋经济绿色发展指标体系，虽未进行实证研究，但为海洋经济绿色发展综合水平的评价提供了参考。姜旭朝、张继华和林强等（2010）对蓝色经济的概念进行阐释，对海洋经济区进行划分，强调新时代背景下海洋经济的发展应当可持续。刘明（2010）指明在海洋经济发展的过程中，存在着 6 个影响海洋经济绿色发展的重大问题，如海洋环境恶化、海洋产业布局等，这些问题将会长期存在，并阻碍我国海洋经济可持续发展进程。丁黎黎、朱琳和何广顺等（2015）基于超效率数据包络分析方法构建了蓝绿指数，测算我国海洋经济绿色发展水平，结果显示我国三大海洋经济圈海洋经济绿色发展水平的差距有所减少。盖美、刘丹丹和曲本亮等（2016）运用随机前沿方法测算了我国沿海地区的海洋经济绿色效率，并构建 Tobit 模型考察不同影响因素对我国绿色海洋经济效率的影响。丁黎黎、郑海红和王伟等（2017）构建了 Malmquist-RAM 非期望产出模型，将政府治理行为考虑在内，对我国海洋经济绿色生产率进行测算和评估，结果显示现阶段政府的投资力度虽不断增大，但由于采取的方式不当，导致海洋经济绿色生产效率仍较低。

第四节　海洋绿色经济效率研究

一、海洋经济可持续发展研究

在全球生态问题日益严峻的环境下，海洋经济的可持续发展成为该领域研究的又一热点话题。对此，国外学者的研究集中于从海洋经济与海洋环境之间的关系入手，对如何实现海洋经济和海洋环境协调发展展开研究。布朗、阿德格尔和汤普金斯等（Brown，Adger and Tompkins et al.，2001）通过制定社会、经济和生态的标准，分析海洋保护区不同开发方案的影响，并用多目标分析方法为实现海洋保护区可持续发展提供最优方案；霍格兰和金（Hoagland and Jin，2008）构建出衡量大型海洋生态系统中海洋活动强度的指标体系，试图通过分析海洋活动指数与地区的社会经济发展指标的差异，从而判断世界各大海域实现海洋环境可持续发展的可能性；基尔多和麦克尔格姆（Kildow and Mcllgorm，2010）通过对比不同国家研究海洋环境影响海洋经济的方法的共性和差异，试图总结出能够客观衡量海洋自然环境、人对海洋经济的影响的最优测算方法；夏尔马和辛格（Sharma and Singh，2015）通过对海洋沉淀物的研究，评估海洋沉淀物作为自然资源替代材料的可能性，试图通过提高海洋系统的存储容量来实现海洋可持续发展。

相较国外的研究，国内学者更偏向从本国情况出发，在这方面的研究主要集中于海洋经济可持续发展评价、海洋经济绿色全要素生产率测算和人海关系脆弱性的研究。例如，狄乾斌、韩增林和孙迎等（2009）以辽宁为例，尝试应用复合生态系统的场力理论来评价海洋经济可持续发展，在多维度、多层次上建立海洋可持续发展度指数；丁黎黎、朱林和何广顺等（2015）基于熵值法构建“资源与环境损耗系数”，以此为基础测算我国沿海 11 个省份受海洋资源和环境影响下的海洋经济绿色全要素生产率，并利用面板 Tobit 回归模型分析产业结构、专业技术水平等因素对海洋经济绿色全要素生产率的影响；孙才志、覃雄合和李博等（2016）结合 PSR 模型和“暴露度 - 敏感性 - 应对能力”模型，构建中国海洋经济脆弱性测度评价指标体系，采用 WSBM 模型对环渤海地区沿海城市进行测算并研究其动态演变过程。

二、海洋经济效率研究

目前国外学者关于海洋经济效率的研究，主要关注热点在于海洋经济中的某个具体海洋产业效率的评价和效率评价方法的改进创新。巴罗斯和阿萨那苏（Barros and Athanassiou，2004），库利南、宋东旭和王腾飞（Cullinane，Song and Wang，2005）均用数据包络分析方法对海港港口经济效率进行测算，前者侧重于希腊、葡萄牙海洋港口经济效率的差异对比分析，后者则侧重于对世界 30 个重要集装箱港口的生产效率的研究。马拉维利亚斯和齐齐卡（Maravelias and Tsitsika，2008）对东地中海渔业的船队能力和资源节约水平的经济效率进行数据包络分析，为能力和效率评估提供有用分析。雅麦尼亚、马兹鲁姆扎德和凯卡等（Jamnia，Mazloumzadeh and Keikha et al.，2013）运用科布－道格拉斯随机生产前沿函数对伊朗南部地区渔业进行技术效率的研究；格瑞里斯、海恩斯和奥多诺霍等（Grealis，Hynes and O'Donoghue et al.，2017）从投入产出角度出发测算水产养殖的经济效率以及其对既定经济目标的经济影响。另外，在效率评价方法的改进创新，霍兰地和李（Holland and Lee，2002）提出一种可以减少噪声引起的偏差方法，可以用来改善农业、水产养殖和渔业等产业因环境影响引起的随机输出而导致数据包络分析估计效率下降的情况；周、傅和洪（Zhou，Poh and Ang，2007）提出用非径向 DEA 模型和非径向 Malmquist 指数来进行多年环境效率的对比，试图说明这两种方法可能更加适用于对海洋环境经济效率的研究；叶志良、孙新宇和刘（Yip，Sun and Liu，2011）提出一种新的层次模型将集装箱港口的经济效率和终端运营商群体的特征联系起来，并发展了随机边界模型，从中分解出经济效率、个体差异性等分量并进行估计；旺克（Wanke，2013）提出用两阶段网络数据包络模型来衡量巴西港口的经济效率，试证明港口规模和货物多样性对整合效率有积极影响。

国内学者对海洋经济效率的研究多是从海洋经济中的某一领域或海洋经济效率的某一方面展开研究，也有部分学者围绕海洋经济效率的整体状况展开分析。范斐、孙才志和张耀光等（2011）运用 DEA 方法和 Malmquist 生产力指数分析方法，运用港口货物吞吐、海水养殖、旅游和固定资产方面数据，利用动态和静态结合的方式对环渤海地区沿海地市的海洋经济效率进行分析。赵昕和郭恺莹（2012）运用改进的 GRA-DEA 混合模型来测算我国沿海省份的海洋经济效率，进而对改善各省份海洋经济投入产出中的资源配置情况提出应对策略。林琼（2016）采用 BCC 模型测算浙江与沿海城市海洋渔业的经济效率，试图通过比较分析得到能够促进浙江海洋渔业健康有效发展的启示。但以往的研究忽略科技、资源、环境等重要因素，同时随着可持续发展和绿色经济发展成为社会关注的热点，将科技、资源和环境等因素纳入经济效率的测算指标体系中变得尤为重要。沈金生和郁威（2014）运用三阶段 DEA 模型综合测算环渤海地区主要港口的经济效率，并对影响效率的多个环境变量进行实证检验。刘新民、刘广东和丁黎黎等（2015）将二氧化碳作为坏产出纳入传统的 M-L 模型，对 11 个沿海省份在海洋低碳经济下的全要素生产率进行测度，并用面板模型探究影响其增长的因素。吴淑娟和肖健华（2015）在考虑资源指标情况下，以混合 DEA 结构模型为基础，对 11 个沿海省份的海洋经济效率进行评价及排序，并通过分析薄弱环节证实混合结构更加适合现代的海洋生产结构。李彬、杨鸣和戴桂林等（2016）也用相同的模型对我国沿海城市的区域海洋科技创新效率进行实证分析，并从动态上观察我国区域海洋科技创新能力的差异。詹长根、王佳利和蔡春美等（2016）基于 DEA-GRA-ML-RM 研究框架，考虑资源禀赋情况，测算 11 个省份的海洋经济效率，并揭示经济发展、资源禀赋、产业结构和开放程度对海洋经济效率的影响机理。陈艳丽、王波和王峥等（2016）在测算海洋经济全要素生产率时，加入了海洋环境因素，并试图研究其效率的影响因素在环境约束下的作用机理。

三、海洋绿色经济效率研究

虽然国内海洋绿色经济效率的研究较少，但部分学者在海洋经济效率和绿色经济效率研究基础上，也对海洋绿色经济效率的测算进行探索。盖美、刘丹丹和曲本亮等（2016）将工业废水排放量、污染海水面积、赤潮面积等纳入环境投入指标体系，以我国 2001～2012 年的省级面板数据为基础，运用随机前沿方法计算我国沿海省份的海洋绿色经济效率，并对其进行时空差异分析。赵林、张宇硕和焦新颖等（2016）以非期望产出的 SBM 模型为基础，以资源、劳动力、资本为投入指标，产出指标方面不仅考虑到海洋经济产值，还将工业废水入海量作为非期望产出纳入指标体系，进而对各省份海洋经济效率进行测算，并对影响机制进行理论分析。但这些研究对海洋资源和环境污染的分析还不够完善，指标体系尚不健全，且对海洋绿色经济效率的影响因素的实证分析还尚有欠缺。

第五节　海洋生态文明研究

一、海洋生态文明建设研究

建设生态文明是全人类的话题，是关系到人类发展和命运的重大课题，近些年学术界关于生态文明的研究取得了很大进展，尤其是在海洋生态文明的方面也得到了更多的关注，国外学者关于海洋生态文明的起步较早，较为成熟。国外海洋生态文明的研究主要涉及以下几个方面。

关于海洋空间规划（MSP）的研究。里斯、罗德韦尔和阿特里尔等（Rees，Rodwell and Attrill et al.，2010）利用地理信息系统（GIS），将英国莱姆湾作为研究对象，认为在海洋空间规划中，将经济、生态和社会价值纳入决策过程的框架是评估海洋生物多样性的有效途径，并以此建立海洋网络保护区（MPA），将生态系统方式应用于海洋管理，以实现可持续利用海产品及相关服务。学者麦丽和奥尔森（Merrie and Olsson，2014）认为海洋空间规划作为服务于生态系统管理的有效工具，是海洋综合管理的政府政策的重要组成部分。他从创新视角，对于海洋空间规划如何在跨时间尺度上移动进行研究，强调了海洋空间是人类利益和责任与生态系统相互作用的空间，要加强地球的海洋系统应坚持以人与自然为一体的观念为基础。斯泰尔泽姆、科米尔和吉等（Stelzenmüller，Cormier and Gee et al.，2021）对现有的海洋空间规划的监视和评估进行梳理，目前在全球范围内，海洋空间规划评估的重点已经从主要评估计划结果转向评估计划制定，评估方法从正式的和结构化的流程到基于利益相关者访谈的非正式流程，通过对11个案例的研究强调了及时调整已定义的评估目标，相关指标和数据的必要性。

关于海洋生态安全的评价。学者麦克唐纳和帕特森（Mcdonald and Patterson，2004）利用投入产出的方法，分析了奥克兰地区历年的生态足迹，认为其在生态上过于依附其他地区，生态足迹几乎超过当地的生态承载力。学者戴、帕西诺斯和埃米特等（Day，Paxinos and Emmett et al.，2008）用地理信息系统（GIS）和空间分析法，对南澳大利亚州的海域搭建海洋规划框架，根据已知的生态标准建立了四个生态等级区域，并利用绩效评估系统（PAS）评估海洋计划的成功性。

我国是海洋大国，无论是海洋生物的多样性、海域面积还是渔业资源量等海洋资源的丰富程度方面，都在全球有着不可估量的地位。海洋中所蕴含的巨大能源也同样是我国持续高速发展的重要物质条件，尤其是在中共十八大提出“建设海洋强国”的重要战略后，海洋经济发展更加迅猛，但是伴随着快速的经济发展，海洋的资源、环境问题也愈发突出明显。近些年，我国的学者对于海洋生态文明的研究主要涵盖了以下几个方面。

（1）海洋生态文明的内涵，围绕“建设并维护和谐稳定的人海关系”的核心思想。陈凤桂、王金坑和蒋金龙（2014）认为海洋生态文明本质是人类与海洋和谐共生，其内涵需从海洋生态系统的可持续发展和人类社会的可持续发展两个层面来进行阐述，且海洋生态文明建设的主要任务是树立文明意识，依托科技创新，最终实现人与海洋的可持续发展。刘洋、裴兆斌和姜义颖（2018）认为海洋生态文明建设是生态文明建设的基石，意义重大，研究得出海洋生态文明需要供给侧结构性改革，进行产业结构优化升级，建立健全法律法规，完善问责机制。乔延龙、殷小亚和孙艺等（2018）认为，海洋生态系统是自然生态系统的重要组成部分，更是社会经济发展的重要承载体，其发展核心就是和谐共生与良性循环。桂迎宝（2018）认为坚持生态优先、绿色发展，倡导海洋生态的可持续发展，是上升至国家高度的重点话题，关系着人民福祉，关乎民族未来。狄乾斌和梁倩颖（2018）认为海洋生态文明的可持续发展需要考虑海洋生态效率，即利用海洋实现海洋经济价值最大化的同时实现海洋资源利用、海洋环境破坏的最小化，从而实现海洋生态文明建设中经济与生态的双赢。

（2）海洋生态安全评估。由于海洋生态系统的加速衰退，国内学者关于海洋生态系统安全评估的研究相比于国外也有了很大进展。首先孔红梅、赵景柱和马克明等（2002）对自然生态系统的评价方法进行了初步探索，根据短期到长期的时间尺度，考虑到自然和人为两个层面的主要制约因素，利用指示物种法和结构功能指标评价法来进行生态系统健康评价。杨建强、崔文林和张洪亮等（2003）基于自然生态系统健康评价体系，以莱州湾西部海域为研究对象，对其海域生态系统健康做了初步评价，认为其健康程度总体一般。吴次芳、鲍海君和徐保根（2005）以长江三角洲城市群为研究对象，从其生态危机的认识论、科技、经济、制度根源进行剖析，并据此提出相应的调控机制，也为其他共性的沿海地区提供了理论基础。吝涛、薛雄志和林剑艺（2009）对厦门进行案例分析，研究了在“社会－自然－经济”的复合生态系统下，基于压力状态响应模型进行海岸带的安全评估及反馈效果。李博和韩增林（2010）基于大连市数据建立脆弱性评价体系，由资源环境系统脆弱性、经济系统脆弱性与社会系统脆弱性三部分构成，进一步探讨沿海城市人海关系的紧张程度。吴珍和陈睿山（2019）对比了海洋健康指数和“压力－状态－响应”这两种不同的评价方法，对上海的海洋生态系统健康的变化趋势及现状进行评价，认为“压力－状态－响应”模型更适合上海的海洋生态发展现状。

（3）海洋生态文明建设的路径探索，主要是海洋生态文明的评价体系及在相关领域的应用。首先是关于海洋生态文明的建设路径探索，马彩华、赵志远和游奎等（2010）认为公众在海洋生态文明的建设中发挥主导作用，当下产生海洋生态文明建设迟滞及碳排放问题的主要原因即缺乏公众参与，因此健全有效的公众参与机制并完善其运作的外部环境对于化解当下矛盾大有裨益。厉丞烜、张朝晖和王保栋等（2013）着重指出海洋生态文明建设关键技术研究的重要性，倡导大力发展海洋生态文明意识评估技术研究等一系列技术升级。曲金良（2013）认为建设海洋强国，不能单靠过去传统意义上的海洋经济、海洋科技、海洋军事、海洋国防等“海洋硬实力”，而是要学会“软硬兼施”，与海洋生态文明意识、海洋文化等“海洋软实力”有效统一。赵昕、朱连磊和丁黎黎（2017）认为海洋生态文明建设需要以创新驱动发展战略作为有力推手，从理论创新、制度创新、科技创新和文化创新四个维度分析其在海洋生态文明建设中的优势，为进一步探索海洋生态文明建设路径做好理论铺垫。张晓臣（2017）从海洋生态文明建设与“中国梦”的关系出发，阐明当前海洋生态文明建设的重要性和紧迫性，呼吁加以宣传引导、科学施策、健全法律、强化海洋生态文明意识，逐步实现中国梦中海洋生态文明健康有序发展这一关键环节。张晓浩、吴玲玲和石萍等（2021）强调在“一国两制”的前提下，坚持“一国”共性，突出“两制”互补，促进海岸协同发展，推动粤港澳大湾区因海而强，因海而美。

二、海洋生态文明评价体系研究

在评价体系方面，国外学者的研究方向主要借鉴了可持续发展指标体系的相关内容进行展开，关于海洋的生态评估，主要的思路有：基于学者瑞普和特纳（Rapport and Turner，1997）提出的“压力－状态－响应”模型，具体来说就是人类社会对自然环境和资源施加压力，从而导致自然发生变化，社会从而对此作出响应。其中该模型由压力指标、状态指标和响应指标三类组成：压力指标是指人类的生产生活的施压，如对自然资源的索取、生态环境的破坏等；状态指标是指特定时段生态环境及环境的变化；响应指标是指人类面对自然环境的压力所采取的一系列措施，通过人类活动来减少环境破坏等带来的负面影响。“压力－状态－响应”三者构成良性循环系统。从推动社会可持续发展的目标出发，1996 年联合国可持续委员会依据“压力－状态－响应”模型制订出一套可持续发展的目标指标体系，将生态划分为经济、环境、社会、制度几个子系统，再各自选取具体指标。考虑生态的可持续发展，将“人类－社会”系统福利作为指标，分为人类福利和社会系统福利来进行综合考虑。

早前因为国内对此的研究尚未成熟，所以多借鉴了陆域的评价体系及相关概念。关于承载力方面的研究，余丹林、毛汉英和高群（2003）引入了综合的区域承载力，将原有的只针对人口的承载力概念扩充为在保持资源环境人文社会各系统良性循环流通之下，区域的资源环境所能承载的人口以及相应的社会总量的能力。韩增林、狄乾斌和刘锴（2006）从自然资源、环境容量和人文社会三个方面因素出发考虑海域承载力，通过建立压力型、承压型指标、区际交流指标，对海洋人地系统的承载体和受载体进行分析。随着对于海洋的逐步重视，越来越多的学者开始建立海洋生态文明评价指标体系，对我国的海洋现状及未来发展趋势进行研究探讨。高乐华、史磊和高强（2013）在研究生态子系统中引入了“压力－响应”模型，同时也结合了层次分析法，更易于厘清系统间的关系。狄乾斌和韩雨汐（2014）运用信息熵构建了海洋生态系统可持续发展能力评价模型。秦伟山、杨浩东和李晶娜等（2016）从海洋生态文明城市的界定入手，以环渤海的 15 个地市为例，以海洋生态、海洋资源、海洋环境、海洋经济、海洋文化和海洋制度作为 6 个子系统指标，对其进行赋权打分并划分城市层次。随着海洋生态文明示范区的逐步推进，国内学者关于示范区的考核指标优化以及综合评估也展开了一定的研究。曹英志（2016）研究了在现有的管理体制之下，我国的海洋生态文明示范区建设是以中央为考核主体、地方为实践主体进行展开，为了进一步优化可按“四因子”完善考核指标，实施常态化的奖惩机制。陈凤桂、王金坑和方婧等（2017）对申报生态文明区的县市进行了综合评估，考虑海洋生态系统的可持续发展与人类社会的可持续发展两个层面，认为当下主要的制约因素分别为海洋资源环境和海洋产业结构。武静（2017）从目标层、系统层、要素层、指标层进行分析，又根据指标属性分为正向指标和负向指标。

其中海洋生态环境层引入了“压力－响应”模型。孙倩、张冲和宫云飞等（2018）在已有基础上，采用主观赋权法层次分析法和客观赋权法主成分分析法，将其指标权重的选择方式进行优化，构建形成新的指标模型。于春艳、兰冬东和许妍等（2018）从规章制度执行情况、海水环境质量等7个层面，选取23个考核指标，利用层次分析法和专家打分法确定指标权重得出综合得分，建立海洋生态文明考核指标体系。孙剑锋、秦伟山和孙海燕等（2018）从资源、环境、经济、文化和制度5个层面选取29项具体指标，基于BP神经网络模型，对沿海53个地级市的海洋生态文明建设水平进行测度并依据评价值大小进行城市等级划分。于大涛、孙倩和姜恒志等（2019）从资源、环境、经济、文化、制度层面选取具体指标，采用等权重方法设置每个指标的权重，利用多要素综合评价法，即各系统的评价指数的加权平均数计算了大连旅顺口区的生态文明绩效水平。宋泽明和宁凌（2020）基于DPSIR-TOPSIS模型对我国海洋资源环境承载力进行评估，并综合分析了影响因素。苗欣茹、王少鹏和席增雷（2020）通过构建海洋生态文明进程评价指标体系，运用时序动态综合评价方法和熵值法，测算了2006～2015年中国沿海11个省份海洋生态文明建设状况。

三、海洋生态文明政策研究

国外学者受到“海洋强国”的影响，在海洋生态文明政策方面，主要围绕该理念进行展开。迈尔斯和爱德华（Miles and Edward，1999）在基于1982年颁布的《联合国海洋法公约》、1995年颁布的《保护海洋环境免受陆上活动侵害的全球行动纲领》等海洋治理政策的大背景下，强调了将“可持续性”纳入海洋治理环节的重要性与紧迫性，探讨了在新世界的海洋世界框架下的政策部署与实施。容、奥舍连科和埃克斯特罗姆等（Young，Osherenko and Ekstrom et al.，2007）基于地方管理的角度，探讨了海洋治理危机中的化解方式。卡尼、伯克斯和查尔斯等（Kearney，Berkes and Charles et al.，2007）结合加拿大的《海洋法》和联邦海洋政策，基于社区角度，在加拿大沿海和海洋综合管理（ICOM）中提出了“参与式治理”的概念，并为社区治理提出新的治理机制。普雷萨（Pureza，2010）从国际法的视角对海洋治理提出了新的意见和思路。

在海洋文明建设的推进方面，我国始终将海洋生态文明发展作为五位一体中的重要一环，给予高度重视。相关政策推进了“海洋生态文明示范区”试点工作，国内学者对于示范城市的研究也在逐步推进。王恒、李悦铮和邢娟娟（2011）提出我国国家海洋公园的建设相关设想，对于海洋公园的建设加以科学经营、健全法律、加强监管。马英杰、尚玉洁和刘兰（2015）认为我国虽然已初步形成以《海洋环境保护法》为中心的海洋生态文明建设的法律体系，但是在海洋生态建设的立法中存在海洋生态保护缺乏、新兴海洋产业的立法不足、管理部门职能交叉问题严重、区域合作法律制度不完善、海洋生态损害补偿依据不足、缺乏海岸线保护方面的规定等问题，关于海洋生态文明的法律仍需进一步完善。张秋萍和吴小玲（2015）结合广西北部湾海洋生态文明示范区内海洋文化相关发展现状，提倡需从加强环境保护、资源高效利用、推动内生发展，完善制度管理多切口入手，实现多方联动多措并举。高延鹏（2015）认为山东半岛蓝色经济区作为我国海洋经济的“领头羊”，应加大积极转型力度，利用自身优势谋求新的海洋经济开发模式。韩增林、胡伟和李彬等（2016）将海洋经济地理和海洋经济作为切入点，认为国内海洋产业理论体系相对不够完善，未来需在海洋生态文明示范区尝试推进海洋战略性新兴产业研究。张一（2017）认为当前海洋生态文明示范区呈现出顶层设计初步完成、分支发展不够细化的问题，应着力推进示范区建设的系统性，以完善的法律制度、创新体制、奖惩机制、文化宣传作为有利推手。边启明、申友利和陈旭阳等（2017）以北海市作为研究对象，运用海洋生态文明示范区建设指标建议对其海洋相关工作进行评估，分析其优势与不足，为进一步规范海洋统计数字等工作建言献策。徐健、夏雪瑾和冯文静等（2017）阐述了上海建设海洋生态文明示范区的重大意义，作为经济发达城市需进一步进行海洋产业的转型升级，谋求新的经济增长点。杜岩和秦伟山（2019）基于BP神经网络模型构建评价指标体系，对海洋生态文明建设示范区的当下发展水平进行测算，并对国家设置的海洋生态文明建设示范区进行了等级划分。沈满洪和毛狄（2020）探讨了习近平提出的海洋生态文明建设的重要论述，肯定了海洋生态文明示范区城市的先行带头作用，对于以点带面海陆统筹的实现和海洋强国的建立具有重要指导意义。

| 第三章 |

我国海洋产业竞争力研究

综合以往学者对我国海洋产业竞争力的研究，可以发现存在如下问题：目前缺乏对海洋面板数据的评价分析，即使有学者基于面板数据进行分析，也只是对每年的截面数据分别进行处理与分析，这样得出的结果不具有严格的可比性，将影响评价结果的准确性。因此，本书针对这一问题，提出基于全局主成分分析——TOPSIS综合分析方法测度我国沿海11个省份的海洋产业竞争力，该方法能确保评价结果在时间维度和空间维度均具有可比性。

第一节　海洋产业竞争力相关概念及理论基础

一、海洋产业

（一）海洋产业概念

国家海洋局（1999）发布的中华人民共和国海洋行业标准《海洋经济统计分类与代码》

（HY/T 052—1999）中，定义海洋产业为“人类一切具有涉海性的经济活动的总和”。《海洋大辞典》编委会（1998）对海洋产业概念描述如下：人类通过开发利用海洋生物资源、矿物资源、水资源和空间资源，促进海洋经济发展而形成的生产事业，构成海洋产业。学者对于海洋产业的定义略有不同。陈可文（2003）提出，海洋产业是人们开发利用海洋资源、海洋空间而产生的生产门类，它的发展促使国民经济的产业结构、就业结构、技术素质等方面发生改变。韩增林、王茂军和张学霞等（2003）认为，海洋产业是由海洋资源的开发、利用和保护所产生的各类物质生产和非物质生产部门的总和，也可理解为基于海洋资源和海洋空间所产生的人类生产和服务活动的总和。楼东、谷树忠和钟赛香等（2005）提出，海洋产业是指人类在当前阶段能利用海洋资源并让其形成经济价值的产业。马仁锋、李佳林和庄佩君等（2012）提出，海洋产业包括各种在海洋及沿海地区进行的经济开发活动，还包括直接以海洋资源为原材料进行生产加工的活动以及间接提供产品和服务的活动总和。

（二）海洋产业分类

海洋产业分类标准具有多样性，常见的海洋产业分类如下：

1. 基于国民经济物质生产部门分类标准

依据国民经济物质生产部门分类标准，可分为5个物质生产部门，即农业、工业、建筑业、交通运输业和服务业。海洋产业亦可参照国民经济的分类标准，划分为5个海洋部门，但基于习惯，海洋产业常被划分为7个部门，即海洋水产业、海洋油气业、海洋砂矿业、海洋盐业、海洋造船业、海洋交通运输业、滨海旅游业。

2. 基于国民经济三次产业分类标准

海洋产业依据国民经济三次产业分类标准可被划分为海洋第一产业、海洋第二产业和海洋第三产业。依据2017年《中国海洋统计年鉴》，海洋第一产业是指，海洋渔业中的海洋水产业、海洋渔业服务业以及海洋相关产业中属于第一产业范畴的部门；海洋第二产业是指，海洋渔业中海洋水产品加工、海洋油气业、海洋矿业、海洋盐业、海洋化工业、海洋生物医药业、海洋电力业、海水利用业、海洋船舶工业、海洋工程建筑业以及海洋相关产业中属于第二产业范畴的部门；海洋第三产业是指，除海洋第一产业和第二产业之外的其他行业。

3. 基于海洋产业发展的技术水平分类标准

随着科技水平的提升，海洋产业也在不断进行转型升级，因此可将海洋产业依照前后顺序和科技水平分为以下三类：传统海洋产业、新兴海洋产业、未来海洋产业。其中，传统海洋产业形成于20世纪60年代前，其特点是技术水平低，主要包含海洋捕捞业、海洋盐业、海洋交通运输业和海洋船舶工业等。新兴海洋产业起步于20世纪60年代后，它相比于传统海洋产业更依赖高新科技的发展，某项新科技的出现会促进其产业的成长，如海洋油气业、海洋工程建筑业、海水养殖业等。未来海洋产业相比于前两类更加依赖高新技术，目前还未形成较大的生产规模，但具有良好的发展前景，如深海采矿业、海水直接利用业、海洋能利用业以及海洋生物制药业等。

二、产业竞争力

对产业竞争力概念的界定，目前国内外专家学者并未达成一致。根据研究对象和研究范围划分，产业竞争力有国际范围的产业国际竞争力和国内范围的区域产业竞争力。国外学者较早开展对产业竞争力的研究，其中最为著名的是美国哈佛大学教授迈克尔·波特（Michael E Porter），他首次从产业层面研究国家竞争力并将产业国际竞争力阐述为：一国在某一特定产业的国际竞争力，并非其拥有的外在天然的资源禀赋，而是其能否营造一种良好的商业环境及支持制度，确保该国企业能取得竞争优势的能力。

20世纪90年代初期我国才开始研究产业竞争力，虽晚于国外，但也收获不少研究成果。金碚（1997）提出，国际竞争力的核心就是各国之间在同一产业互相比较生产力，因此国际竞争力归根结底就是比较生产力的竞争，以及一国某一特定产业国际竞争力的强弱，可以通过产品的市场占有份额测量和检验。裴长洪（1998）基于“产业集合”概念提出，产业竞争力必定是体现在不同国家或区域间的同一产业的绝对竞争优势，产业竞争力比较的实质是竞争优势的比较。朱春奎（2003）提出，产业竞争力是指某一特定产业在市场经济环境下，所具备的开拓市场、占据市场并获取利润的能力，其实质是产业的比较生产力。

三、海洋产业竞争力

目前，我国学者对海洋产业竞争力的界定主要有以下几种：殷克东和王晓玲（2010）通过建立“四维一体”评价模型对我国海洋产业竞争力进行测度，并将海洋产业竞争力定义为，不同国家或地区之间的某一海洋产业在人才、资本、国际化水平、制度因素、科技水平以及生产效率、满足市场需求、持续获利等方面所表现的竞争能力。郭孝伟（2012）将海洋产业竞争力定义为，某一国家（或地区）海洋产业相比于他国（或地区）在人才、资本、国际化水平、制度因素、科技水平以及生产效率、满足市场需求、持续获利等方面所表现的竞争能力，并表现为在市场竞争中海洋产业的投入水平与产出水平的比较关系。刘大海、陈烨和邵桂兰等（2011）界定区域海洋产业竞争力为，在区域整体实力支持的基础上，该区域的海洋产业竞争力比另一区域具有更高、更长久的获取经济效益的能力。王圣和张燕歌（2011）将海洋产业竞争力划分为显性竞争力和潜在竞争力两部分，产业的规模、效率和创新能力等综合体现出产业的显性竞争力；而企业在未来发展中才能展现的力量则是潜在能力，它包含可持续性和抗风险性两个方面。

综上所述，本书将海洋产业竞争力定义如下：海洋产业竞争力是指某一国家或地区相较于另一国家或地区，在开发、利用、保护海洋资源和海洋空间上，所独有的生产加工、获取利润、占有市场、转化升级、可持续发展的竞争能力。

四、海洋产业竞争力理论基础

（一）绝对优势理论

1776 年英国古典经济学家亚当·斯密（Adam Smith）发布《国民财富的性质与原因的研究》（简称《国富论》）一书，并在该书中提出绝对优势理论这一概念。绝对优势理论认为：一国或地区应对其具有绝对优势的产品进行生产制造，并将它出口到其他国家或地区；对于不具有绝对优势的产品，应从具有该产品绝对优势的国家或地区进口。其中，绝对优势可以理解为：某国或地区生产某种产品的单位成本与另一国家或地区生产该产品的单位成本相比有绝对差异，则称单位成本绝对低的国家或地区具有该产品的绝对优势。亚当·斯密认为绝对优势包括两种，一种是一国或地区所拥有的自然资源形成的自然禀赋优势，另一种是一国或地区通过自身后天努力所取得的获得性优势。绝对优势理论论证了贸易互利性原理，为后面的国际贸易理论奠定了基础，同时绝对优势的来源分析，也对广大发展中国家建立自身竞争优势有着启示作用。但是该理论存在一个明显的缺陷和不足，即当一个国家或地区具有所有的绝对优势或不具有任何的绝对优势时，它该如何参与国际分工与贸易并从中获利。

（二）比较优势理论

比较优势理论是1817年由其创始人大卫·李嘉图（David Ricado）在《政治经济学及赋税原理》中提出，该理论是对绝对优势理论的继承和发展。比较优势含义如下：如果一国或地区生产制造某种产品的生产效率相对较高，从而使得本国或地区的劳动成本相对低于另一国或地区，则该国或地区具有该商品的比较优势。李嘉图提出，综合劳动生产率或生产成本的相对差异是形成国家分工与贸易的基础。即使一国或地区具有所有产品的绝对优势或不具有任何产品的绝对优势，它只需遵循“两优取其重，两劣取其轻”原则就仍能参与国际分工与贸易。假设A国具有所有产品的绝对优势，B国不具有任何产品的绝对优势，但A、B两国在每个产品上优、劣势的程度不同，此时A国应生产它具有优势最强的产品，而B国应生产它劣势最弱的产品，如此一来两国仍可以通过对外贸易谋取利益。以上就是“两利相权取其重，两弊相权取其轻”的分工和贸易原则，也即比较优势理论。李嘉图的比较优势理论论证了任意两国或地区间进行分工和贸易的互利性，但是却没有解释国际贸易形成的根本原因。

（三）资源禀赋论

资源禀赋论亦称“赫－俄原理”，是由埃利·赫克歇尔（Eli F Heckscher）和贝蒂尔·俄林（Bertil G Ohlin）联合发展并提出，该理论是对比较优势理论的补充和扩展，该理论基于生产要素的丰缺程度阐释产生国际分工与贸易的原因，认为各国资源禀赋的差异是形成国际分工与贸易的基础。资源禀赋理论的含义如下：对一国或地区而言，它所生产产品的价格是由该产品的供求关系确定，在不考虑需求情况下，价格由生产该产品的生产要素即资源的多寡决定。若一国或地区拥有丰富的生产该产品的资源，则该国或地区的产品生产成本低，反之若缺乏资源，则产品的生产成本高。因此，国家或地区应利用自身的资源禀赋优势，生产出口资源优势强、生产成本低的产品，进口他国或地区资源优势强、生产成本低的产品。资源禀赋理论能够从资源丰缺角度解释国际分工和贸易的根本原因，但是随着人类的进步、科技的发展，产品对于生产要素的依赖性在逐渐降低，资源禀赋论也显示出局限性。

（四）产品生命周期理论

产品生命周期理论出自哈佛大学教授雷蒙德·弗农（Raymond Vernon）1966年发布的《产品周期中的企业投资和国际贸易》一文中，弗农教授在该文中提出市场上的产品具有周期特征，并且周期可被分为三个阶段，即产品的“萌芽”“成熟”“标准化”阶段。科技水平的进步会促使技术和比较优势在不同国家间转移，并改变当前国际分工和贸易的格局。在“萌芽”阶段，产品主要依赖科技研发，因此具有大量科研人才和研发资金的发达国家具有优势；在“成熟”阶段，产品的生产会在经济、技术水平相似的发达国家间转移，因此也是发达国家具有优势；到“标准”阶段，该阶段生产产品的技术已经趋于成熟，产品的投入主要依赖劳动力要素，因此拥有大量低廉劳动力的发展中国家具有优势。这一理论对于工业发展具有较好的解释应用，如在第二次世界大战后，发达国家的科技水平进步飞速，其跨国公司便将标准化的产品和技术转移到资源和劳动力相对低廉的国家或地区，促使国际分工和贸易的迅速扩大。产品生命周期理论在资源禀赋的基础上，论述了科技水平对国际分工和贸易形成的影响，为研究产业竞争力提供新的角度，即产业竞争力不仅依赖资源也依赖科技。

（五）国家竞争优势理论

国家竞争优势理论的创始人为哈佛大学教授迈克尔·波特（Michael E Porter），该理论出自他的著作《国家竞争优势》一书，是在“赫－俄原理”和“产品生命周期理论”的基础上发展起来的。国家竞争优势即指一国产业或企业能通过以较低的价格持续向国际市场提供高质量的产品和服务，占据较高的市场份额并实现盈利目标的能力。波特教授将比较优势上升到国家层面，突出强调国际竞争中国家的整体竞争优势的重要性，并指出国际竞争力的核心在于国家是否具备适宜的创新机制和充沛的创新能力。国家竞争优势不是单纯地取决于某一因素，而是综合取决于四种基本因素：生产要素，需求因素，相关和支持产业因素，企业组织、战略和竞争状态因素，除此之外还有机遇和政府作用两个辅助要素。国家优势理论突破了以往竞争优势理论以单个因素和多个因素简单综合的静态分析缺陷，以四种基本要素和两种辅助要素动态剖析竞争优势，对分析国际贸易格局和分工体系提供新的理论基础。

五、海洋产业竞争力评价理论模型

产业竞争力的定量评价方法可分为两大类，即单项指标法、综合评价法，其中研究较为广泛的、使用较多的是综合评价方法，而综合评价体系的建立也需要基于评价模型理论，因此本书将介绍国内外具有代表性的评价模型。

（一）国外评价模型

1. 钻石模型

迈克尔·波特教授基于影响“国家竞争优势”的四种基本决定要素和两种辅助要素，提出了著名的“钻石模型”。该模型指出：生产要素、市场需求、相关产业和支撑产业、企业战略、结构和同业竞争、机遇和政府作用等六个要素，决定了一国某一产业是否具有国际竞争力，这六个要素交叉关系类似钻石，因此又被称为“钻石理论”。波特的“钻石模型”首次为产业竞争优势研究提供了分析框架，因此被广泛地运用到国家或区域竞争力、产业竞争力研究中。

2. IMD 和 WEF 国际竞争力评价模型

瑞士洛桑国际管理学院（IMD）与世界经济论坛（WEF）是目前国际上进行竞争力评价研究的较权威机构，并且每年都会发布各自的竞争力报告，分别为《世界竞争力年鉴》《全球竞争力报告》。IMD 基于经济运行、政府效率、企业效率和基础设施 4 个要素的 300 多个指标构建国际竞争力评价体系，对世界上 59 个主要经济体进行竞争力评估；WEF 基于基本条件、效率提升、创新与成熟度 3 个要素的 100 多个指标搭建竞争力评价体系，对 137 个国家和地区进行竞争力评价。IMD 与 WEF 虽然基于要素角度不同，但建立的国际竞争力评价方法与指标体系影响力都较大，为继续深入探索国际竞争力奠定了理论基础和研究思路。

3. ICOP 工业竞争力评价模型

荷兰格林根大学建立了产出与生产率国际比较（international comparison of output and productivity，ICOP）分析方法，也是目前产业竞争力常用的评价方法之一，该方法从 GDP 生产角度，基于单位价值比率进行工业部门实际产出和生产率水平的国际比较。ICOP 基于价格水平、生产率水平和质量水平 3 个要素构建工业竞争力评价体系，以此揭示评价地区工业与国内外其他地区的差异。ICOP 法在不同地区、不同产业间的竞争力分析过程如下：首先，将大量数据按照同一分类体系进行标准化，实现数据的可比性；其次，基于标准化数据测算竞争力研究的主要参数。

（二）国内评价模型

1. “三力一体”产业竞争力评价模型

“三力一体”竞争力评价模型是由中国人民大学竞争力与评价研究中心提出，该中心发布了《中国国际竞争力发展报告》系列，从理论、方法和实证分析上发展了中国的国际竞争力研究，并在 IMD 和 WEF 的模型基础上结合中国实际国情，提出基于核心竞争力、基础竞争力和环境竞争力构成的“三力一体”模型分析中国国际竞争力与产业竞争力。“三力一体”模型从核心竞争力、基础竞争力和环境竞争力三个方面测度我国的国家竞争力，更符合我国属于发展中国家的现实情况，也更能全面的剖析我国竞争力的优势和劣势。

2. 工业品国际竞争力评价模型

金碚教授提出，虽然迈克尔·波特教授的“钻石模型”富有启发性和应用性，但是也存在一定的缺陷，即当考虑不同国家、不同的经济发展阶段时，其分析范式未必要一模一样。金碚教授从因果关系角度切入，认为一个国家某一产业国际竞争力的强弱，能从原因和结果两方面分析。从原因来看，任何有助于开拓市场、占有市场、且以此实现盈利的因素，都可视为竞争力研究的对象；从结果来看，竞争力直接由一国产品占据该产品市场的份额体现。可以这样理解，若一国的某一工业品占有该种产品市场份额的比重越大、盈利越高，则说明该国这一工业品的国际竞争力越强。

第二节 海洋产业发展现状分析

一、我国海洋产业发展现状

（一）海洋经济现状

由于海洋统计年鉴数据更新的滞后性，目前《中国海洋统计年鉴》仅更新到2017年，本书数据主要来自2007～2017年《中国海洋统计年鉴》和《中国统计年鉴》。我国位于亚洲东部、濒临太平洋，拥有长达32000公里的海岸线和473万平方公里的海域面积[①]，地理位置优越、海洋资源富饶，海洋经济发展具备优良的基础条件。自21世纪以来，我国逐渐重视对海洋资源和海洋空间的开发利用，并把发展海洋经济提升至国家战略层面。在国家的大力支持和发展下，我国海洋经济发展迅速，已成为推动国民经济的重要组成部分，表3－1展示了2006～2016年我国海洋经济发展状况。

① 陈可文．中国海洋经济学［M］．北京：海洋出版社，2003.

表 3－1　　2006～2016 年我国海洋生产总值发展现状

年份	海洋生产总值（亿元）	海洋生产总值增速（%）	海洋生产总值占国内生产总值比重（%）	国内生产总值增速（%）
2006	21592.4	18.0	9.84	12.7
2007	25618.7	14.8	9.48	14.2
2008	29718.0	9.9	9.30	9.7
2009	32161.9	8.8	6.21	9.4
2010	39619.2	15.3	9.59	10.6
2011	45580.4	10.0	9.32	9.6
2012	50172.9	8.1	9.28	7.9
2013	54718.3	7.8	9.19	7.8
2014	60699.1	7.9	9.43	7.3
2015	65534.4	7.0	9.51	6.9
2016	69693.7	6.7	9.37	6.7

资料来源：2007～2017 年《中国统计年鉴》和《中国海洋统计年鉴》。

从表 3－1 可看出，在 2006～2016 年我国海洋生产总值一直呈现上升趋势，2006 年海洋生产总值仅为 21592.4 亿元，而至 2016 年则达到 69693.7 亿元，增长了近 3.3 倍。近年来，随着海洋领域供给侧结构性改革的深入，海洋生产总值增速在不断减缓，但是仍高于同期国内生产总值增幅，2016 年海洋经济总量保持稳步增长，并且增速缓中趋稳。同时，海洋生产总值占国内生产总值的比重在 2006～2016 年一直维持在 9% 以上，表明海洋经济对我国经济发展的贡献率保持稳定，2016 年海洋经济对国民经济增长的贡献率达到 9.37%，海洋经济规模再登新台阶。

（二）三次产业结构

海洋产业结构是海洋经济中各产业部门间的比例关系，它是海洋经济的基础，合理的海洋产业结构能促使海洋经济的良好发展以及海洋经济结构的优化升级，因此本书将对我国海洋三次产业结构进行动态分析。

表 3－2 为 2006～2016 年我国海洋三次产业结构数据，可以看出在 2006～2016 年，我国海洋三次产业结构出现可喜的变化，海洋第一产业比重逐渐下

降，2014 年已下降到 5.1%，并连续三年保持稳定；海洋第二产业比重 2006～2012 年在 47% 左右轻微浮动，2013 年开始呈现稳步下降，至 2016 年已下降到 39.7%；海洋第三产业占比则呈现平稳上升，由 2006 年的 47.0% 上升到 2016 年的 55.2%，占据了我国海洋经济的“半壁江山”。海洋第一产业和第二产业比重逐渐下降，海洋第三产业比重逐渐上升，使得海洋三次产业结构由 2006 年的“二、三、一”转变为 2016 年的“三、二、一”，已初步实现“三、二、一”的三次产业格局。随着我国深化海洋领域供给侧改革，海洋产业结构逐渐得到优化，海洋第三产业对海洋经济的贡献愈来愈大。

表 3－2　　2006～2016 年我国海洋生产总值构成　　单位：%

年份	第一产业	第二产业	第三产业
2006	5.7	47.3	47.0
2007	5.4	46.9	47.7
2008	5.7	46.2	48.1
2009	5.8	46.4	47.8
2010	5.1	47.8	47.2
2011	5.2	47.5	47.2
2012	5.3	46.7	47.9
2013	5.6	45.0	49.5
2014	5.1	43.9	51.0
2015	5.1	42.2	52.7
2016	5.1	39.7	55.2

资料来源：2007～2017 年《中国海洋统计年鉴》。

（三）主要产业现状

我国海洋产业共包括 12 个主要海洋产业，分别为海洋渔业、海洋油气业、海洋矿业、海洋盐业、海洋船舶业、海洋化工业、海洋生物医药业、海洋工程建筑业、海洋电力业、海水利用业、海洋交通运输业和海洋旅游业，表 3－3 和表 3－4 为 2006～2016 年我国海洋主要产业增加值及构成数据。

表 3－3　2006～2016 年我国主要海洋产业增加值　单位：亿元

年份	海洋渔业	海洋油气业	海洋矿业	海洋盐业	海洋船舶业	海洋化工业	海洋生物医药业	海洋工程建筑业	海洋电力业	海水利用业	海洋交通运输业	滨海旅游业
2006	1672.0	668.9	13.4	37.1	339.5	440.4	34.8	423.7	4.4	5.2	2531.4	2619.6
2007	1906.0	666.9	16.3	39.9	524.9	506.6	45.4	499.7	5.1	6.2	3035.6	3225.8
2008	2228.6	1010.5	35.2	43.6	742.6	416.8	56.6	347.8	11.3	7.4	3499.3	3766.4
2009	2440.8	614.1	41.6	43.6	986.5	465.3	52.1	672.3	20.8	7.8	3146.6	4277.1
2010	2851.6	1302.2	45.2	65.5	1215.6	613.8	83.8	874.2	38.1	8.9	3785.8	5303.1
2011	3202.9	1719.7	53.3	76.8	1352.0	695.9	150.8	1086.8	59.2	10.4	4217.5	6239.9
2012	3560.5	1718.7	45.1	60.1	1291.3	843.0	184.7	1353.8	77.3	11.1	4752.6	6931.8
2013	3997.6	1666.6	54.0	63.2	1213.2	813.9	238.7	1595.5	91.5	11.9	4876.5	7839.7
2014	4126.6	1530.4	59.6	68.3	1395.5	920.0	258.1	1735.0	107.7	12.7	5336.9	9752.8
2015	4317.4	981.9	63.9	41.0	1445.7	964.2	295.7	2073.5	120.1	13.7	5641.1	10881.0
2016	4615.4	868.8	67.3	38.9	1492.4	961.8	341.3	1731.3	128.5	13.7	5699.8	12433.0

资料来源：2007～2017 年《中国海洋统计年鉴》。

表 3 -4　　2006 ~2016 年我国海洋产业增加值构成　　单位：%

年份	海洋渔业	海洋油气业	海洋矿业	海洋盐业	海洋船舶业	海洋化工业	海洋生物医药业	海洋工程建筑业	海洋电力业	海水利用业	海洋交通运输业	滨海旅游业
2006	19.02	7.61	0.15	0.42	3.86	5.01	0.40	4.82	0.05	0.06	28.80	29.80
2007	18.19	6.36	0.16	0.38	5.01	4.83	0.43	4.77	0.05	0.06	28.97	30.79
2008	18.32	8.31	0.29	0.36	6.10	3.43	0.47	2.86	0.09	0.06	28.76	30.96
2009	19.12	4.81	0.33	0.34	7.73	3.64	0.41	5.27	0.16	0.06	24.64	33.50
2010	17.62	8.04	0.28	0.40	7.51	3.79	0.52	5.40	0.24	0.05	23.39	32.76
2011	16.98	9.12	0.28	0.41	7.17	3.69	0.80	5.76	0.31	0.06	22.36	33.08
2012	17.09	8.25	0.22	0.29	6.20	4.05	0.89	6.50	0.37	0.05	22.82	33.28
2013	17.80	7.42	0.24	0.28	5.40	3.62	1.06	7.10	0.41	0.05	21.71	34.90
2014	16.31	6.05	0.24	0.27	5.52	3.64	1.02	6.86	0.43	0.05	21.09	38.54
2015	16.09	3.66	0.24	0.15	5.39	3.59	1.10	7.73	0.45	0.05	21.02	40.54
2016	16.26	3.06	0.24	0.14	5.26	3.39	1.20	6.10	0.45	0.05	20.08	43.79

资料来源：2007 ~2017 年《中国海洋统计年鉴》。

由表3－3、表3－4可以看出，2006～2016年我国主要海洋产业均呈现上升趋势，其中增长最快的是海洋电力业和海洋生物医药业，年均增长率分别为40.13%和25.65%。虽然海洋电力业和海洋生物医药业增长迅猛，但是在整体海洋产业中的占比却很小，2016年二者的占比分别为0.45%和1.20%。其次增长较快的主要海洋产业为海洋矿业、滨海旅游业、海洋船舶业、海洋工程建筑业、海洋渔业和海水利用业，年均增长率分别为17.51%、16.85%、15.96%、15.11%、10.69%、10.17%，其中在海洋产业中比重较高的为滨海旅游业、海洋渔业。滨海旅游业占比由2006年的29.8%增至2016年的43.79%，一直属于我国海洋产业的重要构成部分；海洋渔业占比则呈现下降趋势，2006年比重为19.02%，2016年比重降为16.26%，虽然占比在下降，但依然是重要的海洋经济构成部分。剩余的海洋交通运输业、海洋化工业、海洋油气业、海洋盐业等几个海洋产业的年均增长率相对较低，分别为8.46%、8.12%、2.65%、0.47%，其中海洋交通运输业是除滨海旅游业外，在海洋经济中比重最高的产业，但是该产业占比也是呈现下降趋势，由2006年的28.80%下降到2016年的20.08%。

本书将我国12个主要海洋产业划分为两大类，即海洋渔业、海洋船舶业、海洋交通运输业、海洋盐业、海洋矿业等构成传统海洋产业，海洋油气业、海洋化工业、海洋生物医药业、海洋工程建筑业、海洋电力业、海水利用业、滨海旅游业等构成新兴海洋产业。图3－1为2006～2016年我国传统海洋产业和新兴海洋产业增加值占海洋产业总产值比重折线图。可以看出，2006～2009年我国新兴海洋产业占比低于传统海洋产业占比，2009～2016年新兴海洋产业则超越传统海洋产业的占比。随着我国持续推展战略性海洋新兴产业，海洋三次产业结构逐渐优化，新兴海洋产业占海洋总产值的比重日益增大，其对海洋经济的推动作用也逐步增强。虽然当前我国新兴海洋产业获得了一定的成绩，但是还处于发展阶段，存在着一定的问题。新兴海洋产业内部构成中，滨海旅游业是其主要构成部分，2016年其占比高达43.79%，而海洋油气业、海洋生物工程业、海洋化工业、海洋工程建筑业、海洋电力业、海水利用业等海洋新兴产业占比之和仅为14.25%。这表明，劳动密集型和资源密集型产业仍是我国新兴海洋产业主要部分，产业整体科技水平较低，需要加强对海洋科技创新的重视和投入。目前，虽然我国新兴海洋产业比重高于传统海洋产业比重，但还未完全占据主导地位，我国海洋经济的发展在很大程度上仍然依赖传统海洋产业。因此，需要重视对海洋产业的科技创新投入，完善海洋技术创新环境和机制，完备海洋产业发展体系，以科技引领海洋产业茁壮成长。

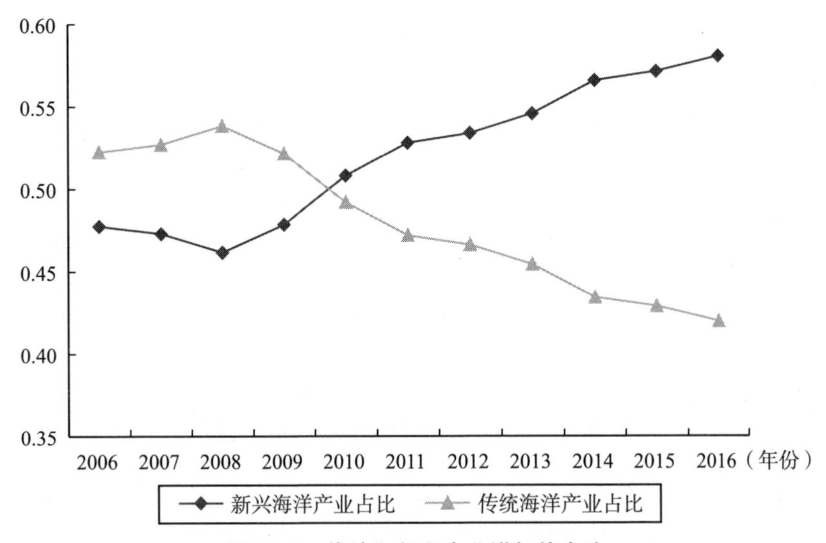

图 3-1　传统和新兴产业增加值占比

资料来源：笔者根据 2007~2017 年《中国海洋统计年鉴》数据整理计算得到。

二、地区海洋产业发展现状

（一）区域海洋资源

海洋资源禀赋是沿海省份发展海洋经济的前提条件和形成产业竞争力的关键因素，区域间海洋资源的差异是区域间海洋经济发展不均衡的重要原因，各沿海省份应结合自身实际情况，制定海洋产业发展策略，增强地区海洋产业竞争力。因此本书将从确权海域面积和大陆海岸线（见表 3-5），分析各沿海省份的海洋资源差异状况。

表3-5　　沿海省份海洋资源状况

省份	确权海域面积（公顷）	确权海域面积占比（%）	大陆海岸线（公里）	大陆海岸线占比（%）
天津	789.3	0.27	158.0	0.81
河北	10238.4	3.51	421.0	2.17
辽宁	106517.0	36.57	2110.0	10.86
上海	362.2	0.12	167.8	0.86
江苏	25158.1	8.64	954.0	4.91
浙江	3240.0	1.11	1840.0	9.47
福建	5624.2	1.93	3752.0	19.31
山东	130997.9	44.97	3124.0	16.08
广东	2911.0	1.00	3368.0	17.33
广西	5128.4	1.76	1595.0	8.21
海南	327.8	0.11	1944.0	10.00

资料来源：2017年《中国海洋统计年鉴》和各沿海省份历年统计公报。

从表3-5可以看出，沿海省份在海洋资源禀赋上差距较大。对拥有的确权海域面积而言，山东拥有的确权海域面积达130997.9公顷，占到我国确权海域面积的44.97%，几乎占了一半的海域面积，是名副其实的海洋资源大省。其次海域面积较大的是辽宁，拥有106517公顷的确权海域面积，占比为36.57%，仅次于山东。其余几个沿海省份按确权海域面积由大到小排列依次为江苏、河北、福建、广西、浙江、广东、天津、上海、海南。从大陆海岸线分析，福建大陆海岸线超过广东大陆海岸线长度，跃居全国第一，长达3752公里，广东大陆海岸线长度为3368公里。然后是山东和辽宁两个海洋大省，其大陆海岸线占比均在10%以上，海岸线资源也较为丰富。其余几个沿海省份依次排列如下，海南、浙江、广西、江苏、河北、上海、天津。在11个沿海省份中，上海和天津海洋资源较为贫乏，无论是确权海域面积还是大陆海岸线长度，均处于末尾位置。

（二）区域海洋经济现状

沿海地区海洋生产总值的高低一定程度上反映了该地区海洋产业竞争力的强弱，因此对各地区海洋生产总值的分析是必不可少的，表3-6中展示了

2016 年各沿海省份的海洋经济状况及其构成。从表 3 –6 可以看出，广东和山东的海洋生产总值位于前列，分别占据当年海洋生产总值的 22.9%、19.1%，但是二者海洋生产总值对地区生产总值的贡献率却处于中游位置。广东、山东都属于海洋资源禀赋丰富的省份，但海洋经济对地区经济发展的贡献度并不高，说明这两个省份未充分利用本省优越的海洋基础条件。其次地区海洋经济总量较高的省份为福建、上海，分别占据当年海洋生产总值的 11.5%、10.7%，并且这两个省份的海洋经济对地区经济的推动作用也很高，分别为 27.8%、26.5%，位于前三名。海南和天津两个省份虽然海洋经济总量并不高，但是海洋经济对于地区经济的推动作用很强，地区海洋生产总值占地区生产总值的比重分别为 28.4%、22.6%。在 11 个沿海省份中，辽宁表现则相对较差，该省确权海域面积和大陆海岸线占比位于前列，但是海洋经济发展却不尽如人意，地区海洋经济对海洋经济总体、地区经济总体的贡献率仅为 4.8%、15.0%，与其良好的资源条件不匹配。近年来，广西海洋经济规模逐渐增长，但海洋经济总量仍较小，排在 11 个沿海省份的末尾。

表 3 –6　　2016 年沿海省份海洋生产总值及三次产业构成

省份	地区海洋生产总值（亿元）	地区海洋生产总值占海洋生产总值比重（%）	地区海洋生产总值占地区生产总值比重（%）	海洋第一产业比重（%）	海洋第二产业比重（%）	海洋第三产业比重（%）
天津	4045.8	5.8	22.6	0.4	45.4	54.2
河北	1992.5	2.9	6.2	4.4	37.1	58.5
辽宁	3338.3	4.8	15.0	12.7	35.7	51.6
上海	7463.4	10.7	26.5	0.1	34.4	65.5
江苏	6606.6	9.5	8.5	6.6	49.8	43.6
浙江	6597.8	9.5	14.0	7.6	34.7	57.7
福建	7999.7	11.5	27.8	7.3	35.7	57.0
山东	13280.4	19.1	19.5	5.8	43.2	51.0
广东	15968.4	22.9	19.8	1.7	40.7	57.6
广西	1251.0	1.8	6.8	16.3	34.7	49.0
海南	1149.7	1.6	28.4	23.1	19.5	57.4

资料来源：2017 年《中国统计年鉴》和《中国海洋统计年鉴》。

从海洋三次产业结构来看：2006～2016年我国整体海洋三次产业结构已演变为“三、二、一”格局，即整体海洋产业结构趋向合理化，但沿海各省份的海洋产业结构却未全部成功转型。从表3－6可得，截至2016年底仅天津、河北、辽宁、上海、浙江、福建、山东、广东、广西实现“三、二、一”型的海洋三次产业结构，江苏省和海南省海洋产业结构还未转型成功，分别为“二、三、一”和“一、三、二”结构。对于已经实现“三、二、一”海洋产业格局的地区，其海洋产业结构还需优化升级。

辽宁海洋经济发展于20世纪80年代，近年来发展迅速，海洋第三产业比重逐渐增加，海洋产业格局已转为“三、二、一”结构，但其海洋第三产业比重仍低于全国水平，同时其海洋第一产业占比高于10%，海洋产业结构仍需调整优化；广西与辽宁类似，虽然在2006～2016年海洋产业结构逐渐调整优化，但海洋第一产业在海洋经济中的占比也超过10%，海洋第三产业占比较低，仅为49.0%，海洋产业结构与我国整体海洋三次产业结构相比具有一定差距。江苏海洋产业结构2016年为“二、三、一”模式，2006～2016年其海洋第三产业比重呈现下降趋势，由52.4%降为43.6%，海洋经济的发展主要依靠海洋第二产业拉动。海南海洋产业结构2016年呈现“一、三、二”模式，表明海南主要依赖海洋渔业和滨海旅游业，特别是过度依赖滨海旅游业，海洋第二产业规模偏小，海洋战略性新兴产业发展缓慢，海洋产业竞争力薄弱，海洋经济发展缺乏动力。对于上海，2006～2016年其海洋第一产业占比仅为0.1%，而海洋第三产业占比逐渐升高，截至2016年底占比达到65.5%，合理的海洋产业结构积极推动地区经济的发展，海洋生产总值占地区生产总值近三成。天津作为直辖市之一，海洋第一产业占比一直较低，在0.2%～0.4%之间，仅略高于上海，但其海洋第二产业占比相对较高，2006年海洋第二产业占比为65.8%，2016年之前其海洋第二产业占比一直高于56%，2016年才降为45.4%。2016年前天津依赖海洋第二产业发展海洋经济，虽然在2016年海洋产业结构已转变为“三、二、一”模式，但海洋第三产业优势并不明显，其产业结构仍需优化升级。河北、江苏、浙江、福建、山东、广东等省份海洋三次产业结构已转变为“三、二、一”模式，但仍需优化配置海洋产业结构，整治海洋第一产业中资源密集型产业，加大对海洋第二产业中新兴海洋产业的支持力度，提升海洋第三产业对海洋经济的贡献度。

（三）区域海洋科研水平

海洋科学技术是海洋经济持续发展的基础，也是海洋产业竞争力的核心部分，海洋科研水平的高低很大程度上决定着海洋产业发展的状况，因此综合了解各沿海省份海洋科研状况，才能更好地提升整体海洋产业科技水平，发展以科技带动的高质量海洋经济，加强各地区海洋产业竞争力。

表3－7为2016年我国沿海11个省份沿海科研投入和产出状况，可以看出11个省份海洋科技水平差距较大。广东、山东、上海属于海洋科技水平较高的省份，其中，广东海洋科研机构从业人员数、科技课题数、科技论著数、科技专利拥有数均领先于其他地区；山东在海洋科研机构从业人员数和经费收入上优势较大，但在海洋科技产出方面却表现一般；上海凭借其良好的经济和地区优势，海洋科研科技水平在全国属于领先水平。天津、辽宁、江苏属于海洋科技水平良好，这3个省份在海洋科研机构从业人员数和经费收入上相差不大，但在科技转化能力上则有所差异，江苏海洋科研机构科技论著数位于前二，辽宁海洋科研机构科技专利拥有数位于全国前三，天津在海洋科

表3－7　　　　2016年沿海省份海洋科研状况

省份	海洋科研机构从业人员数（人）	海洋科研机构经费收入（万元）	海洋科研机构科技课题数（项）	海洋科研机构科技论著数（篇）	海洋科研机构科技专利拥有数（项）
天津	2012	159170.3	842	33	168
河北	525	23926.6	63	31	4
辽宁	1992	177254.1	494	10	703
上海	2571	377654.2	935	23	548
江苏	1441	122802.1	2501	25	419
浙江	1839	129094.0	709	13	220
福建	1193	78226.2	590	11	150
山东	3532	360734.3	1520	33	1071
广东	4542	291860.3	3047	49	2847
广西	436	14219.5	52	2	78
海南	290	15907.6	33	0	36

资料来源：2017年《中国海洋统计年鉴》。

研机构科技论著数方面能力较强，与山东并列第二。浙江和福建则属于对海洋科技的投入力度不大，导致海洋科技发展受到制约，仅为一般水平。河北、广西、海南这3个省份海洋科技水平较差，无论在投入还是产出方面都很低，应加强对海洋科技的重视力度，加大对海洋科研的投入和政策扶持。

第三节 海洋产业竞争力评价指标体系构建

海洋产业竞争力评价指标体系是以实现沿海11个省份正确评估为目的，通过选取多个既反映海洋产业竞争力特性又相互关系密切的指标而构成的评估系统。沿海地区海洋产业竞争力评价指标的选取、评价体系的构建以及评价模型的确定，对评估结果的可信度是至关重要的，因此每一步都需要有科学、合理的设计原则。

一、评价指标体系构建原则

（1）科学性与可操作性相结合的原则。指标体系的科学性在一定程度上决定了整个指标体系的综合评价质量。科学性要求在建立指标体系时，应明确综合评价的总体目标，准确定义指标的含义，采取科学的计算方法，充分考虑不同地区的差异。可操作性要求在综合评价的全过程中，指标的数据应当较为容易获取，尽量来源于权威部门，而且指标含义应当明确，计算简单，避免复杂的运算以降低指标数据的出错率。综合评价模型的选取应能够较为容易实现，具有可推广使用的特性，且熟练掌握，以保证评价结果的可靠性。不可实现的评价指标体系，无异于纸上谈兵，不具有现实意义。

（2）系统性与层次性相结合的原则。系统性体现在系统整体的运行状况不是各个维度的简单加总，应当考虑各个层次的联系。层次性要求不同维度的指标应当能反映综合系统整体的特征和状况。因此，在确定指标体系的维度及相关指标时，应当考虑综合评价的整体目标，结合每个维度特点，确定指标，以期能够准确把握各个维度的发展状况及整体水平的变动趋势。

（3）全面性与代表性相结合的原则。全面性要求在进行指标的综合评价时，应当多角度全方位覆盖，综合反映评价指标的各个方面，防止片面决断。

一般而言，指标越多越能全面反映整个系统的发展状况。但是如果指标划分过细，可能导致指标间的相关性过强，不利于综合评价。因此，考虑全面性的基础上，指标的选取应当具有代表性，控制指标数量。

（4）可测性与可比性相结合的原则。指标体系的设计过程中，应当充分考虑指标的可测性和可比性。对于指标的选取，应尽可能选择定量指标，对于无法定量或者定量难度较大的定性指标尽量减少使用。对于选用的指标，数据应可获得，且计算方法必须科学合理，每一项指标都应具有可测性。此外，在不同区域的不同时间的评价中要求统计指标应可比，即在纵向横向上均具有可比性。纵向可比要求每一个区域在不同时期与自身可比；横向可比要求不同区域在每一个时间截面上可比。因此，不同区域的指标口径应当一致，对于单位不同的指标，可以使用正向化和无量纲化方法，使得不同的指标可比。

根据上面四点指标体系构建的原则，海洋产业竞争力指标体系构建要充分考虑以下几点内容：第一，要考虑到指标数据的可获得性和难易程度；第二，应建立在产业竞争力和海洋产业的理论基础上，同时选择的指标数据要真实的反应 11 个沿海省份的竞争力状况；第三，需要全面地反映各个地区的竞争力状况，不能是片面的，因此在构建指标体系是要从整体出发，全面系统的考虑海洋产业的特点、竞争力形成的机制以及海洋产业竞争力的影响因素等；第四，沿海地区海洋产业竞争力跨越了空间和时间维度，首先不同省份在海洋数据收集、统计上存在着差异，其次同一省份在不同年份也可能出现数据统计口径的改变，因此选取的指标要规避不可比性，指标的计算口径应保持一致，确保数据在空间和时间上都具有可比性。

二、指标选取及评价体系构建

基于产业竞争力内涵、基本构成，以及评价指标体系的科学性、可操作性、系统性、层次性、全面性、代表性、可测性和可比性等原则，进行指标的选择及评价体系的设计。中国人民大学竞争力与评价研究中心在多年的理论研究下，提出符合中国国情的“三力一体”产业竞争力构建模型，该模型指出产业竞争力由基础竞争力、环境竞争力、核心竞争力组成。产业基础竞争力主要是生产资源、资本资源、人力资源、基础设施等生产条件，它是产业竞争力得以持续发展的根基和关键；产业环境竞争力包括政府管理、市场环境、人文水平等要素，是产业竞争力得以有效发展的方向和动力所在；产业核心竞争力由核心产品及核心技术表现，是评价主体所具有的不可被模仿替代的独特优势；三者联合构成一个密不可分、彼此交叉渗透的有机整体。影响一个区域海洋产业竞争力的因素有很多，如自然禀赋、劳动力资源、资本流向、科技创新、基础设施以及人文环境等因素，本书参考“三力一体”竞争力模型，从海洋产业基础竞争力、海洋产业环境竞争力、海洋产业核心竞争力三个层面综合考虑选取评价指标，构建了一个多层次全方位的立体评价指标体系。

(一) 海洋产业基础竞争力

海洋产业基础竞争力是各个沿海省份在海洋产业发展上的依托，包括自然资源、资本资源、人力资源、基础设施四个部分。

(1) 自然资源反映各个省份的资源禀赋能力，自然资源的多寡决定了地区海洋产业发展的投入特点，包括人均水资源量（立方米/人）Z_1、海水可养殖面积（公顷）Z_2、确权海域面积（公顷）Z_3。

(2) 资本资源包括全社会固定资产投资额（亿元）Z_4、地区外商投资总额（百万美元）Z_5。

(3) 人力资源包括涉海就业人员占全国就业人员比重（%）Z_6、地区年末人口数（万人）Z_7、人口自然增长率（‰）Z_8。

(4) 基础设施包括卫生机构数（个）Z_9、渔港个数（个）Z_{10}、沿海地区海滨观测台站数量（个）Z_{11}、旅行社单位数（个）Z_{12}。

(二) 海洋产业环境竞争力

海洋产业环境竞争力反映各个省份的海洋产业整体发展和形成依赖的各种环境状况，包括人文状况、市场需求、生态健康三个部分。

(1) 人文状况包括地区高等学校数（个）Z_{13}、普通高等学校本科生毕业数（万人）Z_{14}、开设海洋专业高等学校教职工数（人）Z_{15}。

(2) 市场需求包括水产品进口量（吨）Z_{16}、农村居民家庭人均水产品消费量（千克）Z_{17}。

(3) 环境健康包括湿地面积占辖区面积比重（%）Z_{18}、海洋类型自然保护区数量（个）Z_{19}、工业废水排放总量（万吨）Z_{20}、污染治理项目个数（个）Z_{21}。

（三）海洋产业核心竞争力

海洋产业核心竞争力是各个省份海洋产业产出能力和技术创新能力的集成，它包括产出水平、产业结构、科技水平三个部分。

（1）产出水平包括海洋捕捞产量（万吨）Z_{22}、海盐产量（万吨）Z_{23}、国际旅游（外汇）收入（百万美元）Z_{24}、海洋增加值占地区生产总值比重（%）Z_{25}。

（2）产业结构包括海洋第一产业增加值占海洋增加值比重（%）Z_{26}、海洋第三产业增加值占海洋增加值比重（%）Z_{27}。

（3）在科学技术迅猛发展的背景下，海洋产业科技水平形成核心竞争力的关键，包括海洋科研机构人员数（人）Z_{28}、海洋科研机构经费收入（万元）Z_{29}、海洋科研机构科技课题数（项）Z_{30}、海洋科研机构论文发表数（篇）Z_{31}、海洋科研机构科技专利拥有数（件）Z_{32}。

依据海洋产业的构成和数据的可获得性，以及参考以往学者相关研究成果后，建立包括3个一级指标和32个二级指标的沿海地区海洋产业竞争力评价体系（见表3－8），一级指标只在模型构建时使用，后面不做具体分析。

表3－8　海洋产业竞争力评价指标体系

目标层	一级指标	二级指标	指标单位	标记
海洋产业竞争力	基础竞争力	人均水资源量	立方米/人	Z_1
		海水可养殖面积	公顷	Z_2
		确权海域面积	公顷	Z_3
		全社会固定资产投资额	亿元	Z_4
		外商投资总额	百万美元	Z_5
		涉海就业人员占全国就业人员比重	%	Z_6
		地区年末总人口数	万人	Z_7
		人口自然增长率	‰	Z_8
		卫生机构数	所	Z_9
		渔港个数	个	Z_{10}
		沿海地区海滨观测台站数量	个	Z_{11}
		旅行社单位数	个	Z_{12}

续表

目标层	一级指标	二级指标	指标单位	标记
海洋产业竞争力	环境竞争力	地区高等学校数	个	Z_{13}
		普通高等学校本科毕业生数	万人	Z_{14}
		开设海洋专业高等学校教职工数	人	Z_{15}
		水产品进口量	吨	Z_{16}
		农村居民家庭人均水产品消费量	千克	Z_{17}
		湿地面积占辖区面积比重	%	Z_{18}
		海洋类型自然保护区数量	个	Z_{19}
		工业废水排放总量	万吨	Z_{20}
		污染治理项目个数	个	Z_{21}
	核心竞争力	海洋捕捞产量	万吨	Z_{22}
		海盐产量	万吨	Z_{23}
		国际旅游（外汇）收入	百万美元	Z_{24}
		海洋增加值占地区生产总值比重	%	Z_{25}
		第一产业增加值占海洋增加值比重	%	Z_{26}
		第三产业增加值占海洋增加值比重	%	Z_{27}
		海洋科研机构人员数	人	Z_{28}
		海洋科研机构经费收入	万元	Z_{29}
		海洋科研机构科技课题数	项	Z_{30}
		海洋科研机构论文发表数	篇	Z_{31}
		海洋科研机构科技专利拥有数	件	Z_{32}

三、全局主成分——TOPSIS理论基础与方法分析

（一）全局主成分

主成分分析（principal component analysis，PCA）是在20世纪90年代提出的一种多元统计方法，其思想是在保留原始数据大部分信息的前提下，将多维指标转为少数几项互不相关的综合指标，起到降维和简化问题的作用。但是随着时间的推进，人们不再只处理平面数据表，还需要处理时序立体数据表。本书将介绍多维动态数据系统的立体式综合简化，同时迅速提取立体数据表中的重要信息，从而简明扼要的把握系统的动态规律并基于提取的全

局主成分进行系统评估。

对时序立体数据表而言，如果对每个时点的数据表单独进行主成分分析，则不同的数据表具有不同的主超平面，会造成评估结果不具有可比性和一致性。全局主成分（generalized principal component analysis，GPCA）在经典主成分的基础上，引入全局的概念，基于时序立体数据表进行经典主成分分析，目的是寻找一个全局综合效果最好的统一的子空间，使得每个时点的平面数据在该子空间上的投影得到近似表达。全局主成分可以从时间、样本、变量三维角度对数据进行分析，弥补了经典主成分分析无法对时序立体数据分析的缺陷。

1. 基本概念

（1）时序立体数据表。

将一系列具有完全相同的样本点名和变量指标的平面数据表，在时间维度上进行排列，即形成时序立体数据表 H。

$$H=\{X^t \in R^{m\times n},\ t=1,\ 2,\ \cdots,\ T\} \tag{3-1}$$

其中，X^t，$t=1$，2，…，T，均以l_1，l_2，…，l_m为样本个体名，以x_1，x_2，…，x_n为变量指标。

（2）全局的含义。

在某一 t 时刻数据表X^t中，以l_1^t，l_2^t，…，l_m^t表示样本个体l_1，l_2，…，l_m的取值，并称N_I^t为 t 时刻的样本群点，其公式如下：

$$N_I^t=\{l_i^t,\ i=1,\ 2,\ \cdots,\ m\} \tag{3-2}$$

全局样本群点$N_I=\bigcup_{t=1}^{T} N_I^t$由$N_I^t$在 t 上合并得到，称任意以N_I为样本群点的分析为全局分析。

（3）全局数据表。

全局数据表是时序立体数据表在时间维度上的纵向展开，它是根据全局分析的概念来定义的，如下：

$$X=[X^1,\ X^2,\ \cdots,\ X^T]'=(x_{ij}^t)_{T_{m\times n}} \tag{3-3}$$

（4）全局重心。

定义全局数据表的中心为全局重心 g，公式如下：

$$g=(\bar{x}_1,\ \bar{x}_2,\ \cdots,\ \bar{x}_n)';\ g=\sum_{t=1}^{T}\sum_{i=1}^{m} p_i^t l_i^t \tag{3-4}$$

其中，p_i^t为t时刻样本个体l_i^t的权重，可以得到：

$$\sum_{t=1}^{T}\sum_{i=1}^{m} p_i^t = 1;\ \sum_{i=1}^{m} p_i^t = \frac{1}{T} \tag{3-5}$$

此外，当$p_i^t = cp_i$（$t=1, 2, \cdots, T$）时（c为常量，$\sum_{i=1}^{m} p_i = 1$），可以推导出：

$$g = \sum_{t=1}^{T}\sum_{i=1}^{m} p_i^t l_i^t = \frac{1}{T}\sum_{t=1}^{T}\sum_{i=1}^{m} p_i l_i^t = \frac{1}{T}\sum_{t=1}^{T} g^t \tag{3-6}$$

其中，$g^t = \sum_{i=1}^{m} p_i l_i^t$是$t$时刻数据表$X^t$的重心，写为$g^t = (\bar{x}_1^t, \bar{x}_2^t, \cdots, \bar{x}_n^t)'$。由上面的推导结果可以看出，当样本点$l_i$的权重不随时间改变时，全局重心即为各时刻数据表重心的平均，而在大部分实际研究中各样本的权重是不随时间变化的。

（5）全局协方差矩阵。

全局变量x_j是指全局群点在j指标上的取值分布，有：

$$x_j = (x_{1j}^1, \cdots, x_{mj}^1, x_{1j}^2, \cdots, x_{mj}^2, \cdots, x_{1j}^T, \cdots, x_{mj}^T)' \in R^{Tm} \tag{3-7}$$

全局变量x_j与x_k（$j \neq k$）的协方差称为全局协方差，即：

$$s_{jk} = \mathrm{cov}(x_j, x_k) = \sum_{t=1}^{T}\sum_{i=1}^{m} p_i^t (x_{ij}^t - \bar{x}_j)(x_{ik}^t - \bar{x}_k) \tag{3-8}$$

由此构成全局协方差矩阵$S = (s_{jk})_{n \times n} \in R^{n \times n}$。因此$t$时刻数据表$X^t$的协方差矩阵$S^t$由$s_{jk} = T\sum_{i=1}^{m} p_i^t (x_{ij}^t - \bar{x}_j^t)(x_{ik}^t - \bar{x}_k^t)$构成，其中$x_j^t = (x_{1j}^t, \cdots, x_{mj}^t)'$表示第$j$个指标变量。

2. 全局主成分过程推理

从最小二乘原则来看，全局主成分分析的实质是寻找一个m维的经平移加旋转变换生成的超平面$h+L$（h指平移，L指旋转变换）即全局主超平面，它使得p维空间（$p>m$）的样本群点$N_I = \bigcup_{t=1}^{T} N_I^t$，$N_I^t = \{l_i^t \in R^n, i=1, 2, \cdots, m\}$，在该超平面上的投影$\hat{l}_i^t$与$l_i^t$的差异总和达到最小，即残余惯量取最小值，其中残余惯量是指所有样本点$\hat{l}_i^t$与l_i^t的差距的平方和，数学表达式为：

$$I(N_I, h+L) = \sum_{t=1}^{T}\sum_{i=1}^{m} p_i^t \| l_i^t - \hat{l}_i^t \|_M^2 \tag{3-9}$$

由上可知，全局主成分的关键是使得残余惯量最小的 m 维主超平面 $h+L$ 的确定，可以经过证明得出以下两点结论：第一，该主超平面一定过全局样本群点N_I的重心。因此，一般在主成分分析中，都会将原始数据做标准化处理，这样一方面可以消除量纲影响，另一方面可以将全局重心与原点重合。第二，最佳旋转变换 L 的标准正交基，对应着 SV 的前 m 个最大特征值λ_1，λ_2，…，$\lambda_m>0$ 的特征向量，其中 S 为全局协方差矩阵，V 为度量矩阵。当以 SV 的前 m 个最大特征值对应的特征向量u_1，u_2，…，u_m为全局主轴时，残余惯量达到最小而解释惯量达到最大。即：

$$\max \sum_{t=1}^{T} \sum_{i=1}^{m} p_i^t d^2(\hat{e}_i^t, g) = \sum_{h=1}^{m} \lambda_h \tag{3-10}$$

有了以上两个结论，可以将全局主成分分析的操作步骤总结如下：

（1）对全局数据进行标准化处理，即将全局重心平移到原点。

（2）求解全局协方差矩阵 S。

（3）求 SV 的前 m 个特征值λ_1，λ_2，…，λ_m及其对应的特征向量u_1，u_2，…，u_m，在数据标准化处理后，度量矩阵 V 可取单位矩阵 I，即本步是求解全局协方差矩阵 S 的前 m 个特征值及其对应的特征向量。

（4）求解全局主成分，记F_h为第 h 个全局主成分，其表达式如下：

$$F_h = (F_h(1,1), \cdots, F_h(1,m), \cdots, F_h(T,1), \cdots, F_h(T,m))' \in R^{Tn}$$

其中，$F_h(t,i) = (e_i^t)' V u_h$，$t=1, \cdots, T$，$i=1, \cdots, m$。

（二）逼近理想解排序法

逼近理想解排序法（technique for order preference by similarity to ideal solution，TOPSIS）于 1981 年首次被提出，属于系统工程中有限方案多目标决策分析的常用方法之一。TOPSIS 法的基本思想是基于多指标问题的正理想解和负理想解概念，使用欧式距离公式测度各评价对象与理想化目标的贴近程度，若评价对象在最接近正理想解的同时又最远离负理想解，即贴近程度最近，说明该评价对象是最优的；反之，贴近程度最远时则是最差的。其中，正理想解和负理想解并不是真实的存在于评价总体中，而是一个虚构的最佳（或最差）方案，它的每个属性值都是决策矩阵中该属性的最好（或最差）的值。

TOPSIS 法基于理想解概念，通过计算欧式距离来反映相对贴近程度，在几何意义上比较直观。如图 3－2 中是一个二维空间（属性）的多指标评价问题，其中x^-代表负理想解，x^+代表正理想解，可以看出当存在某些点离正（负）理想解的距离相等时，需要引入负（正）理想解，正、负理想解两者综合才能良好的反应评价对象的优劣。如图 3－2 中的x_1和x_2距离正理想解的距离相同，但x_2明显距负理想解更远，因此在加入与负理想解的距离后，能明显的区分两者的优劣。

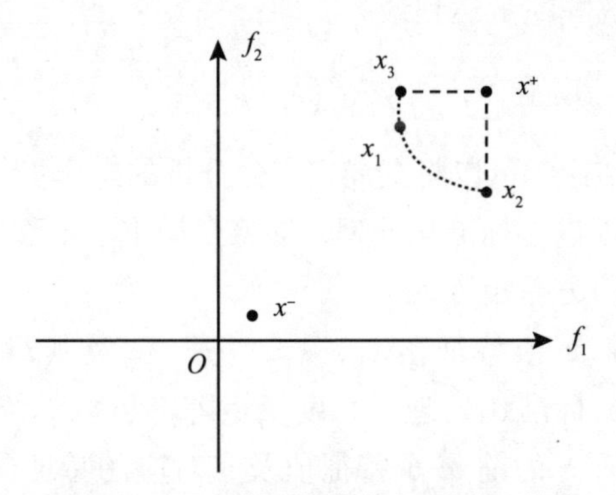

图 3－2　正、负理想解与相对贴近程度

1. TOPSIS 基本步骤

（1）构建初始决策矩阵。假定有 m 个评价方案，n 个指标变量，则初始决策矩阵 X 为：

$$X=\begin{bmatrix} x_{11} & x_{12} & \cdots & x_{1n} \\ x_{21} & x_{22} & \cdots & x_{2n} \\ \cdots & \cdots & \cdots & \cdots \\ x_{m1} & x_{m2} & \cdots & x_{mn} \end{bmatrix} \tag{3-11}$$

（2）规范化处理。对初始决策矩阵 X 进行标准化，以消除指标数据量纲不同的影响（若有负向指标则需先把负向指标正向化），得到规范化矩阵 Z 如下：

$$Z=\begin{bmatrix} z_{11} & z_{12} & \cdots & z_{1n} \\ z_{21} & z_{22} & \cdots & z_{2n} \\ \cdots & \cdots & \cdots & \cdots \\ z_{m1} & z_{m2} & \cdots & z_{mn} \end{bmatrix} \tag{3-12}$$

其中，$z_{ij}=\frac{x_{ij}}{\sqrt{\sum_{i=1}^{m}(x_{ij})^2}}$，$i=1,2,\cdots,m$；$j=1,2,\cdots,n$。

（3）确定正理想解N^+和负理想解N^-：

$$N^+=(n_1^+,n_2^+,\cdots,n_n^+)=(\max(v_{i1}),\max(v_{i2}),\cdots,\max(v_{in}))$$
$$N^-=(n_1^-,n_2^-,\cdots,n_n^-)=(\min(v_{i1}),\min(v_{i2}),\cdots,\min(v_{in}))$$
$$(3-13)$$

（4）各评价方案到正、负理想解的距离D_i^+、D_i^-。距离使用欧氏距离公式如下：

$$D_i^+=\sqrt{\sum_{j=1}^{n}(n_j^+-v_{ij})^2}$$
$$D_i^-=\sqrt{\sum_{j=1}^{n}(n_j^--v_{ij})^2} \qquad (3-14)$$

（5）测算各评价方案与理想解的相对贴近度。C_i在0～1之间，越接近1代表该评价方案越接近理想方案。

$$C_i=\frac{D_i^-}{D_i^++D_i^-} \qquad (3-15)$$

（6）根据相对贴近度C_i对各评价方案做出排序。

2. 局限性分析及改进

TOPSIS法能够充分利用评价总体的指标数据信息，客观的反映各个评价对象之间的真实差异，在原理简单、易于实现、几何意义直观的同时对数据分布和样本容量没有要求。虽然TOPSIS法具有以上优点，但也存在着一定的客观缺陷。

（1）指标相关问题：一方面，当评价总体的指标间存在线性相关性时，使用欧式距离测算各个评价对象与正负理想解的相对贴近度会失去合理性；另一方面，随着指标间相关性的增强评价结果的客观性会越低。

（2）权重赋值问题：在图3－2中的x_2、x_3两点与正、负理想解的距离都相等，即两个评价对象与理想解的贴近程度一样，存在不能完全清晰的评估各方案的优劣性问题，因此需要对指标数据进行赋权，而传统的TOPSIS是采用主观赋权法，虽具有专业性和解释性较强等优点，但也一定程度上存在不确定性和主观性。

因此，在综合考虑传统 TOPSIS 优缺点的情况下，基于全局主成分分析方法对 TOPSIS 进行改进，使用全局主成分——TOPSIS 综合评价方法测算沿海地区海洋产业竞争力水平。其中，全局主成分分析法能在保留原始数据大部分信息的前提下，将原始指标数据转化为几个互不相关的主成分数据，并且根据各主成分的方差贡献率占总方差贡献率的比值生成权重，这是一个客观的、有理论依据的计算过程。综上所述，全局主成分——TOPSIS 综合评价方法能够有效避免传统 TOPSIS 存在的指标线性相关导致欧式距离失效和主观赋权等局限性，因此本书使用该方法测量我国沿海 11 省份的海洋产业竞争力。

（三）全局主成分——TOPSIS 评价方法主要步骤及流程

在本书中仅将全局主成分——TOPSIS 评价方法的关键步骤列出，具体详细的操作步骤将在实证部分叙述，以此避免造成重复赘述等问题。

（1）全局数据同向化及标准化处理。

（2）指标相关性检验。

（3）测算全局协方差矩阵，及其特征根和特征向量。

（4）计算特征根的累计方差贡献率，选取主成分。

（5）构建全局主成分加权决策矩阵。

（6）确定正负理想解，并测量各评价对象与正理想解的相对贴近程度。

（7）依据相对贴近程度进行排序。

四、系统聚类分析

聚类分析是最常用的数据挖掘方法之一，它可以找到一组描述数据的同质子集。聚类是基于相似性将数据进行分组，尽管“类”的概念并不是唯一的，但总体目标是类内的对象彼此相似，类间具有差异。系统聚类法（也称层次聚类法）是聚类分析中最常用的方法之一，它是通过递归划分实例来确定“类”。系统聚类有两种聚类形式：一种是分裂系统聚类，即自顶向下，开始时将原始数据集当作整体，然后向下分裂，直到每个样本都在一个单独的类中或满足停止的条件；另一种是凝聚系统聚类，即自底向上，首先将原始数据集中每个样本都当作一个类，然后根据类之间的相似度向上进行凝聚，直至所有样本并至一个类中或达到停止的条件。

常用的系统聚类方式有最短距离法、最长距离法、中间距离法、离差平方和法（又称 Ward 法）。Ward 系统聚类的基本思想是，在正确分类的情况下，类内样本间的离差平方和应当小，类间的离差平方和应当大。具体做法为先将数据集中每个样本看作一个单独聚类簇，然后进行迭代，在每轮迭代中合并方差增加最小的两个聚类簇，直至到所有样本归并为一大类。

假定共有 n 个样本组成数据集 G，分为 m 类即G_1，G_2，…，G_m，X_{it}代表类G_m中第 i 个样本，n_t为类G_m中样本个数，$\bar{X}_t$为类G_m的重心，则类G_m的离差平方和为 $S_t=\sum_{i=1}^{n_t}(X_{it}-\bar{X}_t)'(X_{it}-\bar{X}_t)$，$t=1$，2，…，$m$，$S_t$反映了类内样本的离散程度。

若有类G_p和类G_q合并为类G_k，则这三个类的离差平方和分别为：

$$S_p=\sum_{i=1}^{n_p}(X_{ip}-\bar{X}_p)'(X_{ip}-\bar{X}_p) \tag{3-16}$$

$$S_q=\sum_{i=1}^{n_q}(X_{iq}-\bar{X}_q)'(X_{iq}-\bar{X}_q) \tag{3-17}$$

$$S_k=\sum_{i=1}^{n_k}(X_{ik}-\bar{X}_k)'(X_{ik}-\bar{X}_k) \tag{3-18}$$

根据 Ward 系统聚类的基本思想，若将类G_p、类G_q合并为类G_k是合理的，则合并后的类G_k的离差平方和增加值应较小，即$D_{pq}^2=S_k-S_p-S_q$应较小；反之，D_{pq}^2较大时则聚类是不合理的。定义D_{pq}^2为类G_p、类G_q之间的平方距离，可证明其公式为：

$$D_{pq}^2=\frac{n_p n_q}{n_k}(\bar{X}_p-\bar{X}_q)'(\bar{X}_p-\bar{X}_q) \tag{3-19}$$

同时，可以证明类间距离的递推公式为：

$$D_{sk}^2=\frac{n_s+n_p}{n_k+n_s}D_{sp}^2+\frac{n_s+n_q}{n_k+n_s}D_{sq}^2-\frac{n_s}{n_k+n_s}D_{pq}^2 \tag{3-20}$$

本书将采用 Ward 系统聚类法对我国沿海 11 个省份的海洋产业竞争力得分进行聚类。

第四节　海洋产业竞争力实证分析

一、数据来源及处理

参照本章第三节已确定沿海地区海洋产业竞争力的评价指标体系，由于海洋统计年鉴数据更新的滞后性，目前《中国海洋统计年鉴》仅更新到 2017 年，本书使用 2006 ~ 2016 年沿海 11 个省份的海洋数据进行分析，指标数据均来自 2007 ~ 2017 年《中国海洋统计年鉴》《中国渔业统计年鉴》《中国统计年鉴》，个别年份指标的缺失值使用 EM 方法填补。由 2006 ~ 2016 年我国沿海 11 个省份的 32 个指标数据，构建一张 11 × 32 × 11 的时序立体数据表，结合 Python 软件，实现基于全局主成分——TOPSIS 的沿海地区海洋产业竞争力测算过程。

二、沿海地区海洋产业竞争力测算

（一）基于全局主成分——TOPSIS 评价方法衡量竞争力得分

1. 全局数据的同向化

基于全局主成分——TOPSIS 方法的海洋产业竞争力评价中，所选取的指标性质可能不同，若直接使用，综合评价结果将会产生偏差。根据性质的不同，分为正向指标、逆向指标、适度指标。对于正向指标而言，其取值越大越好。对于逆向指标，则取值越小越好。而适度指标，则存在取得理想值的适当区间，取值太大或者太小效果均不好。在海洋产业竞争力综合评价过程中，为了保证测度的一致性和准确性，应当对非正向指标进行正向化，即对指标进行一致化，使得整个体系的指标具有同趋势。将 2006 ~ 2016 年我国沿海 11 个省份 32 项指标数据整合为时序立体数据表，在沿海地区海洋产业竞争力评价指标体系 32 个指标中，工业废水排放量、海洋第一产业增加值占海洋产业增加值比重均为负向指标，要对指标数据进行同向化处理。

对于指标的正向化，普遍使用的有两种处理方法：倒数一致法和减法一致法。学术界目前普遍使用倒数一致法对非正向指标进行正向化，原因是该方法简单易操作。但相关学者对两种方法展开探讨，从不同的角度进行论证，认为减法一致法更为科学准确。学者郭亚军（1998）从正向化、无量纲化方法的选取对综合评价结果的敏感性角度出发，认为倒数法这种非线性变换使得综合评价结果的分散程度改变，而减法一致法的线性变换方法不会改变综合评价的分散程度。叶宗裕（2003）选取实例，对正向化方法进行论证，证明倒数的变换方法改变了原有指标的分布规律，所得结果不准确，而线性变换不会导致指标值分布规律的改变。张立军和袁能文（2010）进行数学推算并结合实例证明，采用减法一致法进行处理的综合评价结果更加稳定，而采用倒数一致法处理将会导致综合评价结果不稳定，倒数一致法不够合理。胡永宏（2016）提出倒数一致法进行处理后的数据会导致指标性质改变，数据的分布也被改变，从而对评价结果的合理性产生消极影响。

综合以上学者的分析和论证，本书认为在海洋产业竞争力综合评价的指标体系中，采用减法一致法对指标进行正向处理是比较科学合理的，因此拟采用减法一致法对非正向指标进行正向化处理。逆向指标适用的减法一致法的计算公式为：$x_{ij}^t = M - y_{ij}^t$；适度指标适用的减法一致法的计算公式为：$x_{ij}^t = |k - y_{ij}^t|$，其中 y_{ij}^t 是指标的原始数值，x_{ij}^t 是经正向化处理后的指标值，M 为逆向指标的一个允许上界，k 是适度指标的适度值。

2. 全局数据的无量纲化

在构建全局主成分——TOPSIS 方法的海洋产业竞争力评价指标体系中，各个指标的内容和度量单位不同，将会导致指标之间数量级存在较大差异。量纲的差异会使得指标之间缺乏可比性，从而使得海洋产业竞争力综合评价结果存在误差。因此需要进行指标的无量纲化处理，以期尽可能地贴近实际情况。

指标无量纲化处理方法主要分为非线性无量纲化和线性无量纲化。非线性无量纲化方法，如对数功效系数法、指数功效系数法等。线性无量纲化方法，如标准化处理法、极值处理法等。由于其内在的函数特征，非线性无量纲化方法会使得原始数据的分布特征发生改变，而线性无量纲化方法则会保留其分布特征，这是两者最大的区别。实践中，对非线性无量纲化方法的使用较少。因为非线性无量纲方法，相较于线性无量纲化需要确定较多的参数，且需要对指标内在变动规律有一定的把握。一般情况下，评价者在对指标没有较熟悉了解情况下，不会选择非线性无量纲化方法。因此，本章将采用线性无量纲化方法进行数据处理。

线性无量纲化方法主要包含均标准化处理法、极值处理法、归一处理法、线性比例法等。线性比例法中的均值法保留了指标变异程度的信息，是一种较好的线性无量纲化方法。由于无量纲化的方法选取十分关键，直接影响到后续综合评价的效果。因此，众多学者针对无量纲化的方法选取开展研究，以期寻求较为合理科学的方法。叶宗裕（2003）从保留原始指标差异信息的角度，对比了标准化处理法、极值处理法和均值化法后，得出结论：若综合评价的指标数值均是客观数据时，一般采用均值化法较为合适；若指标数值均为主观数值时，则用标准化处理法较好。张卫华和赵铭军（2005）从评价指标的无量纲化影响综合排序的角度进行探讨，认为均值化法保留了原始数据的变异特征，是较好的无量纲化方法。郭亚军和易平涛（2008）指出均值化法处理过程中使用了指标中所有样本的统计信息，其稳定性较好。朱喜安和魏国栋（2015）通过公式推算得出结论：线性比例熵值法与原熵值法确定的权重系数相同，具有较好的性质。胡永宏（2016）提出了一个线性无量纲化选择的基本原则：选取不带截距项的线性无量纲化方法，如均值化法，这样可以保持指标的变异信息在无量纲化前后保持不变。李玲玉、郭亚军和易平涛（2016）以拉开档次法为例，使用数学仿真方法对无量纲化选取的原则进行分析，认为线性比例法是一种较好的无量纲化方法。

综合以上学者的研究成果，虽然研究角度不同，但得出的结论大同小异。均值化法无量纲化处理后的数据可以保持指标的变异信息。但是无量纲化方法的选取应当结合实际情况，是否需要保留原始变异信息。本章研究的是海洋经济绿色发展水平，指标数据来自统计年鉴，均为客观数值。考虑到需要保留原始变异信息，因此选用线性比例法中的均值化法对指标进行无量纲化处理，使评价结果更为准确科学。均值化法的计算公式为：

$$Z_{ij}^{t}=\frac{x_{ij}^{t}}{\mu_j}$$

$$t=1,\ \cdots,\ 11;\ i=1,\ \cdots,\ 11;\ j=1,\ \cdots,\ 32 \tag{3-21}$$

其中，Z_{ij}^{t}是在 t 年 i 省（市）的第 j 个指标标准化后的数值；x_{ij}^{t}是在 t 年 i 省（市）的第 j 个指标的原始数值；μ_j为第 t 个指标的均值。

3. 全局指标数据的 KMO 检验和 Bartlett 球形检验

KMO 检验是通过指标间简单相关系数和偏相关系数，反应指标间相关性的强弱，判断数据是否适合进行主成分分析，计算如公式（3－22）所示。KMO 值在 0～1 之间，越接近 1 表示指标间的相关性越强，数据越适宜进行主成分分析；反之，越不适宜进行主成分分析。

$$\text{KMO} = \frac{\sum_{i=j}\sum r_{ij}^2}{\sum_{i=j}\sum r_{ij}^2 + \sum_{i=j}\sum \rho_{ij}^2} \tag{3-22}$$

其中，r_{ij}^2为两个指标间的简单相关系数，ρ_{ij}^2为两个指标间的偏相关系数。

Bartlett 球形检验的原假设是相关系数矩阵为单位矩阵，该检验的统计量服从卡方分布，若其检验结果小于显著性水平 α，则拒绝原假设，说明指标间存在相关性关系，适合进行主成分分析。

在对全局数据进行同向化和标准化处理后，进行 KMO 检验和 Bartlett 球形检验，结果如表3－9 所示。时序全局数据的 KMO 检验值为0.796，Bartlett 球形检验的 p 值为0.000，小于0.01，因此可以认为时序全局数据适合进行全局主成分分析。

表3－9　KMO 和 Bartlett 检验

方法		统计值
KMO 检验		0.796
Bartlett 球形检验	近似卡方	6635.494
	自由度	496.000
	显著性	0.000

4. 计算全局协方差矩阵

依据同向化和标准化后的全局数据，计算全局协方差矩阵 R，由于数据已经是标准化，所以此时的全局协方差矩阵也是全局相关性矩阵，同时 R 是正定矩阵。

5. 计算特征根和方差贡献率，确定全局主成分个数

根据全局协方差矩阵 R，计算全局协方差矩阵的特征值和特征向量。将

特征值按从大到小的顺序排列，并依据特征值计算方差贡献率和累计方差贡献率，如表3-10所示，可以看到前6个主成分的累计方差贡献率大于80%，同时它们的特征值也大于1，可以认为这6个主成分代表了原始数据84.17%的信息，并且这6个主成分互不相关，极大地降低了原始数据的复杂性。

表3-10　　　　特征值和累计方差贡献率

主成分	特征值	方差贡献率（%）	累计方差贡献率（%）
1	11.6152	36.30	36.30
2	5.6195	17.56	58.86
3	4.2858	13.39	67.25
4	2.4728	7.73	74.98
5	1.5369	4.80	79.78
6	1.4059	4.39	84.17

6. 提取全局主成分

根据各个主成分的特征向量和标准化处理后的数据，可计算出前6个主成分，即全局主成分决策矩阵 F。

$$F = Z \times a \tag{3-23}$$

7. 确定权重向量

将各个主成分的特征值除以全部6个主成分特征值之和，得到各个主成分的权重w_i，构成权重向量 W。

$$w_i = \frac{\lambda_i}{\sum_{i=1}^{6} \lambda_i} \quad i = 1, \cdots, 6 \tag{3-24}$$

8. 将全局主成分决策矩阵 F 转为单向全局主成分矩阵F'

这一步的目的是保证主成分加权决策矩阵中数据的非负性。转化公式为:

$$f'_{ij} = f_{ij} - \min(f_j) \tag{3-25}$$

9. 将单向全局主成分决策矩阵转为标准矩阵 P，如下：

$$p_{ij} = \frac{f'_{ij}}{\sqrt{\sum_{i=1}^{m} (f'_{ij})^2}} \tag{3-26}$$

10. 构建加权全局主成分矩阵 V

标准矩阵 P 乘以全局主成分权重向量 W 形成加权全局主成分矩阵 V。

$$V = (w_i p_{ij})_{m \times n} = \begin{bmatrix} w_1 p_{11} & \cdots & w_n p_{1n} \\ \vdots & \ddots & \vdots \\ w_m p_{m1} & \cdots & w_n p_{mn} \end{bmatrix} \tag{3-27}$$

11. 根据加权全局主成分矩阵 V 确定正理想解 N^+ 和负理想解 N^-

其中，正理想解是由加权全局主成分矩阵 V 中每列的最大值构成，负理想解是由加权全局主成分矩阵 V 中每列的最小值构成。

$$N^+ = (n_1^+, n_2^+, \cdots, n_n^+) = (\max(v_{i1}), \max(v_{i2}), \cdots, \max(v_{in}))$$
$$N^- = (n_1^-, n_2^-, \cdots, n_n^-) = (\min(v_{i1}), \min(v_{i2}), \cdots, \min(v_{in})) \tag{3-28}$$

其中，$i=1, 2, \cdots, m$。

12. 计算各个评价对象到正理想解和负理想解的距离

依据上一步中得到的正理想解和负理想解，及欧几里得距离计算公式，得到各评价对象与正理想解的距离 D_i^+，与负理想解的距离 D_i^-。

$$D_i^+ = \sqrt{\sum_{j=1}^{n} (n_j^+ - v_{ij})^2}$$
$$D_i^- = \sqrt{\sum_{j=1}^{n} (n_j^- - v_{ij})^2} \tag{3-29}$$

13. 测算各个评价对象与理想解的贴近程度 C_i

C_i 的范围在 0 ~ 1 之间，越接近 0 表明该评价对象得分更低，反之越接近 1 表明该评价对象得分越高。

$$C_i = \frac{D_i^-}{D_i^+ + D_i^-} \tag{3-30}$$

14. 依据贴近程度 C_i 对所有评价对象进行得分计算及排名

我国 11 个沿海省份海洋产业竞争力得分如表 3－11 所示、海洋产业竞争力排名如表 3－12 所示。

表 3－11　　2006～2016 年各沿海省份海洋产业竞争力得分

年份	天津	河北	辽宁	上海	江苏	浙江	福建	山东	广东	广西	海南
2006	0.2219	0.2089	0.2428	0.3747	0.3513	0.3199	0.2919	0.4195	0.4813	0.1670	0.2243
2007	0.2303	0.2242	0.2528	0.3941	0.3915	0.3367	0.3047	0.4538	0.5095	0.1692	0.2354
2008	0.2299	0.2270	0.2796	0.4063	0.4194	0.3537	0.3055	0.4857	0.5306	0.1788	0.2426
2009	0.2366	0.2509	0.3291	0.4142	0.4384	0.3623	0.3146	0.4840	0.5472	0.1884	0.2382
2010	0.2577	0.2502	0.3568	0.4527	0.4548	0.3850	0.3315	0.5190	0.5975	0.1889	0.2415
2011	0.2613	0.2709	0.3734	0.4671	0.5074	0.3985	0.3423	0.5395	0.6145	0.1954	0.2469
2012	0.2720	0.2701	0.4005	0.4761	0.5194	0.4120	0.3453	0.5556	0.6468	0.1975	0.2448
2013	0.2968	0.2843	0.4222	0.5000	0.5326	0.4457	0.3969	0.5726	0.6649	0.2060	0.2685
2014	0.3068	0.2976	0.4453	0.5318	0.5525	0.4599	0.4198	0.5881	0.7082	0.2282	0.2666
2015	0.3210	0.3031	0.4978	0.5510	0.5730	0.4918	0.4568	0.6112	0.8129	0.2399	0.2665
2016	0.3117	0.3163	0.4246	0.5155	0.5557	0.4728	0.4580	0.6000	0.7966	0.2306	0.2635

表 3－12　　2006～2016 年各沿海省份海洋产业竞争力排名

年份	天津	河北	辽宁	上海	江苏	浙江	福建	山东	广东	广西	海南
2006	112	113	98	59	64	71	81	48	32	121	110
2007	106	111	93	56	57	67	77	40	25	120	104
2008	107	109	83	52	49	63	76	30	21	119	99
2009	103	94	69	50	44	61	73	31	17	118	102
2010	92	95	62	41	39	58	68	23	9	117	100
2011	91	85	60	35	26	54	66	18	6	116	96
2012	84	86	53	33	22	51	65	14	5	115	97
2013	80	82	46	27	19	42	55	12	4	114	87
2014	75	79	43	20	15	36	47	10	3	108	88
2015	70	78	28	16	11	29	38	7	1	101	89
2016	74	72	45	24	13	34	37	8	2	105	90

（二）系统聚类分析

根据本章第三节介绍的 Ward 系统聚类，对沿海 11 个省份海洋产业竞争力得分数据进行聚类分析，聚类结果如图 3－3 所示。由图可知，11 个沿海省份海洋产业竞争力可分为四类，第一类仅包括广东，第二类包括山东、江苏、上海，第三类包括浙江、辽宁、福建，第四类包括天津、河北、海南、广西。

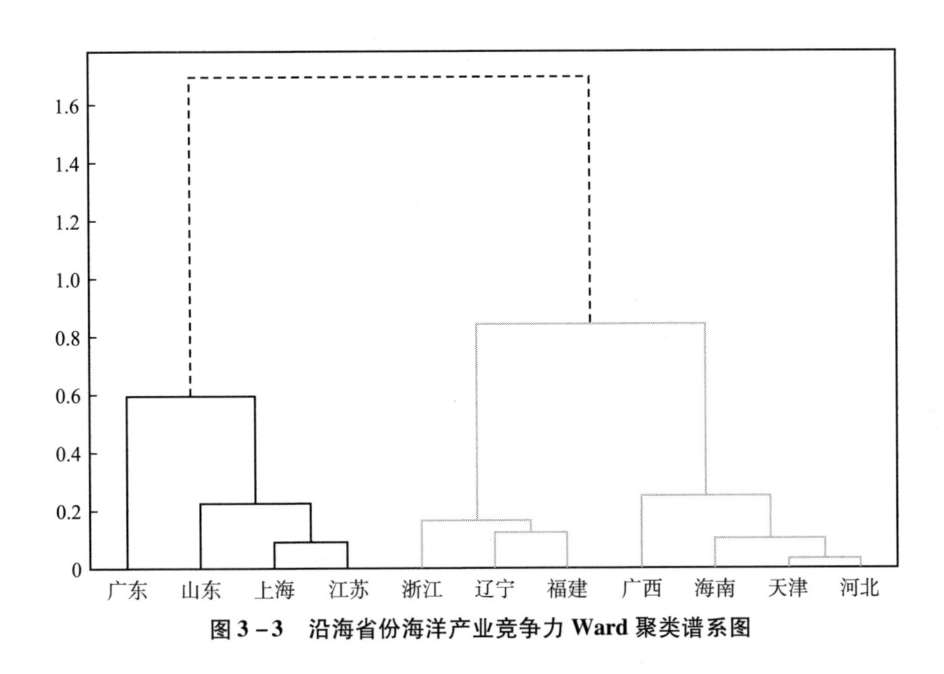

图3-3　沿海省份海洋产业竞争力 Ward 聚类谱系图

三、沿海地区海洋产业竞争力分析

通过全局主成分——TOPSIS 综合分析方法，前文已经计算得到 2006～2016 年 11 个沿海省份的海洋产业竞争力得分（如表 3-11 所示）、总排名及当年排名（如表 3-12 所示）。

（一）我国海洋产业竞争力总体分析

首先，本书将从总体层面对各个沿海省份海洋产业竞争力进行分析，先计算 11 个沿海省份每年海洋产业竞争力得分数据的均值和变异系数，如图 3-4 所示。其中，均值反映了数据的集中趋势，变异系数反映了数据的离散程度，且不受测量尺度和量纲的影响。

图 3-4 从海洋产业竞争力得分总体均值来看，竞争力得分都在 0.5 以下，说明我国海洋产业竞争力整体处于较低水平。2006～2015 年间，我国总

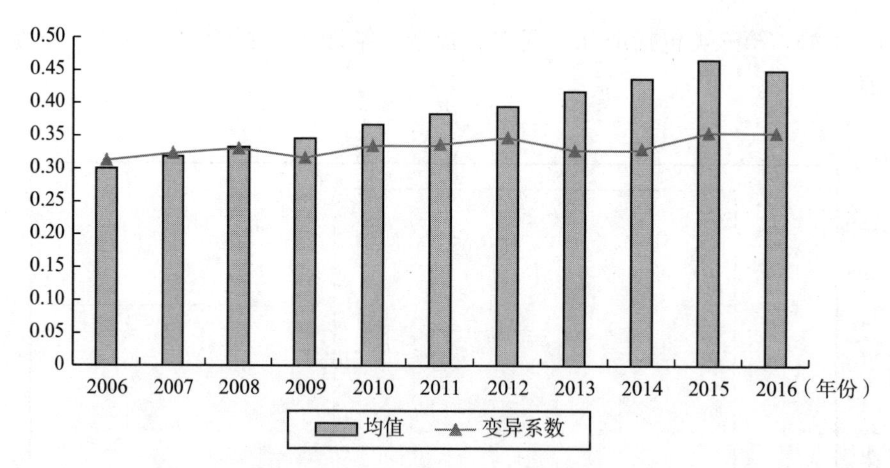

图 3-4　2006~2016 年沿海 11 个省份总体海洋竞争力变化

体海洋产业竞争力水平均呈上升态势，2016 年我国总体海洋产业竞争力出现轻微下降，由 2015 年的 0.4659 下降至 2016 年的 0.4496。究其原因，是受国内外多方因素影响，我国海洋油气业和海洋船舶业出现不同程度的下滑，使得当年我国海洋产业竞争力下降。

1. 国际方面

2016 年世界经济持续维持低增长趋势，国际市场需求乏力。对海洋油气业而言，虽然 2016 年国际原油价格有所回升，但是整体平均价格仍低于 2015 年，同时当年海洋原油及天然气的产量也出现下降。价格和产量的双双下跌，致使油气行业发展状况较为严峻，全年增加值仅为 869 亿元，比上年下降 7.3%[①]，对海洋产业发展的贡献大为下降。同时，2016 年国际船舶市场持续调整，全球航运市场陷入低迷状态，企业出现交船难、融资难、盈利难、转型难等问题，使得当年海洋船舶业造船完工量、新船订单量、船舶订单量均下降，以及船舶业获利水平大幅下滑，规模以上船舶工业企业利润总额仅达到 147.4 亿元，比上年减少 1.9%[②]，对海洋产业的推动力也相对削弱。

① 2016 年《中国海洋经济统计公报》。

② 中国船舶行业市场调研［EB/OL］. 搜狐网，https：//www.sohu.com/a/350576017_120163343，2019-10-30.

2. 国内方面

2016年我国经济步入“新常态”，经济增长速度由高速向中高速转变，经济下行压力较大，改革发展任务艰巨。在此环境下，我国海洋渔业、海洋油气业、海洋船舶工业等传统海洋产业面临着严峻的挑战，急须转型升级和技术优化。

从海洋产业竞争力得分的变异系数来看，2006～2016年间，海洋产业竞争力的变异系数在0.30～0.35范围内，波动幅度较小，说明11个沿海省份各年份间海洋产业竞争力差异变化不大，这从表3－13中也可以看出，在研究期间各个省份的排名基本固定，没有出现突增或急降现象。结合均值及变异系数，可以得出以下结论：虽然我国海洋产业竞争力总体水平在上升，但各省份间的差距并没有随之拉大。以上说明各个省份在海洋产业发展上没有取得突破性的进展，仅仅依赖固定的发展模式，不能拉开与其他省份的差距。各个省份应该结合自身实际情况，突出海洋产业优势，弥补海洋产业劣势，努力减小省份间的差距，共同促进我国海洋产业协调发展。

表3－13　2006～2016年11个沿海省份当年海洋产业竞争力排名

年份	天津	河北	辽宁	上海	江苏	浙江	福建	山东	广东	广西	海南
2006	9	10	7	3	4	5	6	2	1	11	8
2007	9	10	7	3	4	5	6	2	1	11	8
2008	9	10	7	4	3	5	6	2	1	11	8
2009	10	8	6	4	3	5	7	2	1	11	9
2010	8	9	6	4	3	5	7	2	1	11	10
2011	9	8	6	4	3	5	7	2	1	11	10
2012	8	9	6	4	3	5	7	2	1	11	10
2013	8	9	6	4	3	5	7	2	1	11	10
2014	8	9	6	4	3	5	7	2	1	11	10
2015	8	9	5	4	3	6	7	2	1	11	10
2016	9	8	7	4	3	5	6	2	1	11	10

（二）沿海各省份海洋产业竞争力分析

根据2006～2016年11个沿海省份海洋产业竞争力得分数据，可绘制出其时序变化折线图，如图3-5所示。可以看出，2006～2016年11个沿海省份的海洋产业竞争力均呈现增长趋势，说明我国沿海地区海洋产业竞争力稳步发展。

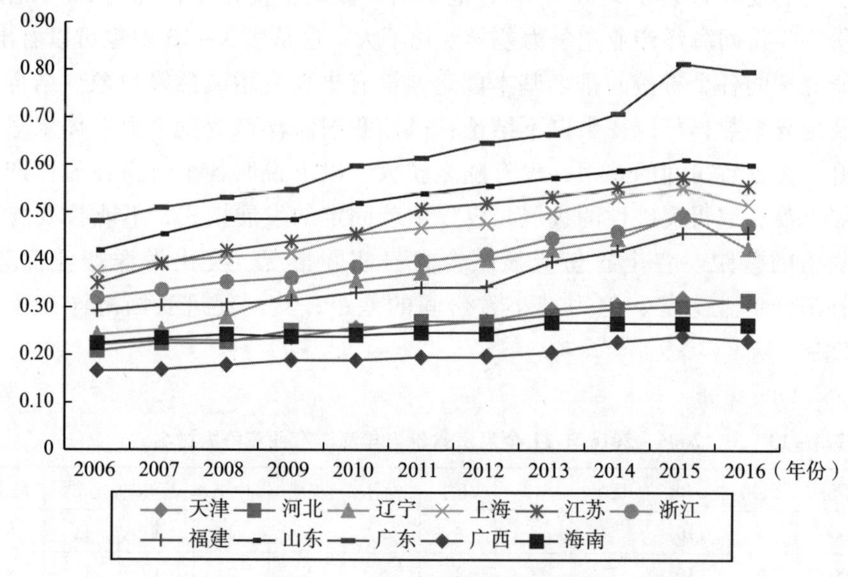

图3-5　2006～2016年11个沿海省份时序变化趋势

为具体对每个沿海省份的海洋产业竞争力在时序上进行分析，本书分别对2006～2016年每个沿海省份的海洋产业竞争力得分求均值、变异系数、极差、增长率等统计量，具体结果如表3-14所示。根据统计量数值及时序变化趋势图，展开各省份的海洋产业竞争力分析。

表3-14　2006～2016年11个沿海省份海洋产业竞争力时序统计量

省份	均值	变异系数	极差	增长率
天津	0.2678	0.1294	0.0991	0.4046
河北	0.2640	0.1264	0.1074	0.5143

续表

省份	均值	变异系数	极差	增长率
辽宁	0.3659	0.2155	0.2549	0.7485
上海	0.4621	0.1221	0.1763	0.3758
江苏	0.4815	0.1470	0.2217	0.5818
浙江	0.4035	0.1370	0.1719	0.4779
福建	0.3607	0.1629	0.1661	0.5691
山东	0.5299	0.1133	0.1917	0.4304
广东	0.6282	0.1687	0.3316	0.6551
广西	0.1991	0.1185	0.0729	0.3813
海南	0.2490	0.0573	0.0443	0.1749

1. 海洋产业高竞争力梯度

广东在2006～2016年间海洋产业竞争力的增长率为0.6551，均值为0.6282，两者在11个省份中都排名第一，同时广东的变异系数和极差分别为0.1687、0.3316，表明研究期间其海洋产业竞争力以较快的步伐在发展，结合Ward聚类分析，因此将广东划分为高竞争力梯度。改革开放以来，广东一直重视对海洋的开发和利用，同时广东海洋经济综合试验区也是国家战略之一，凭借着良好的资源、经济、科研和政策优势，广东成为我国名副其实的海洋大省，海洋产业竞争力名列前茅。虽然广东在沿海11各省份中排名第一，但竞争力水平仅在0.6左右，发展空间较大，因此广东应加大对海洋资源的利用效率，充分利用自身优势增强地区产业竞争力。同时广东第三产业占比一直在60%以下，与发达沿海国家的60%～70%仍有一些差距，需努力推进现代海洋服务业发展，发展战略性海洋新兴产业，提升海洋产业国际核心竞争力。

2. 海洋产业较高竞争力梯度

上海在2006～2016年间海洋产业竞争力的增长率为0.3758，在11个省份的增速排名中间偏后，同时其变异系数和极差分别为0.1221、0.1763，说明上海在研究期间属于稳定的缓慢增长，为低增速类型。另外，上海的平均值为0.4621，在11个省份中排名第四，结合Ward聚类分析，将上海划分为较高竞争力梯度。上海位于长江口和海陆交汇处，东近东海，在我国大陆海岸线中部，地理位置优越。上海在海洋自然资源上相对比较匮乏，但其凭借显著的资本优势和技术优势，大力发展海洋新兴产业，促使海洋产业结构高级化，有力提升了上海海洋产业竞争力水平。但是，上海海洋第二产业的海洋交通运输业、海洋船舶工业和海洋油气业的产业特点，限制了上海海洋产业的发展，造成海洋产业竞争力增速不高。上海应继续重视以高科技促进传统产业转型、推动新兴海洋产业发展。

江苏在2006～2016年间海洋产业竞争力的增长率为0.5818，在11个省份的增速中排名较前，其变异系数和极差分别为0.1470、0.2217，属于稳定的高速增长类型。同时，江苏的海洋产业竞争力均值为0.4815，在11个省份中排名第三，结合Ward聚类分析，将江苏划分为较高竞争力梯度。江苏作为我国海洋大省之一，具有区位、资源、政策等多重的海洋经济发展优势。虽然江苏海洋产业起步较晚，但在“十二五”期间发展迅速、进步显著，在沿海省份的竞争力中处于较前的位置。同时，也存在着以下问题：海洋产业结构不够合理，第三产业占比仅为40%左右，应大力发展现代服务业，提升产业结构高度；依赖传统产业拉动，海洋产业竞争优势不突出。

山东在2006～2016年间海洋产业竞争力的增长率为0.4304，再结合变异系数0.1133、极差0.1917，山东的海洋产业竞争力在研究期间是较为平稳的发展，为中速增长类型。其均值为0.5299，在11个省份的海洋产业竞争力水平中排名第二，结合Ward聚类分析，将其划分为较高竞争力梯度。山东拥有全国最大的半岛——山东半岛，同时山东半岛蓝色经济区建设也是我国首个以海洋经济为主题的区域发展战略。2006～2016年，山东海洋产业竞争力位于第二位，但发展速度却并不快速。山东作为传统的海洋经济强省，凭借着海洋资源、科研人才和经济基础三大优势，外加国家的战略支持，具有较高的海洋产业竞争力。但其海洋发展主要依赖海洋渔业、海洋化工等传统产业，造成山东发展陷入“瓶颈”阶段。山东应将改造提升传统产业和发展培育新兴产业相结合，以新型产业带动海洋发展。

3. 海洋产业一般竞争力梯度

辽宁在2006～2016年间海洋产业竞争力的增长率为0.7485，在11个沿海省份的增速中拔得头筹，同时其变异系数为0.2155，极差为0.2549，表明辽宁在研究期间发展较快且有波动，波动表现为2015~2016年海洋产业竞争力的下降，但整体还是增速较高。同时，其平均值为0.3659，在11个省份中排名第六，结合Ward聚类分析，将辽宁划分为一般竞争力梯度。辽宁海洋产业发展具有较好的政策、区位和技术发展优势。在本书研究期间，辽宁海洋产业结构从“二、三、一”模式逐渐演变为“三、二、一”模式，产业结构的合理化促使辽宁海洋发展迅速，虽然产业结构逐步趋于合理，但第三产业比重与海洋强省仍存在一定的差距，因此辽宁应深化海洋产业结构优化升级。目前，辽宁在海洋发展中存在着海洋产业结构层次不高、海洋科技创新能力不强、海洋管理体制不完善等问题，在之后的海洋发展中应多加注意。

浙江在2006~2016年间海洋产业竞争力的增长率为0.4779，在11个省份的增长率处于中间水平，其变异系数和极差分别为0.1370，0.1719，说明在时序上没有出现较大的起伏，为中速增长类型。同时，浙江的海洋产业竞争力均值为0.4035，位于11个省份的第五名，结合Ward聚类分析，将其归为一般竞争力梯度。浙江作为国家海洋经济发展试点之一，地处东南沿海地区，大陆海岸线长度、沿海岛屿数量位于全国首位，海洋经济具备优良的发展优势。纵观浙江在研究期间的竞争力水平和增速，表现并不突出，与同样是国家海洋经济发展试点的广东、山东差距较大，主要原因是没有因地制宜地制定特色鲜明的海洋产业发展战略，增强科技创新对海洋产业发展的驱动能力，积极推进海洋产业结构步向高级化。

福建在2006~2016年间海洋产业竞争力的增长率为0.5691，在11个省份的增长率中排名第四，变异系数和极差分别为0.1629、0.1661，在研究期间没有出现异常的升落现象，为高增速类型。同时，福建的海洋产业竞争力均值为0.3607，在11个省份的竞争力中排到第七，结合Ward聚类分析，因此将福建归为一般竞争力梯度。在研究期间福建在保持产业比重“三、二、一”情况下，借助独特区位优势，重点发展海洋文化旅游、游艇业、海洋电商及跨境电商等服务业，使得海洋第三产业占比持续加大，有力地推动福建海洋产业竞争力的增长。福建在保持海洋产业竞争力增速较快的同时，竞争力水平却处于一般梯度，其原因是与海洋竞争力强省相比，海洋科技自主创新能力相对薄弱。

4. 海洋产业低竞争力梯度

天津在 2006～2016 年间海洋产业竞争力的增长率为 0.4046，在 11 个省份的增速中属于较低水平，同时其变异系数和极差分别为 0.1294、0.0991，说明天津在研究期间的海洋产业竞争力没有出现大的波动，属于低增速类型，结合海洋产业竞争力得分的平均值 0.2678，在 11 个沿海省份中排名第八，结合 Ward 聚类分析，可知天津为海洋产业低竞争力梯度。天津作为北方最大的沿海开放城市，虽然早已重视发展海洋经济，但早期海洋经济结构不合理以及缺乏海洋科技创新能力等问题，使得海洋产业发展缓慢，对海洋资源的开发利用仍停留在初级阶段。同时，由于天津缺乏海洋保护机制，造成近海海域污染严重，这也在一定程度上限制天津海洋产业竞争力的提升。针对以上问题，天津应采取科技兴海与海洋可持续发展综合战略，一方面要提高自主创新能力、借助高科技充分开发利用海洋资源，另一方面要严格把控海洋污染排放、完善监督及惩罚机制，促进海洋产业又好又快发展。

河北在 2006～2016 年间海洋产业竞争力的增长率为 0.5143，在 11 个省份的增速中排名较靠后，结合其变异系数和极差分别为 0.1264、0.1074，说明河北在研究期间海洋产业竞争力发展突破不大，属于低增速类型。同时，其平均值为 0.2640，在 11 个省份中排名第九，结合 Ward 聚类分析，因此将河北划分为低竞争力梯度。河北位于渤海之滨，不仅是渤海经济圈的核心地区，也是其关键环节，具有丰富的海洋资源和良好的海洋产业发展优势。河北虽然拥有良好的资源条件，但却存在着海洋产业结构不合理、海洋资源开发不均衡、科技水平低和可持续发展能力差等问题，因此海洋产业仍停留在以粗放型开发为主的传统初级阶段。针对存在的问题，河北应加大对海洋经济发展的重视程度、引入海洋专业人才实施科技兴海战略、优化海洋产业结构、增强海洋环境的保护和修复能力。

广西在 2006～2016 年间海洋产业竞争力的增速为 0.3813，在沿海 11 个省份中排名倒数第三，其变异系数和极差分别为 0.1185、0.0729，即在研究期间没有出现较大起伏，属于低增速类型。同时，广西海洋产业竞争力均值为 0.1991，排名属于最后一位，结合 Ward 聚类分析，将广西划分为低竞争力梯度。广西地处我国大陆海岸线最南面，南邻北部湾，海岸线长度位于 11 个沿海省份的第七名。广西作为沿海省份中产业竞争力最低的省份，存在着以下问题：海洋经济总量和产业规模较小，海岸线长度仅为广西 1/3 的河北海洋经济产值却比广西大得多；海洋产业结构不合理，海洋第一产业占比较大在 17% 左右，海洋第三产业比重在 50% 以下；海洋科技基础薄弱，海洋科研机构数、科技人员数、海洋科研机构经费收入较少，科技转化产出能力较低。

海南在 2006 ~ 2016 年间海洋产业竞争力的增长率为 0.1749，在沿海 11 个省份的增速中排名最后，其变异系数、极差分别为 0.0573、0.0443，即研究期间海南在 11 个省份中海洋产业竞争力进步最小，没有太大发展，属于低增速类型。同时，海南的均值为 0.2490，排名倒数第二，结合 Ward 聚类分析，因此海南为低竞争力梯度。海南位于中国最南端的华南地区，西邻北部湾，东濒南海，具有良好的海洋环境优势，滨海旅游业位于全国前列。海南与海洋产业竞争力最低的广西类似，海洋产业规模小，产业结构也不够合理。虽然海南凭借着环境优势，大力发展滨海旅游，促使海洋第三产业占比在 57% 左右，但海洋第一产业 20% 的占比过高，海洋第二产业相对落后，海洋三次产业结构不合理使得海南竞争力较弱，阻碍了海洋经济的增长。除此之外，海南海洋产业科技性不强，对科技的投入和产出都较低。

综合以上分析，本书将 11 个沿海省份的海洋产业竞争力划分为四个梯度。第一个梯度为高竞争力梯度，包括海洋大省广东；第二个梯度为较高竞争力梯度，包括山东、江苏、上海；第三个梯度为一般竞争力梯度包括浙江、福建、辽宁；第四个梯度为低竞争力梯度，包括天津、河北、广西、海南。

（三）三大经济圈海洋产业竞争力分析

我国 11 个沿海省份根据地理位置大致可以分为三大经济圈区域，分别为环渤海地区、长三角地区和泛珠三角地区。1992 年，中共十四大报告中提出，要加快环渤海地区的开发、开放，由此“环渤海经济区”这一概念被确定并被列为全国开放开发的重点区域之一。环渤海地区是指环绕着渤海全部以及部分黄海的沿岸地区所组成的区域，在本书中环渤海地区是指由沿海省份中的天津、河北、辽宁、山东构成的地区。2003 年泛珠三角地区即著名的“9 + 2”经济地区概念被正式提出，涵盖了广东、广西、湖南、福建、江西、海南、四川、贵州、云南和香港、澳门 11 个省份，在本书中泛珠三角地区仅包含沿海省份中的福建、广东、广西、海南。根据国务院 2019 年批准的《长江三角洲区域一体化发展规划纲要》，长江三角洲区域（以下简称长三角地区）包括上海、江苏、浙江、安徽，在本书中出于研究需要，长三角地区仅包括沿海省份中的上海、江苏、浙江。综上，本书将沿海 11 个省份分为三大经济圈，分别进行区域海洋产业竞争力分析，其中：长三角地区包括上海、浙江和江苏；环渤海地区包括辽宁、河北、天津和山东；泛珠三角地区包括广东、广西、海南和福建。

首先，对各个经济圈内省份的海洋产业竞争力得分求均值，令其代表各经济圈海洋产业竞争力水平，并将其与我国海洋产业竞争力总体水平一同绘制折线图，如图 3－6 所示。由图可知，三大经济圈的竞争力在时序上均呈现上升态势，长三角地区竞争力表现十分突出，远高于另外两个地区。而环渤海地区和泛珠三角地区则表现相对较差，低于我国海洋产业竞争力总体水平，且两者竞争力水平相差无几，没有明显的差距。以下，将从三大经济圈的自然资源优势、经济基础优势、科研技术优势和政策优势等方面，具体分析各个地区海洋产业竞争力的构成。

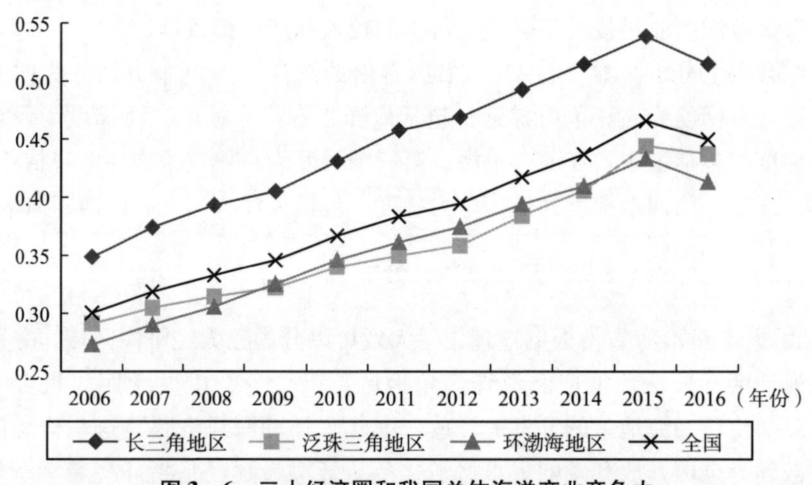

图 3－6　三大经济圈和我国总体海洋产业竞争力

1. 长三角地区

长三角地区位于中国东部沿海，濒临黄海和渤海，地处江海交汇之地，海洋资源丰富。由图 3－7 可得，在 2006～2016 年长三角地区的海洋产业竞争力在三个区域中一直处于首位，并且远高于我国海洋产业竞争力整体水平。

长三角作为中国第一大经济区，具有经济发展最为活跃、开放程度最高、经济实力最强等特征，该地区以上海为中心，以江苏、浙江为次中心，主次结合以经济推动区域海洋产业竞争力增长，并且它也是重要的科研、教育和高新技术研发地，自然资源、经济基础、科研技术三方优势强强联合，将长三角海洋产业竞争力推向首位。虽然长三角地区的上海、江苏、浙江都不属于海洋产业竞争力第一梯度，但是都具有较高竞争力水平，区域内部三省一市竞争力水平分布集中、差距小，如图3－7所示，因此使得长三角地区整体海洋产业竞争力高于另外两个地区及全国水平。

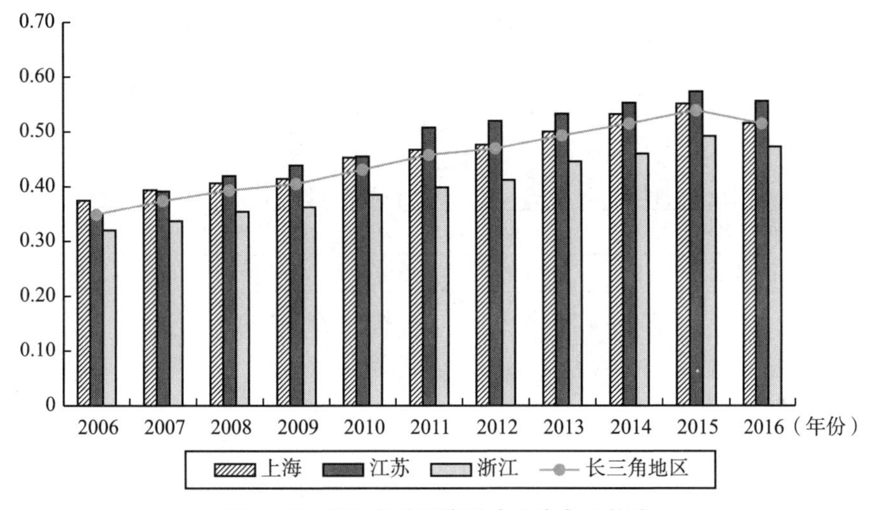

图3－7　长三角地区海洋产业竞争力构成

2. 泛珠三角地区

泛珠三角地区位于我国南海北部，不仅拥有充沛的海洋资源，同时也是我国经济迅速发展的区域之一。2006～2016年泛珠三角地区的海洋产业竞争力均低于我国海洋产业竞争力总体水平，同时与长三角地区差异较大，与环渤海地区表现相差不大，仅在2006～2008年、2015～2016年高于环渤海地区。分析泛珠三角海洋产业竞争力不高的原因是地区内部两极分化、参差不齐，如图3－8所示，海洋大省广东海洋产业竞争力一枝独秀，广西、海南则是排名倒数第一和第二，而福建排名第七属于一般梯度。广东作为我国经济发展最快的地区之一，海洋科技和人才资源丰富，这使得广东海洋产业竞争力发展顺利。而福建、广西、海南无论是经济基础还是科技水平，都与广东相差较大，这在一定程度上制约了竞争力水平的提升。区域发展缺乏协调以及区域内部同质性竞争，导致泛珠三角地区内部两极分化和整体水平不高，低于全国水平。

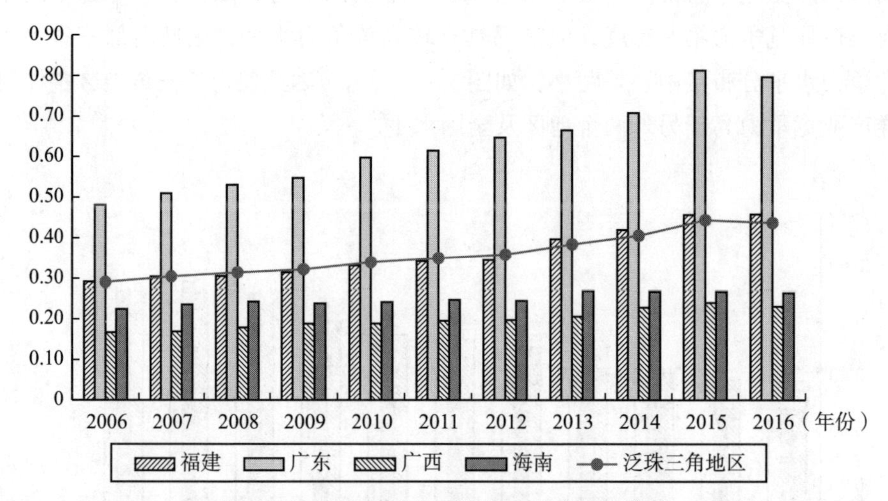

图 3－8　泛珠三角地区海洋产业竞争力构成

3. *环渤海地区*

环渤海地区位于中国北部沿海的黄金海岸，是中国重要的对外开放地区。2006～2016 年环渤海地区海洋产业竞争力表现与泛珠三角地区相似，低于我国海洋产业竞争力总体水平，且远低于长三角地区。在经济基础方面，它是中国北方最为重要的政治文化经济以及国际交往中心，是继长三角地区和泛珠三角地区之外中国经济发展的第三级。在科研技术方面，由高到低排名依次为山东、辽宁、天津、河北，河北海洋科技水平在区域中属于较差，区域整体科技含量不高。经济基础相对弱于长三角地区，以及区域内部各省在海洋资源和科研技术有着较强的地域性，造成三省一市的海洋产业竞争力差距较大，横跨海洋产业竞争力三个梯度，如图 3－9 所示，海洋大省山东排名第二位于海洋产业较高竞争力梯度，辽宁属于海洋产业一般竞争力梯度，而天津、河北却属于海洋产业低竞争力梯度。区域内部各省份的竞争力分布不均且跨度大，致使环渤海地区海洋产业竞争力水平整体较弱。

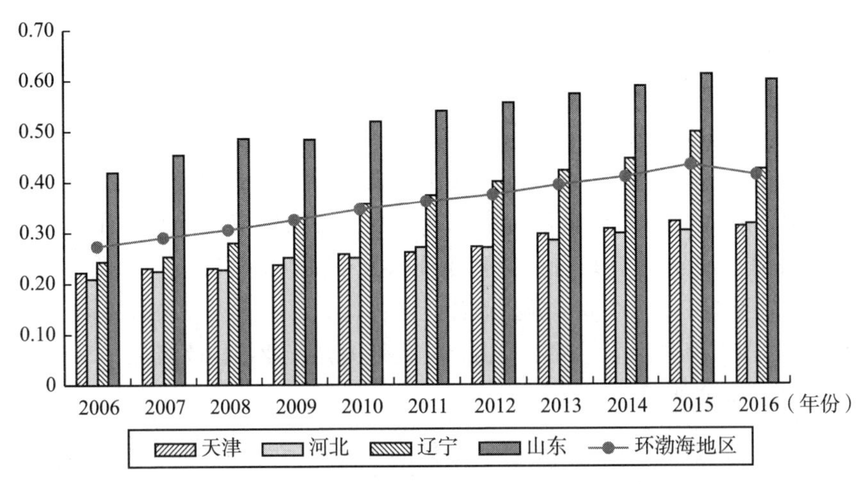

图3－9　环渤海地区海洋产业竞争力构成

四、海洋产业竞争力影响因素

在前面的章节中，通过构建区域海洋产业竞争力评价模型，对我国沿海11个省份海洋产业竞争力进行了评价，得出我国海洋产业竞争力整体水平较低，各地区间海洋产业竞争力发展不均衡等结论。因此，本书将结合本章第二节中海洋产业发展现状的分析结果，综合以往学者对海洋产业竞争力影响因素的研究，对影响我国海洋产业竞争力的因素进行分析，以期能为提升我国海洋产业竞争力提供帮助。通过整合相关学者的研究，得出影响区域海洋产业竞争力的主要因素有资源禀赋、发展环境、资金可获得性、产业结构、人才和科技水平。

1. 资源禀赋

地区资源禀赋是地区海洋产业竞争力形成的基础条件，从表3－5可以看出，我国沿海省份海洋资源分布不均，虽然目前海洋发展正在从资源依赖型转向知识依赖性型，但海洋资源禀赋对区域海洋发展的影响仍不可忽视，这也是造成区域海洋产业竞争力不均的因素之一。因此，各沿海地区应科学的认识到海洋资源禀赋的影响，并在正确了解自身海洋资源特点情况下选择海洋主导产业，因地制宜地制定合乎本地区实际情况的政策，切勿盲目地参照其他地区的发展模式。

2. 产业结构

海洋产业结构作为海洋经济的基本框架，体现了海洋产业发展中各部门间的相互联系以及比例关系。海洋产业竞争力的提升离不开合理的海洋产业结构，从表3-6可以看出，目前大部分沿海省份海洋产业结构为“三、二、一”格局，但仍有部分省份未转型成功，因此各地区应加大对海洋产业结构优化配置的重视程度。在结合自身海洋资源分布特点的情况下，降低海洋第一产业占比，增加在第二产业中新型海洋产业占比，以及大力发展海洋第三产业，提高第三产业在海洋产业结构中的占比，促使海洋产业结构高级化。

3. 资金可获得性

海洋新兴产业作为拉动海洋经济发展的主要动力之一，也是未来海洋产业竞争力提升的决定性影响因素。而海洋战略性新兴产业具有前期投入大、风险高、技术性强等特点，表明它对资金的需求较大，主要体现在传统海洋产业的更新改造以及海洋新兴产业技术研发、固定资产投资等方面的资金需求。但海洋新兴产业的高风险性，决定着仅凭借私人企业的力量难以保持其可持续发展，因此各地区政府应加大对海洋新兴产业的资金投入，以及相关政策帮扶力度，大力发展新兴海洋产业，为我国海洋强国建设提供坚实的物质基础。

4. 人才和科技水平

由表3-7可以看出，当某一地区的海洋人才数量和科研水平处于较高水平时，其海洋产业竞争力也必将位于前列，如上海、山东和广东，这在一定程度上反映出人才和科技对海洋产业竞争力的重要性。地区间海洋经济的竞争其实质是人才与科技的竞争力，若某一地区拥有专业的海洋科研人员和强大的海洋科技创新能力，则该地区能形成延续的海洋产业竞争力。一方面，高质量的海洋科研人才是形成海洋产业竞争力的基础，人才的多寡直接影响海洋产业竞争力的薄弱；另一方面，海洋科技水平作为推进海洋产业竞争力提升的关键因素，能有效提高海洋资源开发利用的效率、促进海洋产业优化配置，使得地区海洋产业具有成本优势和结构优势，继而提升地区海洋产业竞争力。

5. 海洋生态环境

在海洋产业发展过程中，由于片面地追求海洋资源的开发利用以及海洋经济的增长，造成海洋生态环境与海洋经济可持续发展的矛盾日益突出。目前，我国海洋生态环境问题发生以下变化：环境问题由单项转变为综合性、局部转变为区域性、显性转变为隐性、短期转变为长期，海洋生态环境问题已成为制约海洋产业经济与海洋生态环境可持续发展的阻碍。因此，在以后的海洋产业发展过程中，要注重海洋生态平衡和海洋可持续发展，做到环境保护优先的原则。

第五节　本章结论

本章在参考以往学者研究成果的基础上，搭建包含基础竞争力、环境竞争力、核心竞争力 3 个一级指标，人均水资源、海水可养殖面积等 32 个二级指标的海洋产业竞争力评估系统，借助全局主成分分析——TOPSIS 综合方法测算 2006 ~ 2016 年我国沿海 11 个省份的海洋产业竞争力水平，并采用系统聚类分析法将这 11 个沿海省份进行聚类，依据本章实证结果，总结主要结论如下：

（1）我国海洋产业竞争力在 2006 ~ 2015 年呈现上升态势，2016 年由于国内外多方面影响竞争力出现轻微下降，虽然我国海洋产业竞争力整体呈现增长趋势，但是竞争力水平均在 0.5 以下，属于较低水平，与高竞争力仍有一段差距。

（2）2006 ~ 2016 年，11 个沿海省份海洋竞争力保持增长态势，同时各地区间的竞争力差距保持相对稳定，即在研究期间我国沿海地区竞争力分布格局未发生改变，这在一定程度上反映出各省份的发展模式未做出突破性进展。

（3）环渤海地区、长三角地区、泛珠三角地区之间的发展水平差异较大，其中长三角地区海洋产业竞争力水平最高，且远高于全国竞争力水平，而泛珠三角地区与环渤海地区之间的差异较小，都低于全国竞争力水平。

（4）我国沿海地区海洋产业竞争力可分为四个梯度。第一个梯度包括广东；第二个梯度包括山东、江苏、上海；第三个梯度包括浙江、福建、辽宁；第四个梯度包括天津、河北、海南、广西。

| 第四章 |

海洋经济增长效应分解比较研究

第一节 理论模型介绍

一、产业结构测算方法

国内外学者经过对海洋经济的多年探索研究，发现在海洋经济发展过程中，一般都伴随着海洋产业结构的不断完善与优化。反映海洋产业结构完善水平的指标主要有两个：一个是海洋产业结构合理化水平；另一个则是海洋产业结构高级化水平。本书将通过对这两个指标的测算，了解我国沿海地区海洋产业结构完善程度的变化情况。

（一）产业结构合理化程度测算方法

对于产业结构合理化的定义和标准存在一些不同。目前对产业结构合理化的指标定义主要有两种：

第一，根据资源在产业间的流动、转移和利用程度来衡量，这种衡量方式一般采用产业结构偏离度来考察其结构是否合理。计算公式为：

$$E = \sum_{i=1}^{3} \left| \frac{Y_i/Y}{L_i/L} - 1 \right| \tag{4-1}$$

式中：E 为产业结构偏离度；Y 为国民生产总值；Y_i 为第 i 产业生产总值；L 为总劳动力数；L_i 为第 i 产业劳动力人数；i 为第 i 产业。Y_i/Y 为第 i 产业产值比重；L_i/L 表示第 i 产业劳动力比重；$\frac{Y_i/Y}{L_i/L}$ 表示第 i 产业的比较劳动生产率。当三次产业的比较劳动生产率均等于1，即 $\frac{Y_1/Y}{L_1/L} = \frac{Y_2/Y}{L_2/L} = \frac{Y_3/Y}{L_3/L} = 1$ 时，$E=0$，此时达到古典经济假设中的均衡状态，产业结构合理无偏离。反之，当 E 的绝对值越大，产业结构偏离程度偏大，表示产业结构越不合理。

第二，一些学者认为，第一种指标公式中没有考虑到各产业产值在经济总量中所占比重的问题，且绝对值计算增加了公式的烦琐性，故而干春晖、郑若谷和余典范等（2011）根据三大产业间的协调性对产业结构合理化指标进行了改进，将“泰尔指数”引入来测量产业结构合理化程度，计算公式为：

$$TL = \sum_{i=1}^{3} \left(\frac{Y_i}{Y} \right) \ln \left(\frac{Y_i/Y}{L_i/L} \right) \tag{4-2}$$

式中：TL 表示产业结构合理性；i 表示第 i 产业。TL 不为0，表明产业结构偏离了均衡状态；如果经济处于均衡状态下，则有 $TL=0$。而且该指数考虑了产业的相对重要性并避免了绝对值的计算，同时它还保留了结构偏离度的理论基础和经济含义，因此是一个产业结构合理化的更好度量。这种类似“泰尔指数”的方法虽然很好地考虑到各产业产值在经济总量中所占比例不同的问题，但却忽视了绝对值的作用，即这种方法虽然能够避免出现计算数值正负相互抵消的问题，但是却会因为忽视绝对值的作用导致计算结果不准确。

经过以上的优劣分析，本书将采用吕明元和陈维宣（2014）改进后的产业结构合理化指标，计算公式如下：

$$SR = \sum_{i=1}^{3} \left(\frac{Y_i}{Y} \right) \sqrt{\left(\frac{Y_i/Y}{L_i/L} - 1 \right)^2} \tag{4-3}$$

式中：SR 为海洋产业结构合理化指标。该指标在考虑各产业产值在经济总量中所占比例的同时，还能在不使用绝对值符号的情况下避免各产业结构偏离度相互抵消。当指标 SR 的值越接近 0 时，产业结构越加合理；反之产业结构合理化程度越低。

（二）产业结构高级化程度测算方法

产业结构高级化指的是产业结构由低层次向高层次的转变过程。目前学术界用来表示产业结构高级化的指标有两种：第一种是根据克拉克定律，采用非农产业产值与经济总量之间的比重来衡量，这种测量方式将第二、第三产业合并在一起考量，忽视了第二、第三产业结构变化对总体经济增长的影响作用。第二种是付凌晖（2010）所定义的产业结构高级化角度值，他将 GDP 按着三次产业的分类划分为三个部分，然后分别计算三次产业产值各占 GDP 的比重，将这组比重当作空间向量的一个分量，从而得到一个三维向量$X_0 = (x_{1,0}, x_{2,0}, x_{3,0})^T$。最后按照产业顺序排列出三个向量$X_1 = (1, 0, 0)^T$、$X_2 = (0, 1, 0)^T$、$X_3 = (0, 0, 1)^T$，分别计算这三个向量与向量$X_0$的夹角$\theta_1$，$\theta_2$，$\theta_3$。

$$\theta_j = \arccos\left[\frac{\sum_{i=1}^{3}(x_{i,j} \times x_{i,0})}{\sum_{i=1}^{3}(x_{i,j}^2)^{1/2} \times \sum_{i=1}^{3}(x_{i,0}^2)^{1/2}}\right], j = 1, 2, 3 \tag{4-4}$$

产业结构高级化测量值 SH 的计算公式为：

$$SH = \sum_{k=1}^{3}\sum_{j=1}^{k}\theta_j \tag{4-5}$$

产业结构高级化测量值 SH 越大，代表产业结构高级化水平越高，故而本书借鉴付凌晖（2010）的指标定义，进行海洋产业结构高级化度量。

二、偏离－份额分析法

在经济增长过程中，各个区域间发展差距往往体现在增长速度的不一致上，导致这种增速差异的因素有很多，如区域产业结构以及区域竞争力的差别。偏离－份额分析方法在研究评价区域产业结构与竞争力对区域经济增长的贡献方面已经是一种成熟且实用的方法。

（一）动态偏离－份额模型

在动态偏离－份额分析法中，一般将区域经济的变化看作是一个动态的变化过程。假设时间范围在［0，T］之内，研究区域和参照区域的结构发生变化。假设研究区域基期的经济规模为e^o，报告期的经济规模为e^1。同时根据相关规则将研究区域分为 n 个产业部门，e_i^o和e_i^1（$i=1$，2，…，n）表示研究区域 i 部门基期和报告期的经济规模。设E^0和E^1表示参照区域基期经济规模和报告期经济规模，E_i^0和E_i^1表示参照区域 i 产业部门的基期经济规模和报告期经济规模，参照区域经济总量和 i 部门在［0，T］时间段内的变化率分别为 G 和 G_i，而研究区域经济总量和 i 部门在时间段［0，T］内的变化率分别为 g 和g_i。在实际的动态偏离－份额研究中常以一年为一个时段，分析一个区域在每个时段的增长偏离状况，研究结果能够反映各行业部门的经济结构优劣和竞争力强弱的变化，这可以为指导区域未来的经济发展提供可靠依据。于是本书用 e 表示研究区域的海洋产业生产总值，用 E 表示参照区域的海洋产业生产总值，上标（$t-1$）表示基期，上标 t 表示报告期，下标 i 表示海洋第 i 产业（$i=1$，2，3），模型如下：

$$\Delta e_i^t = N_i^t + P_i^t + D_i^t \tag{4-6}$$

$$N_i^t = e_i^{t-1} \times \frac{E^t - E^{t-1}}{E^{t-1}} \tag{4-7}$$

$$P_i^t = e_i^{t-1} \times \left(\frac{E_i^t - E_i^{t-1}}{E_i^{t-1}} - \frac{E^t - E^{t-1}}{E^{t-1}} \right) \tag{4-8}$$

$$D_i^t = e_i^{t-1} \times \left(\frac{e_i^t - e_i^{t-1}}{e_i^{t-1}} - \frac{E_i^t - E_i^{t-1}}{E_i^{t-1}} \right) \tag{4-9}$$

其中：Δe_i^t表示研究区域海洋第 i 产业第 t 期相对于第 $t-1$ 期的生产总值的变化值，也就是 $\Delta e_i^t = e_i^t - e_i^{t-1}$，在动态偏离－份额分析模型中一般表示为：

$$\Delta e_i^t = e_i^{t-1} \times G^t + e_i^{t-1} \times (G_i^t - G^t) + e_i^{t-1} \times (g_i^t - G_i^t) \tag{4-10}$$

其中，

$$G^t = \frac{E^t - E^{t-1}}{E^{t-1}}; \; G_i^t = \frac{E_i^t - E_i^{t-1}}{E_i^{t-1}}; \; g_i^t = \frac{e_i^t - e_i^{t-1}}{e_i^{t-1}} \tag{4-11}$$

将式（4－10）中等式右边的第一项移到等式左边，原式则变换为：

$$\Delta e_i^t - e_i^{t-1} \times G^t = e_i^{t-1} \times (G_i^t - G^t) + e_i^{t-1} \times (g_i^t - G_i^t) \tag{4-12}$$

其中：N_i^t表示研究区域中海洋第 i 个产业在第 t 个时期按照参照区域经济总体增长速率的增长量（份额分量）；P_i^t表示研究区域中海洋第 i 产业在第 t 个时期按照参照区域第 i 个产业增长速率的增长量与其按照参照区域经济总体增长速率的增长量之间的差额（结构分量）；D_i^t表示研究区域中第 i 个产业部门在第 t 个时期按自身增长率的增长量与其按参照区域第 i 个产业部门增长率的增长量之间的差额（竞争力分量）。

假定总研究期限为 T 期，T 期具体分为若干时段，t 代表其中一个时段，$t=1, 2, 3, \cdots, T$。因此对于整个研究期间，研究区域海洋第 i 产业生产总值的变化值表示为：

$$\Delta e_i = \sum_{t=1}^{T} N_i^t + \sum_{t=1}^{T} P_i^t + \sum_{t=1}^{T} D_i^t \tag{4-13}$$

而对于整个研究期间，研究区域海洋产业整体生产总值的变化值则表现为：

$$\Delta e = \sum_{i=1}^{n} \Delta e_i, \ n = 1, 2, 3 \tag{4-14}$$

式（4－13）中N_i^t是指研究区域第 t 年海洋第 i 产业增加值的份额分量，以此类推。

（二）动态偏离－份额模型计算步骤

（1）明确所要研究的时间范围、参照区域以及具体研究区域。本书所选参照区域为全国沿海地区，研究区域则为其中具体的沿海省份，时间范围为2010～2016年。

（2）基于划分好的产业结构，构造偏离－份额分析表。按照确定的分类体系，将区域海洋经济划分成若干个产业部门，然后据此搜集海洋经济统计数据，再构造偏离－份额分析表。

（3）最终对比分析结果。根据偏离－份额分析表来比较分析区域海洋经济增长量（Δe_i^t）、份额分量（N_i^t）、结构分量（P_i^t）以及竞争力分量（D_i^t）。

第二节　海洋经济发展中产业结构分析

一、海洋经济产业结构测算

在海洋经济发展过程中，经济增长会促使产业结构发生变化，同时产业结构的完善情况也影响着经济增长速度的快慢。例如，西方一些较为发达的沿海国家对于海洋经济的探索研究较早开始，研究发现这些国家目前较快的海洋经济增长速度，很大程度上是由“三、二、一”这一特殊的海洋产业结构推动，这本质上是来自于其政府对海洋产业结构的积极引导与调整。因此，如果想要研究并且促进我国海洋经济增长，那么非常有必要对我国海洋产业结构完善情况进行深入研究。以下从能够衡量海洋产业结构完善水平的两大指标：海洋产业结构合理化与高级化指标，分析我国海洋产业结构完善水平情况。

（一）海洋经济产业结构合理化测算

本书采用吕明元和陈维宣（2014）改进过后的产业结构合理化指标计算方法，对2010～2016年沿海各省份海洋三次产业增加值及劳动力占比进行统计计算，如公式（4－3）所示，*SR*指标用以衡量一个地区的产业结构合理化程度，*SR*值越小，则说明产业结构偏离程度越小，产业结构越合理；反之，则产业结构越不合理。关于沿海省份海洋产业结构合理化测算的结果显示（见图4－1和表4－1），大部分沿海省份的合理化程度在研究期间都有所提升。尤其是天津，2016年其海洋产业结构合理化程度大幅提升；上海的海洋产业结构合理化程度一直明显高于沿海其他省份；而广西的海洋产业结构合理化程度则明显低于其他沿海省份，且其合理化程度整体上呈现较明显的下降；同广西一样，浙江的海洋产业结构合理化程度也是下降的。

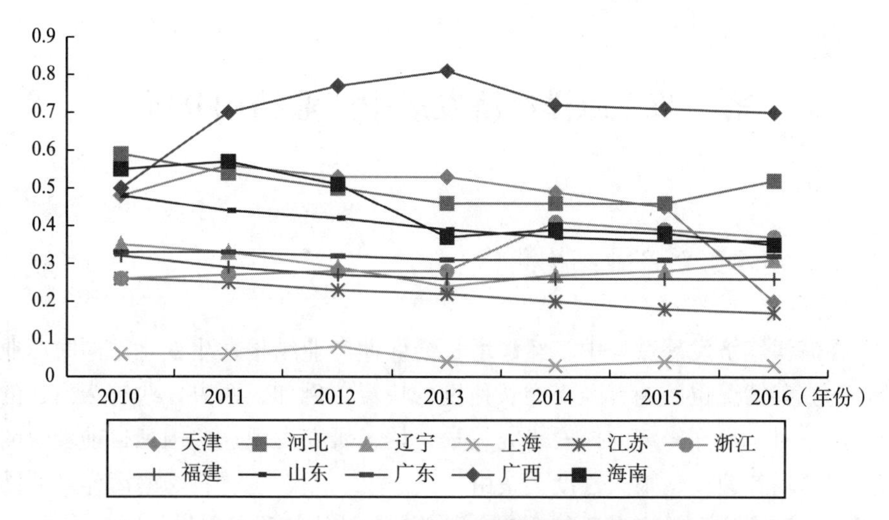

图4－1　2010～2016年沿海省份海洋产业结构合理化程度变化情况

表4－1　2010～2016年沿海省份海洋产业结构合理化测量值 *SR*

年份	天津	河北	辽宁	上海	江苏	浙江	福建	山东	广东	广西	海南
2010	0. 48	0. 59	0. 35	0. 06	0. 26	0. 26	0. 32	0. 48	0. 33	0. 50	0. 55
2011	0. 56	0. 54	0. 33	0. 06	0. 25	0. 27	0. 29	0. 44	0. 33	0. 70	0. 57
2012	0. 53	0. 50	0. 29	0. 08	0. 23	0. 28	0. 27	0. 42	0. 32	0. 77	0. 51
2013	0. 53	0. 46	0. 24	0. 04	0. 22	0. 28	0. 26	0. 39	0. 31	0. 81	0. 37
2014	0. 49	0. 46	0. 27	0. 03	0. 20	0. 41	0. 26	0. 37	0. 31	0. 72	0. 39
2015	0. 45	0. 46	0. 28	0. 04	0. 18	0. 39	0. 26	0. 36	0. 31	0. 71	0. 38
2016	0. 20	0. 52	0. 31	0. 03	0. 17	0. 37	0. 26	0. 36	0. 32	0. 70	0. 35

注：海洋产业结构合理化测量值 *SR* 越小，表示海洋产业结构越合理；反之，表示海洋产业结构越不合理。

（二）海洋经济产业结构高级化测算

本书采用付凌晖（2010）所定义的产业结构高级化角度值方法，利用公式（4－5）对2010～2016年沿海各省份海洋三次产业增加值占海洋产业总体增加值的比重进行统计计算，*SH* 指标用以衡量一个区域的产业结构高级化程度，*SH* 值越高，则说明该区域的产业结构高级化程度越高，反之则其产业结构高级化程度越低。根据公式（4－5）计算结果显示（见图4－2和表4－2）：研究期间上海及广东的海洋产业结构高级化程度一直都明显高于沿海其他省份，且二者的产业结构高级化程度呈略微上升趋势；而广西的海洋产业结构高级化程度则一直明显低于其他省份，但可以看到其产业结构高级化程度从 2010 ~ 2016 年有较为明显的提升；至于其他沿海省份，在 2010 ~ 2016 年的研究期间，起始时多数沿海省份的海洋经济产业结构高级化测量值都在 6.5 ~ 6.8 之间，其高级化程度差距不大，虽然多数省份的海洋经济产业结构高级化随着时间推移

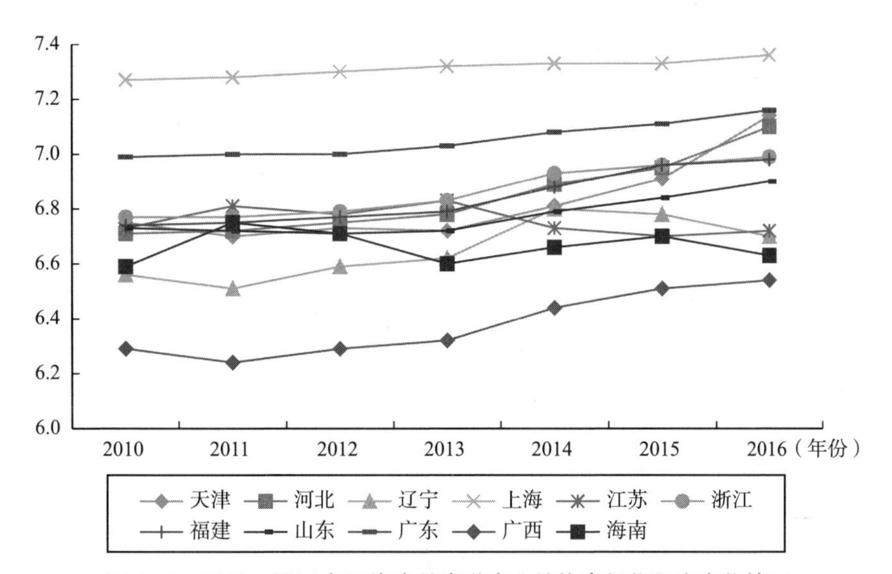

图 4 – 2　2010 ~ 2016 年沿海省份海洋产业结构高级化程度变化情况

表 4 – 2　　2010 ~ 2016 年沿海省份海洋产业结构高级化测量值 *SH*

年份	天津	河北	辽宁	上海	江苏	浙江	福建	山东	广东	广西	海南
2010	6. 75	6. 71	6. 56	7. 27	6. 73	6. 77	6. 74	6. 73	6. 99	6. 29	6. 59
2011	6. 70	6. 72	6. 51	7. 28	6. 81	6. 77	6. 75	6. 72	7. 00	6. 24	6. 75
2012	6. 73	6. 75	6. 59	7. 30	6. 78	6. 79	6. 77	6. 71	7. 00	6. 29	6. 71
2013	6. 72	6. 78	6. 62	7. 32	6. 83	6. 83	6. 79	6. 72	7. 03	6. 32	6. 60
2014	6. 81	6. 89	6. 80	7. 33	6. 73	6. 93	6. 88	6. 79	7. 08	6. 44	6. 66
2015	6. 91	6. 95	6. 78	7. 33	6. 70	6. 96	6. 96	6. 84	7. 11	6. 51	6. 70
2016	7. 14	7. 10	6. 70	7. 36	6. 72	6. 99	6. 98	6. 90	7. 16	6. 54	6. 63

都在逐步提升，但由于提升幅度不同，它们间的差距在逐渐拉大，部分省份的高级化程度明显提升，如天津的海洋产业结构高级化测量值从2010年的6.75上升至2016年的7.14；而其中也存在海洋产业结构高级化程度不升反降的省份，如江苏的海洋产业结构高级化测量值从2010年的6.73，曾经降至2015年的最低值6.70。

二、聚类分析

综合上述海洋经济发展过程中的产业结构合理化与高级化的测算结果，可以看到2010~2016年，多数沿海省份的海洋产业结构都趋向完善，但由于各省份的海洋产业结构完善水平本身就存在差距，且期间各省份海洋产业结构合理化测量值与高级化测量值都有不同程度波动，海洋产业结构差距程度也在不断变化中，为了更好地探究海洋产业结构完善程度对海洋经济发展的影响，本书根据2010~2016年沿海省份的海洋产业结构合理化与高级化的测算结果，对11个沿海省份进行Ward系统聚类分析，据此判断我国沿海省份的海洋产业结构大致能够分为几个类别。对沿海省份2010~2016年的海洋产业结构测算结果做了聚类分析，剔除0.05显著性水平下对聚类无明显作用的指标后，得到聚类结果（见表4-3）。

表4-3　聚类结果

案例号	省份	聚类	距离
1	天津	3	0.281
2	河北	3	0.305
3	辽宁	3	0.433
4	上海	4	0.000
5	江苏	1	0.366
6	浙江	1	0.212
7	福建	1	0.160
8	山东	3	0.104
9	广东	1	0.430
10	广西	2	0.000
11	海南	3	0.268

根据聚类结果可以看到，除了海洋产业结构合理化水平与高级化水平都明显高于其他沿海省份的上海，以及海洋产业结构合理化水平与高级化水平都明显低于其他沿海省份的广西，其余沿海省份在海洋产业结构完善程度方面大致可以分为两类。一类是海洋产业结构完善水平较高的省份：江苏、浙江、福建以及广东，这四个省份的海洋产业结构虽然没有达到上海那样高水平的合理化与高级化，但它们的海洋产业结构完善程度明显要高于其他沿海省份；而另一类则是海洋产业结构完善水平较低的省份：天津、河北、辽宁、山东以及海南，这五个省份的海洋产业结构虽不至于像广西那样落后，但它们的海洋产业结构完善程度都不高。

结合沿海各省份研究期间的产业结构合理化与高级化测量值以及聚类结果，发现整体上可以将沿海 11 个省份划分为两大类型：第一种是海洋产业结构相对完善的类型，这类型的省份包括：上海、江苏、浙江、福建以及广东；第二种则是海洋产业结构相对落后的类型，这类型的省份包括：天津、河北、辽宁、山东、海南以及广西。本书后续将根据此分类结果，研究不同类型海洋产业结构水平下，海洋经济增长过程中的产业结构效应与产业竞争力效应对海洋三次产业的增长分别起到的影响。

第三节　海洋产业结构相对完善类型省份海洋经济增长分析

一、静态偏离 - 份额分析

（一）海洋产业结构相对完善类型省份整体静态 - 份额分析

本节将研究区域定义为产业结构相对完善省份这一总体，参照区域则是整体沿海地区，采用偏离 - 份额模型，将数据细分为相邻两年一个时期，按照模型推导的过程一步步代入数据，得到 2010 ~ 2016 年产业结构相对完善省份总体产业偏离 - 份额分析结果（见表 4 - 4）。

表 4-4　2010～2016 年海洋产业结构相对完善省份海洋三次产业总体状况

产业类别	经济增长（亿元）	平均增长（亿元）	份额分量（亿元）	结构分量（亿元）	竞争力分量（亿元）	总偏离（亿元）	增长贡献率（%）
海洋第一产业	831.80	138.63	730.02	20.84	80.94	101.78	4.15
海洋第二产业	6235.80	1039.30	8530.26	-3332.05	1037.59	-2294.46	31.12
海洋第三产业	12972.60	2162.10	9352.22	3799.73	-179.36	3620.38	64.73
总体海洋产业	20040.20	3340.03	18612.51	488.52	939.17	1427.69	100.00

（1）表4-4的数据可以看到：海洋第一产业经济增长的份额分量、结构分量以及竞争力分量分别为730.02亿元、20.84亿元以及80.94亿元；海洋第二产业经济增长的三分量分别为8530.26亿元、-3332.05亿元以及1037.59亿元；海洋第三产业的三分量分别为9352.22亿元、3799.73亿元以及-179.36亿元。整体可以看出海洋第一产业的发展较为滞后，但其经济增长的产业结构效应和产业竞争力效应都为正向，年均增长138.63亿元，增长相对平稳而缓慢。而海洋第二产业和海洋第三产业的经济增长相比海洋第一产业明显，年均增长分别为1039.3亿元和2162.1亿元。海洋第二产业结构效应对其经济增长起到了明显的负向作用，这种负向作用掩盖了其产业竞争力效应对经济增长起到的正向促进作用，海洋第二产业的增长明显受阻。相比之下，虽然海洋第三产业竞争力分量为-179.36亿元，但由于远小于海洋第三产业结构分量，因此海洋第三产业的产业结构效应与产业竞争力效应二者对其经济增长仍是起着较强的正向促进作用。

（2）表4-4中海洋三次产业经济增长贡献率数据表明，产业结构相对完善的省份整体的经济增长贡献主要来自海洋第三产业，其贡献率高达64.73%，而海洋第一产业的贡献率仅有4.15%，因此海洋第一产业经济增长的产业结构效应与竞争力效应对整体海洋产业经济增长的影响非常弱，而海洋第三产业经济增长的产业结构效应与竞争力效应对整体海洋产业经济增长的作用不容忽视。对该类型省份海洋第三产业的经济增长起到显著正向作用是它的产业结构效应，而这样的正向作用一定程度上带动海洋产业结构相对完善省份整体海洋产业的快速增长。这说明高级化的产业结构让这类型省份的海洋三次产业在沿海地区中拥有较好的产业基础，抓住海洋第三产业正处于高速发展的契机，利用好这个巨大的结构红利，是其整体海洋经济发展的巨大动力。

在海洋产业结构相对完善的省份中，总体海洋产业的结构效应与竞争力效应对海洋经济增长都起到正向作用，较为完善的海洋产业结构可以使得海洋经济发展获得良好的产业结构基础以及较强的竞争优势。具体来看，海洋第一产业维持稳定只有略微增长，海洋第二产业平稳缓慢增长，它们的增长贡献基本来自份额分量与竞争力分量；只有海洋第三产业的增长幅度较为明显，但其贡献集中在份额分量与结构分量。说明在海洋产业结构相对完善的省份中，对其整体海洋第一产业与第二产业经济增长起较明显正向作用的是经济规模与产业竞争力效应，而对其整体海洋第三产业经济增长起较明显正向作用的则是经济规模与产业结构效应。海洋产业结构相对完善的省份在海洋第二产业的竞争中处于强势地位，且海洋第三产业的发展具有很大挖掘价值，较高程度的海洋产业结构高级化可以更好地利用海洋第三产业的结构优势，而较高水平的海洋产业结构合理化可以使其海洋第二产业获得竞争优势。

（二）海洋产业结构相对完善类型各省份静态－份额分析

为了更具体的了解属于海洋产业结构相对完善类型的5个省份的海洋经济发展情况，对其海洋经济增长过程展开研究，将研究区域定为属于这一海洋产业结构完善类型的5个省份，而参照区域为总体海洋产业结构相对完善省份。采用偏离－份额模型，将数据细分为相邻两年一个时期，按照模型的推导过程逐步代入数据，得到2010～2016年该区域各省份的海洋产业增长偏离－份额分析结果。

由于研究区域是属于海洋产业结构相对完善类型的5个省份，要分析讨论的是产业结构与竞争力对经济增长的作用跟地区经济差异的相互联系。表4－5所示的数据是2010～2016年上海、广东、福建、江苏以及浙江经济增长三分量的贡献率，可以看到其中各省份的海洋产业经济规模、结构效应以及产业竞争力对整体海洋产业经济增长所起到的作用差异很大。

表 4 -5　　2010 ~2016 年海洋产业结构相对完善类型各省份经济增长总体情况

单位：%

省份	份额分量贡献率	结构分量贡献率	竞争力分量贡献率
上海	190.19	9.1	-99.29
广东	87.17	-0.57	13.4
福建	69.52	0.23	30.26
江苏	94.68	-5.02	10.33
浙江	116.59	-0.63	-15.96

对比海洋产业结构相对完善类型的 5 个省份在 2010 ~2016 年整体海洋经济增长的偏离 - 份额分析结果表 4 -5 数据可以看到，各省份份额分量对经济增长的贡献情况分别为上海 190.19%、广东 87.17%、福建 69.52%、江苏 94.68%以及浙江 116.59%，产业结构完善程度最高的上海，其海洋产业整体经济增长的动力几乎全是来自其自身经济规模，但其产业结构效应与产业竞争力效应对经济增长的综合作用却是负的；同时在研究期间海洋产业结构合理化程度下降的浙江，其海洋产业整体的增长动力来自经济规模的占比也很高，甚至其产业结构效应与产业竞争力效应对经济增长的综合作用跟上海一样为负；而福建的海洋产业整体增长动力来源于自身经济规模的比重较区域内其他省份小，同时其海洋产业结构效应与产业竞争力效应对经济增长的作用均为正。

二、动态偏离 - 份额分析

（一）海洋第一产业动态偏离 - 份额分析

海洋产业结构相对完善省份整体的海洋第一产业经济增长的概况是平缓增长、略有波动。表 4 -6 中海洋第一产业对总体海洋产业增长贡献率数据可以看到，海洋第一产业每年的经济增长只占海洋产业总体增长的很小一部分，增速慢，且增长贡献率低；另外，根据表 4 -6 中海洋第一产业历年经济增长三分量（份额分量、结构分量、竞争力分量）的绝对值可以计算其比例关系：3.72：1：1.77、6.41：1.36：1、11.6：1：5.73、2.26：1：1.49、8.37：1：8.26、6.60：1：2.14①，通过比例关系可以了解在海洋第一产业增长过程中，经济规模、产业结构效应以及产业竞争力效应起到的作用大小的变化趋势。可以看到除了2011～2012年，海洋第一产业的结构分量绝对值都是三分量中最小的，说明不论海洋第一产业的结构效应对其经济增长所起到的作用是正还是负，其影响都很小。同时根据表4－6中海洋第一产业2012～2014年数据可以看到，三分量均在此期间有明显下滑，甚至降为负值，但之后都有较明显的提升，特别是其竞争力分量有很明显的反弹，经济增长幅度也获得大幅提升，意味着2012～2014年，海洋产业结构相对完善省份整体针对海洋第一产业实施了一些效果明显的产业政策，例如，2012年9月开始，国家安排42亿元用于海洋渔船更新改造，重点更新淘汰高耗能老旧船，海洋渔船更新改造计划与区域经济社会发展和海洋渔业生产方式转型相结合，使得渔民具备到较远海域作业的能力，同时从2013年开始，中央对以船为家渔民上岸安居给予补助，其中就包括了江苏、浙江以及福建的渔民。这些政策在短期内给海洋第一产业的发展带来一些波动，但是很快大幅提升其产业竞争力。

表4－6　2010～2016年海洋产业结构相对完善省份海洋三次产业经济发展变化情况

产业类别	年份	经济增长（亿元）	份额分量（亿元）	结构分量（亿元）	竞争力分量（亿元）	总偏离（亿元）	增长贡献率（%）
海洋第一产业	2010～2011	112.30	141.62	38.06	－67.38	－29.32	3.42
	2011～2012	113.70	107.68	22.81	－16.79	6.02	4.18
	2012～2013	60.20	101.55	8.75	－50.10	－41.35	2.75
	2013～2014	179.00	147.07	－64.94	96.86	31.93	4.85
	2014～2015	212.70	113.91	－13.62	112.41	98.79	5.44
	2015～2016	153.90	104.25	15.80	33.85	49.65	3.63

① 此处的比例关系将结构分量视为1换算得到。

续表

产业类别	年份	经济增长（亿元）	份额分量（亿元）	结构分量（亿元）	竞争力分量（亿元）	总偏离（亿元）	增长贡献率（%）
海洋第二产业	2010～2011	1420.90	1654.80	-17.24	-216.66	-233.90	43.22
	2011～2012	1125.20	1269.11	-224.81	80.90	-143.91	41.33
	2012～2013	568.60	1178.58	-331.14	-278.83	-609.98	25.96
	2013～2014	1083.60	1691.55	-680.25	72.30	-607.95	29.36
	2014～2015	1049.80	1232.41	-645.14	462.54	-182.61	26.85
	2015～2016	987.70	1048.49	-1051.66	990.86	-60.79	23.30
海洋第三产业	2010～2011	1754.60	1814.26	42.05	-101.71	-59.66	53.37
	2011～2012	1483.80	1411.08	219.94	-147.21	72.72	54.50
	2012～2013	1561.20	1330.26	354.01	-123.07	230.94	71.29
	2013～2014	2428.00	2017.36	861.09	-450.45	410.64	65.79
	2014～2015	2647.20	1560.25	722.82	364.13	1086.95	67.71
	2015～2016	3097.80	1411.07	1113.46	573.27	1686.73	73.07

（二）海洋第二产业动态偏离－份额分析

海洋产业结构相对完善省份整体海洋第二产业经济增长的概况是增长波动大，增长动力弱。根据表4－6海洋第二产业经济增长对总体海洋产业增长贡献率的数据可以看出，虽然海洋第二产业对整体海洋经济每年的增长贡献率在逐步减小，但仍占有相当一部分的比重，因此海洋第二产业经济增长的具体效应对整体海洋产业经济增长仍有一定影响。另外根据表4－6中海洋第二产业历年经济增长三分量（份额分量、结构分量、竞争力分量）的绝对值可以计算得到其比例关系：7.64∶0.08∶1、15.69∶2.78∶1、4.23∶1.19∶1、23.4∶9.41∶1、2.66∶1.39∶1、1.06∶1.06∶1[①]，通过比例关系可以了解到在海洋第二产业增长过程中，经济规模、产业结构效应以及产业竞争力效应所起到的作用大小的变化趋势。通过比例数据可以看到，在研究期间，海洋产业结构相对完善的省份海洋第二产业的增长动力基本来自其自身的经济

① 此处的比例关系将竞争力分量视为1换算得到。

规模，虽然全国的海洋第二产业增速缓慢，但由于该区域具有较大的海洋第二产业基础，因此仍能获得一定量的增长，但值得注意的是这种份额效应正在逐步减弱，2010～2011年海洋第二产业经济增长的份额分量与竞争力分量的绝对值比例为7.64∶1，2015～2016年这一比例变成1.06∶1，足以说明虽然该区域海洋第二产业每年的增长仍为正值，但是其经济规模所起到的促进经济增长作用正在衰减。同时可以从表4－6竞争力分量的数据中看到，除了2010～2011年以及2012～2013年，海洋第二产业竞争力效应对其经济增长均起到正向促进作用，即海洋产业结构相对完善省份的海洋第二产业在竞争中处于强势地位，这主要是由于海洋产业结构高水平的合理化使得该区域能够在全国海洋第二产业发展速度减缓的同时，仍然能找到海洋第二产业的增长点，使得这部分增长动力仍有提升的趋势。但根据表4－6中结构分量的数据可以看到，除了2010～2011年，所有时期的结构分量绝对值都要比竞争力分量的绝对值来得大，这也导致其强势竞争优势没有在海洋第二产业的经济增长中体现出来。综合来说，海洋第二产业的结构效应对经济增长起到的负向作用已经产生了叠加效果，导致其经济规模对经济增长的促进作用正在逐步减弱。

（三）海洋第三产业动态偏离－份额分析

海洋产业结构相对完善省份整体海洋第三产业经济增长的概况是大幅增长但是竞争力不足。根据表4－6海洋第三产业经济增长对总体海洋产业增长贡献率的数据可以看出，海洋第三产业每年的经济增长占海洋产业总体增长最大比重，且比重仍在进一步增大，海洋第三产业经济增长的结构效应与竞争力效应对整体海洋经济发展会有较大影响。另外根据表4－6中海洋第三产业历年经济增长三分量（份额分量、结构分量、竞争力分量）的绝对值可以计算得到其比例关系：17.84∶0.41∶1、9.59∶1.49∶1、10.81∶2.88∶1、4.48∶1.91∶1、4.28∶1.99∶1、2.46∶1.94∶1[①]，通过比例关系可以了解到在海洋第三产业增长过程中，经济规模、产业结构效应以及产业竞争力效应所起到的作用大小的变化趋势。根据比例关系可以看到，在2010～2016年期间，海洋产业结构相对完善类型的省份海洋第三产业的增长动力主要来自其经济规模与产业结构效应，

① 此处的比例关系将竞争力分量视为1换算得到。

这说明相对高水平的产业结构高级化，确实使得这一区域的产业结构红利集中在海洋第三产业体现，同时这种对经济增长的正向结构效应是逐年增强的，从比例关系的变化也可以看出来，三分量的绝对值越来越接近，2010~2011年的海洋第三产业经济增长的份额分量在三分量中占了绝对优势，但到了2015~2016年，这种优势明显减弱，但这不是由于经济规模作用减弱引起的，更多是由于结构效应对经济增长作用增强导致的相对变化。从表4-6中竞争力分量的数据可以看出，2014年之后这一区域的海洋第三产业竞争力分量增加为正值，说明该区域在这期间针对海洋第三产业竞争力的提升做了一定的调整，且调整结果十分明显。海洋产业结构相对完善类型的省份在追求产业结构高级化的同时整体的合理化水平也有所提升，这使得其产业竞争力从相对弱势提升到相对强势。海洋产业结构相对完善类型的省份在海洋经济发展过程中，对其海洋第三产业增长的薄弱环节较为重视，并最终找到方法成功调整，至此该区域海洋第三产业经济增长的三分量均为正值，且其绝对值都比较大，因此经济规模、结构效应与竞争力效应的叠加将会使海洋产业结构相对完善类型省份的海洋第三产业在未来有更进一步的发展。

三、海洋产业结构相对完善类型各省份海洋产业结构分析

即便都是产业结构相对完善的地区，不同的省份由于其自身产业基础以及产业结构测量值的波动，海洋三次产业的发展过程也有很大区别。结合表4-1和表4-2的数据分析，不难发现：上海的海洋产业结构完善程度在研究期间一直显著高于其他省份，但是其优化趋势不如其他省份明显；浙江在研究期间出现了海洋产业结构合理化程度下降情况；福建在研究期间海洋产业结构保持稳定的合理化高级化趋势；另外江苏与广东的海洋产业结构完善化趋势与福建的情况基本相同。根据表4-7和表4-8中产业结构测量值与海洋经济增长速率的对比，可以看到研究期间海洋产业结构合理化程度和高级化程度平均最高的上海，产业增长速率并不快，而不论是海洋产业结构合理化程度还是高级化程度均处于中游的福建增长速率整体却是最快的，这说明，海洋产业发展不是完全视其产业结构完善程度决定的，更多的是需要在一个稳定的提升过程中，才能给其产业发展带来源源不断的动力和稳定的发展空间。

表4-7　2010~2016年海洋产业结构相对完善省份海洋经济增长速率及其海洋产业结构合理化程度比较

省份	总体海洋产业增长速率	海洋第一产业增长速率	海洋第二产业增长速率	海洋第三产业增长速率	产业结构合理化测量值
上海	0.43	0.19	0.25	0.55	0.05
江苏	0.86	1.67	0.71	0.97	0.22
福建	1.17	0.84	0.78	1.59	0.27
广东	0.93	0.41	0.66	1.22	0.32
浙江	0.70	0.74	0.30	1.08	0.32

注：海洋产业结构合理化测量值*SR*越小，表示海洋产业结构越合理；反之，表示海洋产业结构越不合理。

表4-8　2010~2016年海洋产业结构相对完善省份海洋经济增长速率及其海洋产业结构高级化程度比较

省份	总体海洋产业增长速率	海洋第一产业增长速率	海洋第二产业增长速率	海洋第三产业增长速率	产业结构高级化测量值
江苏	0.86	1.67	0.71	0.97	6.76
福建	1.17	0.84	0.78	1.59	6.84
浙江	0.70	0.74	0.30	1.08	6.86
广东	0.93	0.41	0.66	1.22	7.05
上海	0.43	0.19	0.25	0.55	7.31

第四节　海洋产业结构相对落后类型省份海洋经济增长分析

一、静态偏离-份额分析

(一) 海洋产业结构相对落后类型省份整体静态-份额分析

本节将研究区域定义为产业结构相对落后省份这一总体，参照区域则是整体沿海地区，采用偏离-份额模型，将数据细分为相邻两年一个时期，按照模型推导的过程一步步代入数据，得到2010～2016年产业结构相对落后省份总体产业偏离－份额分析结果（见表4－9）。

表4－9　2010～2016年海洋产业结构相对落后省份海洋三次产业总体状况

产业类别	经济增长（亿元）	平均增长（亿元）	份额分量（亿元）	结构分量（亿元）	竞争力分量（亿元）	总偏离（亿元）	增长贡献率（%）
海洋第一产业	731.10	121.85	789.50	22.54	－80.94	－58.40	7.25
海洋第二产业	2495.90	415.98	5798.46	－2264.97	－1037.59	－3302.56	24.76
海洋第三产业	6853.40	1142.23	4745.84	1928.20	179.36	2107.56	67.99
总体海洋产业	10080.40	1680.07	11333.80	－314.23	－939.17	－1253.40	100.00

（1）从表4－9中数据可以看到：海洋第一产业的偏离－份额分析的份额分量、结构分量以及竞争力分量分别为789.50亿元、22.54亿元以及－80.94亿元，海洋第一产业发展动力不足且原有经济规模也不大，导致增长相对平稳而缓慢；海洋第二产业的三分量分别为5798.46亿元、－2264.97亿元以及－1037.59亿元，海洋第二产业的结构效应与竞争力效应对经济增长的作用都为负，产业增长完全倚赖原有经济规模，海洋产业结构相对落后类型省份的海洋第二产业增长甚至不到海洋产业结构相对完善类型省份增加值的一半；海洋第三产业的三分量分别为4745.84亿元、1928.20亿元以及179.36亿元，海洋第三产业的经济增长主要动力仍然来自本来就不具优势的经济规模，导致海洋产业结构相对落后省份的海洋第三产业增长幅度明显落后海洋产业结构相对完善省份。

（2）表4－9海洋三次产业经济增长贡献率的数据说明，海洋产业结构相对落后省份整体的经济增长贡献主要来自海洋第三产业，其贡献率高达67.99%，而海洋第一产业的贡献率仅有7.25%。因此海洋第一产业经济增长的产业结构效应与竞争力效应对整体海洋产业经济增长的影响非常的弱，而海洋第三产业经济增长的产业结构效应与竞争力效应对整体海洋产业经济增长的作用就不容忽视。

在海洋产业结构相对落后的省份中，总体海洋产业的结构效应与竞争力效应对海洋经济增长起到的都是负向作用，可以得出结论，相对低水平的海洋产业结构不足以使得海洋经济发展获得良好的产业结构基础以及较强的竞争优势。根据表4－9中海洋三次产业经济增长三分量（份额分量、结构分量、竞争力分量）的数据，可以看到海洋第一产业增长幅度较小，对其增长作出较大贡献的是其自身经济规模；海洋第二产业增长幅度相对海洋第一产业较大，但其整体增长动力只来自自身经济规模；只有海洋第三产业的增长幅度较为明显，且其增长效应的三分量均为正数，即除了自身经济规模外，产业结构效应对其经济增长的贡献也不容忽视，且其产业竞争力对经济增长起到的也是正向作用。海洋产业结构相对落后的省份在海洋第一产业与第二产业的竞争中处于弱势地位，但其海洋第三产业的发展仍具有较大挖掘价值。

（二）海洋产业结构相对落后类型各省份静态－份额分析

针对海洋产业结构相对落后类型的各省份海洋经济增长过程进行分析，将研究区域定义为属于这一海洋产业结构相对落后类型的6个省份，而参照区域为总体海洋产业结构相对落后类型省份。采用偏离－份额模型，将数据细分为相邻两年一个时期，按照模型的推导过程逐步代入数据，得到2010～2016年海洋产业结构相对落后类型各省份的海洋产业经济增长偏离－份额分析结果。

由于研究区域是属于海洋产业结构相对落后类型的6个省份，要分析讨论的是产业结构与竞争力对经济增长的作用跟地区经济差异的相互联系。表4－10中是2010～2016年天津、河北、辽宁、山东、广西以及海南经济增长三分量的贡献率，可以看到其中各省份的海洋产业经济规模、结构效应以及产业竞争力对整体海洋产业经济增长所起到的作用差异很大。

表4－10　2010～2016年海洋产业结构相对落后类型各省份经济增长总体情况

单位：%

省份	份额分量贡献率	结构分量贡献率	竞争力分量贡献率
天津	195.27	－21.40	－73.87
河北	90.92	－2.77	11.85
辽宁	241.28	18.45	－159.72
山东	75.46	2.40	22.14
广西	51.72	3.69	44.59
海南	62.86	17.11	20.03

对比海洋产业结构相对落后类型的6个省份在2010～2016年整体海洋经济增长的偏离－份额分析结果，根据表4－10中的数据可以看到，各省份份额分量对经济增长的贡献情况分别为天津195.27%、河北90.92%、辽宁241.28%、山东75.46%、广西51.72%以及海南62.86%，可以看到产业结构完善程度最差的广西，其海洋产业竞争力效应对其经济增长起到了十分显著的正向作用；同时在研究期间海洋产业结构完善趋势不明显，存在波动反复的辽宁与天津，其海洋产业整体的增长动力几乎全部来自其自身经济规模，甚至其产业结构效应与产业竞争力效应对经济增长所起到的是十分明显的负向作用；而山东的海洋产业结构在研究期间一直保持着较为稳定的完善化趋势，其海洋产业结构效应与产业竞争力效应对经济增长的作用均为正。

二、动态偏离－份额分析

（一）海洋第一产业动态偏离－份额分析

海洋产业结构相对落后省份整体海洋第一产业经济增长的概况是增速下降，发展动力减弱。根据表4－11海洋第一产业对海洋产业整体的增长贡献率数据可以看到，海洋第一产业每年的经济增长只占海洋产业总体增长的很小一部分，即增速慢，且增长贡献率低。海洋第一产业历年经济增长三分量（份额分量、结构分量、竞争力分量）的数据显示，除了2011～2012年，其余年份，三分量中海洋第一产业的结构分量绝对值均最小，这说明不论海洋第一产业的结构效应对其经济增长起正向还是负向作用，其影响都很小；另外三分量均在2010～2016年有所下滑，最为明显的是其竞争力分量，从2010年的67.38亿元一度降至2014～2015年的－112.41亿元；份额分量与结构分量虽略有波动，但总体也在下降，因此可以看出在该类型省份海洋产业发展过程中，其海洋第一产业的经济增长动力逐渐衰退。

表 4-11　2010~2016 年海洋产业结构相对落后省份海洋三次产业经济发展变化情况

产业类别	年份	经济增长（亿元）	份额分量（亿元）	结构分量（亿元）	竞争力分量（亿元）	总偏离（亿元）	增长贡献率（%）
海洋第一产业	2010~2011	261.70	153.16	41.16	67.38	108.54	9.93
	2011~2012	174.90	130.48	27.64	16.79	44.42	9.58
	2012~2013	187.20	126.22	10.88	50.10	60.98	9.01
	2013~2014	12.60	196.01	-86.54	-96.86	-183.41	0.47
	2014~2015	5.40	133.81	-15.99	-112.41	-128.41	0.58
	2015~2016	89.30	106.95	16.21	-33.85	-17.65	-111.35
海洋第二产业	2010~2011	1329.80	1124.86	-11.72	216.66	204.94	50.46
	2011~2012	658.90	899.07	-159.26	-80.90	-240.17	36.08
	2012~2013	870.70	823.14	-231.28	278.83	47.56	41.90
	2013~2014	667.30	1237.10	-497.49	-72.30	-569.80	24.76
	2014~2015	-37.80	891.33	-466.60	-462.54	-929.13	-4.08
	2015~2016	-993.00	707.73	-709.87	-990.86	-1700.73	1238.15
海洋第三产业	2010~2011	1043.70	920.66	21.34	101.71	123.04	39.61
	2011~2012	992.60	731.39	114.00	147.21	261.21	54.35
	2012~2013	1020.20	708.57	188.56	123.07	311.63	49.09
	2013~2014	2015.30	1096.72	468.13	450.45	918.58	74.77
	2014~2015	958.10	903.61	418.62	-364.13	54.49	103.50
	2015~2016	823.50	780.72	616.06	-573.27	42.78	-1026.81

（二）海洋第二产业动态偏离-份额分析

海洋产业结构相对落后省份整体海洋第二产业经济增长的概况是发展倒退，增长动力持续衰减。根据表 4-11 海洋第二产业经济增长贡献率的数据可以看到，海洋第二产业每年不论是增长还是衰减，其绝对值都占海洋产业总体增长的相当一部分，因此它的经济变化具体效应对整体海洋产业经济增长都有一定影响。另外根据表 4-11 中海洋第二产业历年经济增长三分量（份额分量、结构分量、竞争力分量）的绝对值可以计算得到其比例关系：95.98 : 1 : 18.49、5.65 : 1 : 0.51、3.56 : 1 : 1.21、2.49 : 1 : 0.15、

1.91∶1∶0.99、1∶1∶1.4[①]，通过比例关系可以了解到在海洋第二产业增长过程中，经济规模、产业结构效应以及产业竞争力效应所起到的作用大小的变化趋势。根据比例数据可以看到，在2010~2016年，海洋产业结构相对落后省份海洋第二产业的主要增长动力，即其自身经济规模的贡献率越来越低，而对其经济增长起到反向作用的产业结构效应与产业竞争力效应却不断加强，甚至到了2016年，三分量绝对值基本达到1∶1∶1的水平，这说明由于增长动力衰退，导致发展减缓，以至于经济规模衰减，又作用于阻碍产业经济发展，最终出现了海洋第二产业的负增长。

（三）海洋第三产业动态偏离－份额分析

海洋产业结构相对落后省份整体海洋第三产业经济增长的概况是增长幅度波动减小，竞争力骤然衰退。根据表4－11海洋第三产业经济增长贡献率的数据可以看到，海洋第三产业每年的经济增长占了海洋产业总体增长最大的一部分，海洋第三产业的结构效应与竞争力效应对整体海洋经济发展会有较大影响。另外根据表4－11中海洋第三产业历年经济增长三分量（份额分量、结构分量、竞争力分量）的数据可以看到，其经济增长的三分量基本为正值，结构分量与竞争力分量在2014年以前同步增长，而2014年之后，其产业竞争力却突然下跌至负值，这使得其海洋第三产业增速正在大幅提升的态势戛然而止。结构分量的持续上升说明全国范围内海洋第三产业仍然处于蓬勃发展的态势，然而产业结构相对落后类型的省份整体海洋第三产业增长却没有体现这样的趋势，说明该类型省份对海洋第三产业的投入不够，导致产业竞争力的衰退，阻碍产业经济进一步发展。

三、海洋产业结构相对落后类型各省份海洋产业结构分析

即便都是产业结构相对落后的地区，不同的省份由于其自身产业基础以及产业结构测量值的波动，海洋三次产业的发展过程也有很大区别。结合表4－1和表4－2所反映的该类型6个省份的海洋产业结构测量情况，不难发现，广西的海洋产业结构完善程度在研究期间一直显著落后于其他省份；天津的海洋产

---

① 此处的比例关系将结构分量视为1换算得到。

业结构完善化在研究期间趋势不明显，甚至出现了倒退发展的情况；山东在研究期间海洋产业结构保持了稳定的合理化与高级化趋势；而河北、辽宁以及海南的海洋产业结构完善化情况与天津基本相同。表4－12和表4－13中产业结构测量值与海洋经济增长速率的对比，不难发现，研究期间海洋产业结构合理化程度和高级化程度平均最低的广西，产业增长速率并不慢，而不论是海洋产业结构合理化程度还是高级化程度均处于中游的海南增长速率整体却是最快的，这说明，即便是海洋产业结构较为落后也不一定就会导致经济增长停滞，只要在合理化或者高级化的海洋产业结构演变中，有一方面稳步提升了，那么就会有稳定的产业增长动力，也就有持续发展的海洋经济。

表4－12　2010～2016年海洋产业结构相对落后省份海洋经济增长速率及其海洋产业结构合理化程度比较

省份	总体海洋产业增长速率	海洋第一产业增长速率	海洋第二产业增长速率	海洋第三产业增长速率	产业结构合理化测量值
辽宁	0.27	0.35	0.05	0.48	0.30
山东	0.88	0.75	0.61	1.20	0.40
海南	1.05	1.05	0.92	1.10	0.45
天津	0.34	1.38	－0.07	1.12	0.46
河北	0.73	0.88	0.13	1.58	0.50
广西	0.93	1.03	0.95	1.72	0.70

注：海洋产业结构合理化测量值*SR*越小，表示海洋产业结构越合理；反之，表示海洋产业结构越不合理。

表4－13　2010～2016年海洋产业结构相对落后省份海洋经济增长速率及其海洋产业结构高级化程度比较

省份	总体海洋产业增长速率	海洋第一产业增长速率	海洋第二产业增长速率	海洋第三产业增长速率	产业结构高级化测量值
广西	0.93	1.03	0.95	1.72	6.38
辽宁	0.27	0.35	0.05	0.48	6.65
海南	1.05	1.05	0.92	1.10	6.66
山东	0.88	0.75	0.61	1.20	6.77
天津	0.34	1.38	－0.07	1.12	6.82
河北	0.73	0.88	0.13	1.58	6.84

第五节 本章结论

本章运用产业结构测算方法对研究期间我国沿海 11 个省份的海洋三次产业经济发展过程中的产业结构的变化情况进行测算，分别计算得出研究期间沿海地区各省份的海洋产业结构合理化指标与海洋产业结构高级化指标，并且发现在海洋产业的发展过程中，海洋产业结构往往是逐渐完善的，这主要包括两个方面：一是海洋产业结构的高级化；二是海洋产业结构的合理化。为了更加具体的分析不同海洋产业结构完善程度的沿海省份 2010 ~ 2016 年的海洋经济发展情况，根据其海洋产业结构的测量值，对这 11 个沿海省份进行了聚类分析。

接着通过偏离 - 份额分析方法对两大类型的省份分别进行了海洋三次产业增长效应的分解，能够了解两种不同的海洋产业结构水平下，不同地区海洋产业发展状况，并且得出结论：对于海洋产业结构相对完善的地区，整体的产业增长动力是比较强的，其研究期间的海洋三次产业增长的三分量总的都为正值，这说明在海洋产业结构相对完善省份中，其经济规模、产业结构效应、产业竞争力效应对经济增长都起着正向作用，由于该区域的海洋产业基础较好，所以其经济规模在经济增长中起到巨大的贡献；而对于海洋产业结构相对落后的地区，其经济增长的态势比较不乐观，这一部分由于该类型中不同省份产业经济基础参差不齐，一部分是由于其海洋三次产业整体的产业结构效应与产业竞争力效应对经济发展起到的是副作用，高级化水平较低的产业结构，使得其没有抓住海洋第三产业高速发展的机会，大力发展海洋第三产业。

对于海洋产业结构相对完善地区而言，其中的 5 个省份都属于产业基础较好的沿海省份，因此这 5 个省份的份额分量对经济增长的贡献率都很高；其中比较明显的是，该区域的 5 个省份海洋经济增长速度由快到慢并不完全对应于从高到低的海洋产业结构完善程度，获得了整体海洋产业增长速度之最的是该区域海洋产业结构完善水平中等的福建，而不论是海洋产业结构合理化还是高级化的程度都要远高于其他沿海省份的上海的整体海洋产业发展速度却是最慢的，对比两者，说明在海洋产业结构基础都不错的情况下，能否保持稳定的产业结构优化趋势是海洋经济是否可以保持增长动力的关键。

在海洋产业结构相对落后的类型中，其6个省份的产业经济基础差异较大，海洋产业结构完善水平较低，因此其高级化程度也较弱，海洋经济发展过程中多数时期海洋第三产业并未占据主导地位，导致并没有能够充分利用海洋第三产业的结构优势。但是在海洋产业结构相对落后省份的内部也依然体现着海洋产业结构持续稳定的优化对海洋经济发展的巨大作用，例如，不论是海洋产业结构高级化还是合理化水平都远不如其他省份的广西，其整体海洋经济增长速率在该类型的所有省份中却是比较快的；而在该类型省份中海洋产业结构高级化程度较高且合理化程度中等的天津，整体海洋经济增长速率却比较慢，这是由于虽然天津在研究期间的后期海洋产业结构合理化水平大幅提高，但其前期长时间维持一个海洋产业结构合理化较低的水平，这也体现了没有稳定的海洋产业结构优化趋势，不利于获得海洋经济快速发展。

| 第五章 |

我国海洋经济绿色发展指标体系构建与研究

第一节 海洋经济绿色发展指标体系构建

一、指标体系构建原则

构建海洋经济绿色发展指标体系时，需要考虑指标体系是否符合本书第三章第三节中四个指标体系构建原则：科学性与可操作性相结合的原则、系统性与层次性相结合的原则、全面性与代表性相结合的原则、可测性与可比性相结合的原则。这些原则将会直接影响到综合评价结果，进而影响决策方向。

科学性要求在建立海洋经济绿色发展指标体系时，应明确综合评价的总体目标，准确定义指标的含义，采取科学的计算方法，充分考虑不同地区的差异。可操作性要求在海洋经济绿色发展综合评价全过程中，指标数据应当较为容易获取，尽量来源于权威部门，而且指标含义应当明确，计算简单，避免复杂的运算以降低指标数据的出错率；综合评价模型的选取应能够较为容易实现，具有可推广使用的特性，且能熟练掌握，以保证评价结果的可靠性。海洋经济绿色发展综合评价系统是一个复杂的系统，应当分解为多个维度。在确定海洋经济绿色发展指标体系维度及相关指标时，应当考虑综合评价的整体目标，结合每个维度特点，确定指标，以期能够准确把握各个维度发展状况及海洋经济绿色发展整体水平变动趋势。海洋经济绿色发展是一个综合系统，包含海洋经济、海洋社会发展、海洋环境等多方面。全面性要求指标体系要能综合反映海洋经济绿色发展各个方面，防止片面决断。海洋经济绿色发展综合评价中，纵向可比要求每一个区域在不同时期与自身可比；横向可比要求不同区域在每一个时间截面上可比。因此，不同区域的指标口径应当一致，对于单位不同的指标，可以使用正向化和无量纲化方法，使得不同的指标可比。海洋经济绿色发展水平评价不仅应能反映过去及现在海洋经济绿色发展状况，还应能对未来发展趋势进行分析和预测。因此，构建的海洋经济绿色发展指标体系及所选用的指标应当在预期的时间段内尽可能相对稳定。但由于海洋经济绿色发展处于不断发展更新的过程，随着理论及实践的进步，指标体系及指标也应当不断更新和修正，以便能够更为贴切地反映实际发展状况。所以，在指标体系的构建过程中，需要兼顾海洋经济绿色发展的稳定性和动态性。

二、指标体系构建与指标选取

（一）指标体系构建

海洋经济绿色发展水平综合评价体系是一个涵盖多维度全方位的指标体系，需要考虑不同区域不同时间等多种因素。因此，本章采用目标分析法来实现海洋经济绿色发展指标体系的构建。具体的实现步骤：首先，明确本次综合评价的整体评价目标；其次，在充分理解综合评价目标的基础上，对目标进行延伸和细分，进一步确定综合评价的子目标；最后，针对各个子目标的内涵，选取定义清晰明确的指标。层层递进，最终形成一个较为完整科学的综合评价体系。

结合研究的具体内容，本章将海洋经济绿色发展指标体系划分为四个层次，各个层次的内容如下所述：第一层，综合评价的目标层。海洋经济绿色发展综合评价的总体目标，是通过构建科学合理的综合指标体系，得到综合评价值“海洋经济绿色发展综合得分”，量化海洋经济绿色发展综合水平，便于考查不同区域及不同时间海洋经济绿色发展的整体发展状况及局部运行状况，进行分析、比较。同时，为我国及沿海省份制定海洋经济发展政策提供参考建议。第二层，综合评价的准则层。由于海洋经济绿色发展水平综合评价是一项庞大的工作，因此有必要细分维度，即准则层。在研读相关研究文献后，本章基于对海洋经济绿色发展内涵的理解，将海洋经济绿色发展综合评价系统分成三个维度，即准则层包含海洋经济、海洋社会发展、海洋环境。维度的划分不仅有利于在整体上把握海洋经济绿色发展状况，而且还能分析各个维度的发展状况，找到制约不同区域海洋经济绿色发展的主要影响因素，从而采取相应的措施。第三层，综合评价的中间层。在对维度进行明确划分之后，对各个维度进行进一步细分，有利于更为全面的考虑各个维度内部的各个方面。在本章的研究中，将海洋经济维度进一步划分为海洋经济规模和海洋经济质量两个方面，以反映海洋经济发展的总量水平和质量水平。在海洋社会发展维度中，进一步划分为人民生活和海洋科研两个方面，以反映沿海地区的人民生活水平及海洋科技研究的发展状况。在海洋环境维度中，进一步划分为海洋环境污染和海洋环境保护两个方面，从海洋环境污染和海洋环境保护两个方面综合评价海洋环境整体状况。第四层，综合评价的指标层。经过目标层、准则层及中间层的细分，海洋经济绿色发展的指标体系已初见层次。指标体系的最后一层是最为详细的指标层。对于指标层的指标选取，应当科学合理，不可主观臆造。本书在阅读了大量的文献之后，确定了指标层的相关指标，以期较为合理地衡量海洋经济绿色发展水平。

综合以上所述，本章海洋经济绿色发展的层级结构大致如图 5－1 所示。

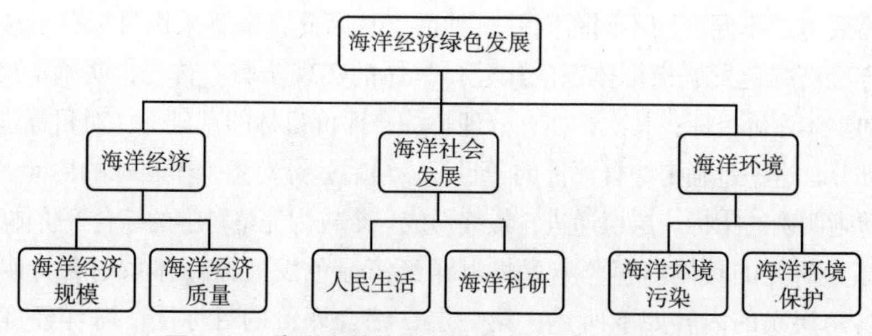

图 5－1　海洋经济绿色发展指标体系的层级结构

（二）指标选取

在确定指标体系构建原则和层次之后，如何选择合适的指标进行衡量，是指标体系设计中至关重要的环节。所选取的指标不仅要能够反映和衡量海洋经济绿色发展内涵，而且指标定义应该清晰且能够获得，既要全面覆盖又要具备较强的代表性。本章在经过多次对指标的筛选之后，最终选择 21 个指标，构建了我国海洋经济绿色发展指标体系，如表 5－1 所示。

表 5－1　　海洋经济绿色发展指标体系

目标层	准则层	中间层	指标层	标记	指标性质
海洋经济绿色发展水平	海洋经济	海洋经济规模	海洋生产总值	X_1	正向指标
			海洋生产总值增长速度	X_2	正向指标
			海洋经济贡献率	X_3	正向指标
		海洋经济质量	海洋第三产业占比	X_4	正向指标
			海洋劳动生产率	X_5	正向指标
			海洋投资效果系数	X_6	正向指标
			万元海洋产值综合耗能	X_7	逆向指标
	海洋社会发展	人民生活	全社会恩格尔系数	X_8	逆向指标
			全社会人均可支配收入	X_9	正向指标
			城镇化水平	X_{10}	正向指标
			海洋从业人口比重	X_{11}	正向指标
		海洋科研	海洋科研创新能力	X_{12}	正向指标
			海洋科研机构数	X_{13}	正向指标
			海洋科研机构平均经费收入	X_{14}	正向指标
	海洋环境	海洋环境污染	单位海域工业废水直排入海量	X_{15}	逆向指标
			单位海域工业固体废弃物排放量	X_{16}	逆向指标
			单位海域化学需氧量直排入海量	X_{17}	逆向指标
		海洋环境保护	工业固体废弃物综合利用率	X_{18}	正向指标
			海滨观测台数	X_{19}	正向指标
			海洋保护区覆盖率	X_{20}	正向指标
			环境治理投资力度	X_{21}	正向指标

以下将对所选取的指标进行进一步的阐释和说明。

1. 海洋生产总值 X_1

海洋生产总值是指在国民经济核算中，涉及海洋经济活动的所有内容总和，是衡量海洋各类经济活动的总量指标。该指标是海洋经济核算中最常用的指标，反映了区域海洋经济活动的规模。

2. 海洋生产总值增长速度 X_2

海洋生产总值增长速度是指被评价区域在一定时期内海洋经济发展水平的增长情况，是衡量区域海洋经济活力的常用指标。该指标是一个动态指标，指标数值高低反映了海洋经济发展的活跃程度。其计算公式为：

$$\text{海洋经济增长速度} = \frac{\text{报告期海洋生产总值} - \text{基期海洋生产总值}}{\text{基期海洋生产总值}} \tag{5-1}$$

3. 海洋经济贡献率 X_3

海洋经济贡献率是指被评价区域在一定时期的海洋生产总值占地区生产总值的比重。海洋经济越发达的地区，其海洋经济贡献率也越大。其计算公式为：

$$\text{海洋经济贡献率} = \frac{\text{海洋生产总值}}{\text{地区生产总值}} \tag{5-2}$$

4. 海洋第三产业占比 X_4

海洋第三产业占比是指海洋第三产业产值占海洋生产总值的比重。海洋第三产业主要是能耗较低、污染较低的产业，如滨海旅游业、海洋交通运输业等。海洋第三产业占比越高，产业结构越合理。其计算公式为：

$$\text{海洋第三产业占比} = \frac{\text{海洋第三产业产值}}{\text{海洋生产总值}} \tag{5-3}$$

5. 海洋劳动生产率 X_5

海洋劳动生产率是指海洋生产总值与地区涉海就业人员数的比值，即每个涉海劳动人员所创造的海洋生产总值，该指标可以衡量海洋劳动生产效率。指标数值越大，说明该地区海洋劳动力的生产效率越高。其计算公式为：

$$\text{海洋劳动生产率} = \frac{\text{海洋生产总值}}{\text{涉海就业人员数}} \tag{5-4}$$

6. 海洋投资效果系数 X_6

海洋投资效果系数是指海洋生产总值与上一年固定资产投资额的比值，

即每万元固定资产投资额所产生的海洋生产总值。该指标反映了海洋资本投资效益，指标数值越大，说明海洋资本投资效益越高。其计算公式为：

$$\text{海洋投资效果系数} = \frac{\text{海洋生产总值}}{\text{上一年固定资产投资额}} \tag{5-5}$$

7. 万元海洋产值综合能耗 X_7

万元海洋产值综合能耗是指区域海洋生产总值的能源消耗量。该指标衡量了区域进行海洋经济活动时的能源消耗水平，反映了区域的能源综合利用效率。指标数值越大，说明单位能耗越大，绿色发展程度越低。其计算公式为：

$$\text{万元海洋产值综合能耗} = \frac{\text{综合能源消耗}}{\text{海洋生产总值}} \tag{5-6}$$

8. 全社会恩格尔系数 X_8

全社会恩格尔系数是指全社会居民的食品消费性支出占总消费支出的比重，该指标反映了沿海地区居民的消费水平和生活质量。一般而言，居民的恩格尔系数会随着经济的发展不断下降，经济发展水平越高，恩格尔系数一般越小，居民的生活质量越高。其计算公式为：

$$\text{全社会恩格尔系数} = \frac{\text{城镇食品消费支出} + \text{农村食品消费支出}}{\text{城镇总消费性支出} + \text{农村总消费性支出}} \tag{5-7}$$

9. 全社会人均可支配收入 X_9

全社会人均可支配收入是指全社会居民的家庭总收入中扣除需要缴纳的各项税收、社保及其他经常性转移之后的人均可支配收入，该指标衡量了沿海地区全社会居民的收入水平。该指标数值越大，说明沿海地区的海洋社会发展水平越高。其计算公式为：

$$\text{全社会人均可支配收入} = \frac{\text{城镇人均可支配收入} \times \text{城镇人口} + \text{农村人均可支配收入} \times \text{农村人口}}{\text{地区总人口数}} \tag{5-8}$$

10. 城镇化水平 X_{10}

城镇化水平是指城镇人口占地区总人口的比重，衡量地区的人口聚集程度和社会发展水平。沿海地区的城镇化水平越高，在一定程度上反映出该地区的海洋社会发展水平越高。其计算公式为：

$$城镇化水平 = \frac{城镇人口数}{地区总人口数} \tag{5-9}$$

11. 海洋从业人口比重 X_{11}

海洋从业人口比重是指涉海就业人员数占地区就业人员数的比重，反映海洋经济活动所形成的就业能力。该指标数值越大，说明海洋产业发展所带动的劳动力就业效应越大。其计算公式：

$$海洋从业人口比重 = \frac{涉海就业人员数}{地区就业人员数} \tag{5-10}$$

12. 海洋科研创新能力 X_{12}

海洋科研创新能力是指海洋科研机构人员数占涉海就业人员数的比重。海洋科研人员是一个地区海洋科技创新能力的重要源泉，反映海洋科研对海洋活动发展的支持力。其计算公式为：

$$海洋科研创新能力 = \frac{海洋科研机构人员数}{涉海就业人员数} \tag{5-11}$$

13. 海洋科研机构数 X_{13}

海洋科研机构数是指区域内的海洋机构数量。海洋科研机构是一个地区海洋科技研究的重要基地，是海洋科研的培育摇篮。通常来说，海洋科研机构数量在一定程度上反映了海洋科研能力的强弱。海洋科研机构越多，海洋经济绿色发展的可能性越高。

14. 海洋科研机构平均经费收入 X_{14}

海洋科研机构平均经费收入是指区域海洋科研机构平均的科研经费收入，用于海洋科研活动。海洋发展越发达的地区，对于海洋科研的重视程度越高。其计算公式为：

$$海洋科研机构平均经费收入 = \frac{海洋科研机构经费收入总额}{海洋科研机构数} \tag{5-12}$$

15. 单位海域工业废水直排入海量 X_{15}

单位海域工业废水直排入海量是指沿海地区单位海域面积中直接排放入海的工业废水量。该指标反映了沿海地区的经济活动和社会活动对海洋环境造成的污染，指标数值越大，说明工业废水排放对海洋生态环境的破坏越大，绿色发展水平越低。其计算公式为：

$$单位海域面积工业废水直排入海量=\frac{工业废水直接排放入海量}{管辖海域面积} \quad (5-13)$$

16. 单位海域工业固体废弃物排放量 X_{16}

单位海域工业固体废弃物排放量是指沿海地区的每单位海域面积，工业企业在生产过程中产生的各种固体状废弃物直接排放的总量，该指标衡量了沿海地区对生态环境造成污染的程度。海洋经济绿色发展水平越高地区，对生态环境造成的污染应当越小，其排放的固体废弃物应越少。其计算方法为：

$$单位海域面积工业固体废弃物排放量=\frac{工业固体废弃物排放量}{管辖海域面积} \quad (5-14)$$

17. 单位海域化学需氧量直排入海量 X_{17}

单位海域化学需氧量（COD）直排入海量是指沿海地区每单位海域面积中直接排放入海的化学需氧量的量。该指标越大，说明海洋环境的污染程度越严重。其计算公式为：

$$单位海域面积\ COD\ 直排入海量=\frac{COD\ 直接排放入海量}{管辖海域面积} \quad (5-15)$$

18. 工业固体废弃物综合利用率 X_{18}

工业固体废弃物综合利用率是指通过回收、循环等方式，将工业固体废弃物进行再利用或者转化为其他原料，进行循环利用的比率。工业废弃物循环利用水平越高，对环境产生的污染越小，绿色发展程度越高。其计算公式为：

$$工业固体废弃物综合利用率=\frac{一般工业固体废弃物综合利用量}{工业固体废弃物产生量} \quad (5-16)$$

19. 海滨观测台数 X_{19}

海滨观测台数是指沿海地区的海洋站、地震台站等海滨观测台的数量总和。海滨观测台承担着海洋生态环境监测任务，数量多寡在一定程度上直接影响海洋环境变化监测的及时性和准确性。

20. 海洋保护区覆盖率 X_{20}

海洋保护区覆盖率是指沿海地区设立的海洋保护区面积占管辖海域面积的比重。海洋保护区的设立有利于保护海洋生物、降低海洋环境污染，在一定程度上反映了对海洋环境的保护力度。其计算公式为：

$$海洋保护区覆盖率 = \frac{海洋保护区面积}{管辖海域面积} \tag{5-17}$$

21. 环境治理投资力度 X_{21}

环境治理投资力度是指政府财政支出中为保护、改善生态环境所投入的资金数额占地区财政支出的比重，在一定程度上反映了地区对生态环境治理和保护的力度。其计算公式为：

$$环境治理投资力度 = \frac{环境治理投资额}{地区财政支出} \tag{5-18}$$

三、指标正向化与无量纲化方法

（一）指标正向化方法

为了保证海洋经济绿色发展指标体系的构建不会产生偏差。此处采用第三章第三节处的减法一致法对海洋经济绿色发展指标体系中的指标进行正向处理。即如下的计算公式：

$$y_{ij} = M - x_{ij} \tag{5-19}$$

$$y_{ij} = |k - x_{ij}| \tag{5-20}$$

其中，x_{ij}是指标的原始数值，y_{ij}是经正向化处理后的指标值，M 为逆向指标 x_{ij}的一个允许上界，k 是适度指标 x_{ij}的适度值。逆向指标适用公式（5－19），适度指标适用公式（5－20）。

（二）指标无量纲化方法

由本书第三章第三节分析可知，构建海洋经济绿色发展指标体系时，各个指标的内容和度量单位的不同将会导致指标之间数量级存在较大差异。量纲的差异会使得指标之间缺乏可比性，从而使得海洋经济绿色发展综合评价结果存在误差。因此需要进行指标无量纲化处理，以期尽可能地贴近实际情况。此处采用第三章第三节处线性无量纲化方法中的均值法进行数据处理，公式如下：

$$y_{ij} = \frac{x_{ij}}{\bar{x}_j} \tag{5-21}$$

设有 n 个评价对象，m 个指标，第 j 个指标表示为 x_j（$j=1, 2, \cdots, m$），其观测值为 $\{x_{ij} \mid i=1, 2, \cdots, n; j=1, 2, \cdots, m\}$。$x_{ij}$表示第 i 个评价对象第 j 个指标的原始数值，y_{ij}表示经无量纲化处理后的第 i 个对象的第 j 个指标值，$\bar{x}_j$ 是 x_{ij}的均值。

四、指标体系赋权方法

（一）单一赋权方法

指标赋权是综合评价中关键步骤，关系到综合评价是否能真实地反映实际情况。指标权重越大，说明该指标相对于其他指标重要性越高，对整个综合评价结果影响程度越大。因此，在赋权的过程中应当充分考虑各个指标的特性及其重要性，体现海洋经济绿色发展的内涵和实质。

常用的赋权方法主要有主观赋权法和客观赋权法。主观赋权法，依赖专家经验和主观判断，可以发挥人的主观意识，诸如专家打分法、层次分析法等。客观赋权法，通过数学方法等进行赋权，权重取决于指标的客观因素，诸如熵值法、相关系数法等。

由于在指标体系建立过程中，主观赋权法对指标的筛选、赋权方法的选择和偏好等都在很大程度上取决于评价者的经验，具有较强的主观判断。因此，为充分实现主客观相结合，发挥主客观的优势，本章选取客观赋权法进行赋权，以减少赋权的主观性。

由于单一赋权方法存在固有局限性，因此本章拟采用多种客观赋权方法进行组合赋权，发挥多种赋权方法的优势，以更为准确地确定指标权重。由于指标之间可能存在着联系，采用熵值法可以得到理想的结果。变异系数法适合指标独立性较强的指标体系赋权。相关系数法则根据指标的相关程度进行赋权，相关程度大的指标其权重相对较小。三种方法进行组合赋权，可以克服单一赋权法的不足，使得赋权结果更为贴合实际。

1. 熵值法

在多指标综合评价中，熵值法作为一种客观赋权法，不涉及主观因素，赋权结果较为稳定与可信，因此具有广泛的适用性，能和多种评价方法结合使用，是综合评价中一种较为理想的客观赋权法。熵值法利用指标数据变化的信息熵对指标进行赋权，权重大小完全取决于指标本身的信息，不受主观判断影响。指标的信息熵较小时，意味着其变异程度较大，含有的信息量更多，因此对其赋予较大的权重，反之亦然。但该方法也存在一些缺点，例如，当熵值靠近1的时候，较小的差异都会引起熵值较大的变化，因此很多学者提出使用改进的熵值法计算，加强了对指标差异性的评价。在改进的熵值法中，通过学者朱喜安和魏国栋（2015）的实证检验，极值熵值法是最优改进熵值法。其具体的计算步骤：

y_{ij}是经过正向化、无量纲化后的指标数据，下同。

（1）计算第j项指标下第i个省份的指标值所占的比重p_{ij}：

$$p_{ij} = \frac{y_{ij}}{\sum_{i=1}^{n} y_{ij}} \tag{5-22}$$

（2）计算第j项指标的信息熵值e_j：

$$e_j = -\frac{1}{\ln n}\sum_{i=1}^{n} p_{ij}\ln p_{ij},\ 0 \leqslant e_j \leqslant 1 \tag{5-23}$$

（3）计算第j项指标的差异性系数g_j（信息效用值）：

$$g_j = 1 - e_j \tag{5-24}$$

（4）计算第j项指标的权重w_j^a：

$$w_j^a = \frac{g_j}{\sum_{j=1}^{m} g_j},\ j = 1, 2, \cdots, m \tag{5-25}$$

2. 变异系数法

变异系数法是统计学中常用的方法，主要衡量指标的差异信息。该方法通过指标的离散程度来度量指标对整体的贡献程度。通过计算指标的变异程度，对求得的变异系数进行归一化，即可得到指标在变异系数法下的权重。其具体的计算步骤：

（1）计算第j项指标的均值$E(y_j)$：

$$E(y_j) = \frac{1}{n}\sum_{i=1}^{n} y_{ij} \tag{5-26}$$

（2）计算第j项指标的标准差$\sigma(y_j)$：

$$\sigma(y_j) = \sqrt{\frac{1}{n}\sum_{i=1}^{n}[y_{ij} - E(y_j)]^2} \tag{5-27}$$

（3）计算第 j 项指标的变异系数 v_j：

$$v_j = \frac{\sigma(y_j)}{E(y_j)} \tag{5-28}$$

（4）归一化处理，计算第 j 项指标的权重 w_j^b：

$$w_j^b = \frac{v_j}{\sum_{i=1}^{n} v_j} \tag{5-29}$$

3. 相关系数法

由于指标体系的构建是针对一个事物的多个维度，指标体系中的指标之间不可避免地会存在相关性。相关系数法的赋权本质是基于指标体系内指标的相关程度及联系，如果指标之间的相关程度高，则某个指标被其他指标所能解释的信息越多，指标信息的重复性越高，其在整体中的影响就越小。其具体的计算步骤：

（1）计算相关系数矩阵 R，假设有 m 个评价指标，则这些指标构成的相关系数矩阵 R 为：

$$R = \begin{bmatrix} 1 & r_{12} & \cdots & r_{1j} & \cdots & r_{1m} \\ r_{21} & 1 & \cdots & r_{2j} & \cdots & r_{2m} \\ r_{31} & r_{32} & \cdots & r_{3j} & \cdots & r_{3m} \\ \vdots & \vdots & \vdots & \vdots & \vdots & \vdots \\ r_{m1} & r_{m2} & \cdots & r_{mj} & \cdots & 1 \end{bmatrix}$$

（2）计算第 j 列中（$1-r_{ij}$）的和，得到关于第 j 个指标和其他剩下的指标信息重复度的向量：

$$\sum(1 - r_{i1}), \sum(1 - r_{i2}), \cdots, \sum(1 - r_{im}) \tag{5-30}$$

其中，$\sum(1-r_{ij})$ 越大，表明第 j 个指标与其他指标之间的信息重复量越少，在综合评价中具有越大的作用，对其赋予较大的权重；反之，则应该予以较小的权重。

（3）计算指标权重 w_j^c：

$$w_j^c = \frac{\sum_{i=1}^{n}(1 - r_{ij})}{\sum_{j=1}^{m}\sum_{i=1}^{n}(1 - r_{ij})} \tag{5-31}$$

（二）组合赋权方法

1. 组合赋权方法选取

因为不同的赋权方法均有其自身独特的优势和不可避免的劣势，因此为了综合不同方法的优势，避免使用单一赋权方法带来的劣势，可以使用组合赋权法对不同赋权方法得到的权重进行综合。

常用的组合赋权方法主要有乘法合成法和线性加权法。由于乘法合成法存在着“倍增效应”，会使得大的权重更大，小的权重更小。因此，该方法对于指标权重均匀分配的情况更为适宜。如果指标权重差异较大，使用乘法合成法确定组合权重是不合理的。而线性加权法的基本思想，是将不同赋权方法得到的权重进行加权汇总，即可得到组合权重。线性加权法具有简单易行的特点，且克服了“倍增效应”的不足，在实际中运用广泛且应用效果较好。本章拟采用线性加权法进行组合赋权。线性加权法计算公式如下：

假设指标体系有 n 个指标，有 l 种赋权方法，第 k 种赋权方法的权向量值为：

$$w_k = (w_{1k}, w_{2k}, \cdots, w_{jk}, \cdots, w_{nk})^T$$

其中，$w_{jk} > 0$，$\sum w_{jk} = 1$，$k = 1, 2, \cdots, l$，$j = 1, 2, \cdots, n$ 线性加权法得到的权向量为 W_c，其计算公式为：

$$W_c = \theta_1 W_1 + \theta_2 W_2 + \cdots + \theta_l W_l \tag{5-32}$$

$W_c = (w_{c1}, w_{c2}, \cdots, w_{cn})^T$ 为组合权系数向量，$\theta_1, \theta_2, \cdots, \theta_l$ 为组合权系数向量的线性表示系数，$\theta_k \geqslant 0$，$k = 1, 2, \cdots, l$，且 $\sum \theta_k = 1$。

2. 基于 CRITIC 原理的组合赋权法

使用组合赋权方法可以综合多种单一赋权方法的优势，其中基于 CRITIC（criteria importance through intercriteria correlation）原理的组合赋权法是其中一种方法。CRITIC 赋权法由迪亚库拉克（Diakoulaki）提出的，是一种客观赋权法。CRITIC 赋权法认为权重受两个因素影响：对比强度和指标之间的冲突性。对比强度以标准差为基础，反映指标值的变异程度，如果指标之间具有较强的正相关，则意味着指标间的冲突性较小。

在使用多种方法组合赋权之前应当检验多种单一赋权方法的赋权结果是否具有一致性，可以采用 Kendall' W 协同系数对赋权结果的一致性进行检验，检验多次评价中的排序结果是否是随机的。当 Kendall' W 协同系数值接近 1 时，可以认为多次评价的排序结果并非随机，Kendall' W 协同系数的计算公式如下：

$$W = \frac{12\sum_{i=1}^{n} R_i^2 - 3m^2 n(n+1)^2}{m^2 n(n^2 - 1)} \tag{5-33}$$

其中，m 是赋权方法的数目，n 是被评价对象的数目，R 是各被评价对象的等级之和。其假设为：

H_0：m 种方法的评价结果不具有显著一致性。

H_1：m 种方法的评价结果具有显著一致性。

若 l 种单一赋权方法的赋权结果差异不大，能通过一致性检验，考虑到信息的完备性和计算的简便性，采用算术平均作为组合权系数，即：

$$W_c = \frac{W_1 + W_2 + \cdots + W_l}{l} \tag{5-34}$$

若 l 种单一赋权方法没能通过一致性检验，则可以使用基于 CRITIC 原理的组合赋权方法确定组合权重。基于 CRITIC 原理的组合赋权法的赋权步骤如下：

（1）冲突量化指标为 C_p：

$$C_p = \sum_{q=1}^{3} (1 - R_{qp}) \tag{5-35}$$

式中，R_{qp}是指 p、q 两种赋权结果的相关系数。

（2）第 p 种赋权结果所包含的信息量 I_p：

$$I_p = S_p \times C_p \tag{5-36}$$

式中，S_p 是第 p 种赋权结果的标准差，用于反映不同赋权结果的对比强度。

（3）第 p 种赋权方法组合权系数向量的线性表示系数 θ_p：

$$\theta_p = \frac{I_p}{\sum_{p=1}^{3} I_p} \tag{5-37}$$

(4) 组合权重 w_j^*：

$$w_j^* = \sum_{p=1}^{3}(\theta_p \times w_{pj}) \tag{5-38}$$

其中，w_{pj}表示第 p 种赋权方法对第 j 个指标的赋权结果。

五、综合评价方法

对指标进行赋权后，需要进行综合评价，把各个指标值映射成一个综合评价值。常用的多指标综合评价方法主要有线性加权综合法、非线性加权综合法、理想点法等。线性加权综合法是目前使用最广的综合评价方法，主要适用于各指标相互独立的指标评价，指标之间存在着相互补偿的现象，某个指标下降可以由其他指标上升来进行补偿。本章拟采用线性加权综合法对海洋经济绿色发展指标体系进行综合评价。线性加权综合法的数学模型为线性函数，形式如下：

$$F_i = \sum_{j=1}^{m} w_j^* y_{ij} \tag{5-39}$$

其中，w_j^* 是第 j 个指标的权重，满足 $0 \leqslant w_j^* \leqslant 1$ $(j=1, 2, \cdots, m)$，$\sum w_j^* = 1$；y_{ij}是经过正向化、无量纲化等处理后的标准数值；F_i 是被评价对象的综合评价值。

在对指标进行赋权后，采用线性加权综合法将指标合成综合评价得分，以对综合评价结果进行分析。可以求得海洋经济得分（EI）、海洋社会发展得分（SI）、海洋环境得分（HI）及海洋经济绿色发展综合得分（CI）：

(1) 海洋经济得分（EI）：

$$EI = \sum_{j=1}^{p} w_j^* y_{ij} \tag{5-40}$$

(2) 海洋社会发展得分（SI）：

$$SI = \sum_{j=1}^{q} w_j^* y_{ij} \tag{5-41}$$

(3) 海洋环境得分（HI）：

$$HI = \sum_{j=1}^{t} w_j^* y_{ij} \tag{5-42}$$

（4）海洋经济绿色发展综合得分（CI）：

$$CI = EI + SI + HI \tag{5-43}$$

w_j^* 是组合赋权法下第 j 个指标的权重；y_{ij}是经过正向化、无量纲化等处理后的标准数值；p、q、t 分别表示各个得分对应的指标个数。CI 值越大，代表第 i 个省份或者年份的海洋经济绿色发展水平越高；反之，则水平越低。

第二节　海洋经济绿色发展水平测度

一、数据及资料来源

以我国沿海 11 个省份为研究区域，自北向南分别是辽宁、河北、天津、山东、江苏、上海、浙江、福建、广东、广西、海南，研究其 2006～2016 年的海洋经济绿色发展水平。研究所选用的数据来源于 2007～2017 年《中国海洋统计年鉴》《中国环境统计年鉴》《中国统计年鉴》《中国能源统计年鉴》以及沿海各省份的统计年鉴。①

二、指标预处理及指标体系可靠性检验

（一）指标正向化

在对指标体系进行综合评价之前，应当统一测度口径，进行正向化处理。本章构建的海洋经济绿色发展指标体系共有 21 个指标，其中正向指标 16 个，逆向指标 5 个，没有适度指标。结合本章第一节的分析，本章使用减法一致法对逆向指标进行正向化处理。正向指标包括海洋生产总值、海洋生产总值增长速度、海洋经济贡献率、海洋第三产业占比、海洋劳动生产率、海洋投资效果系数、全社会人均可支配收入、城镇化水平、海洋从业人口比重、海

① 由于统计年鉴中缺失“2016 年工业废水直排入海量”指标数据，本书采用指数平滑法进行预测估计。

洋科研创新能力、海洋科研机构数、海洋科研机构平均经费收入、工业固体废弃物综合利用率、海滨观测台数、海洋保护区覆盖率、环境治理投资力度，共 16 个指标。逆向指标包括万元海洋产值综合耗能、全社会恩格尔系数、单位海域工业废水直排入海量、单位海域工业固体废弃物排放量、单位海域化学需氧量直排入海量，共 5 个指标。

（二）指标无量纲化

经过正向化处理后，指标数据的离散程度将会发生变化，而且指标量纲存在差异，无法直接进行综合评价。因此，还需要对指标进行无量纲化处理，使得指标具有可比性。根据本章第一节的介绍，本章拟用线性比例法中的均值化法对指标进行无量纲化处理。只有经无量纲化处理后的指标数据，才能进行后续的综合评价。

（三）指标体系可靠性检验

使用信度检验对经过正向化和无量纲化处理后的数据进行指标体系的可靠性检验，检验结果如表 5 – 2 所示。结果显示，标准化的 Cronbach's Alpha 系数大于 0.8，说明我国海洋经济绿色发展指标体系的内在一致性和稳定性较好，总体可信度较高。

表 5 – 2　　　　指标体系的可靠性检验结果

基于标准化项的 Cronbachs's Alpha 系数	指标数（个）
0.811	21

三、指标体系赋权

（一）单一赋权方法的赋权结果

本章以沿海各省份 2006 ~ 2016 年的数据为研究对象，分别使用熵值法、变异系数法和相关系数法对海洋经济绿色发展指标体系进行赋权，赋权结果如表 5 – 3、表 5 – 4、表 5 – 5 所示。

表 5－3　　熵值法赋权结果

准则层	指标层	标记	2006 年	2007 年	2008 年	2009 年	2010 年	2011 年	2012 年	2013 年	2014 年	2015 年	2016 年
海洋经济	海洋生产总值	X_1	0.053	0.053	0.060	0.081	0.084	0.076	0.083	0.081	0.090	0.100	0.107
	海洋生产总值增长速度	X_2	0.126	0.090	0.066	0.037	0.044	0.041	0.044	0.041	0.048	0.052	0.054
	海洋经济贡献率	X_3	0.042	0.042	0.041	0.050	0.051	0.045	0.045	0.047	0.043	0.045	0.041
	第三产业占比	X_4	0.003	0.003	0.003	0.003	0.005	0.005	0.005	0.005	0.004	0.003	0.002
	海洋劳动生产率	X_5	0.046	0.044	0.042	0.035	0.045	0.040	0.041	0.038	0.038	0.039	0.037
	海洋投资效果系数	X_6	0.050	0.054	0.055	0.067	0.075	0.075	0.088	0.099	0.098	0.108	0.112
	万元海洋产值综合能耗	X_7	0.015	0.013	0.011	0.037	0.023	0.014	0.011	0.009	0.006	0.006	0.006
海洋社会发展	全社会恩格尔系数	X_8	0.034	0.034	0.046	0.042	0.035	0.033	0.035	0.013	0.013	0.014	0.015
	全社会人均可支配收入	X_9	0.015	0.015	0.014	0.017	0.022	0.020	0.020	0.019	0.019	0.020	0.019
	城镇化水平	X_{10}	0.010	0.009	0.009	0.010	0.007	0.009	0.008	0.008	0.007	0.007	0.006
	海洋从业人口比重	X_{11}	0.060	0.062	0.062	0.076	0.075	0.068	0.068	0.063	0.062	0.064	0.062
	海洋科研创新能力	X_{12}	0.096	0.092	0.088	0.093	0.095	0.090	0.091	0.090	0.078	0.076	0.045
	海洋科研机构数	X_{13}	0.043	0.042	0.043	0.047	0.044	0.041	0.042	0.043	0.045	0.050	0.048
	海洋科研机构平均经费收入	X_{14}	0.053	0.068	0.071	0.081	0.087	0.086	0.088	0.100	0.077	0.080	0.100
海洋环境	单位海域工业废水直排入海量	X_{15}	0.018	0.025	0.010	0.003	0.002	0.016	0.012	0.010	0.012	0.011	0.008
	单位海域工业固体废弃物排放量	X_{16}	0.008	0.007	0.023	0.005	0.000	0.000	0.000	0.000	0.000	0.000	0.000
	单位海域化学需氧量直排入海量	X_{17}	0.007	0.008	0.012	0.004	0.004	0.052	0.032	0.017	0.024	0.012	0.002
	固体废物综合利用率	X_{18}	0.008	0.008	0.007	0.007	0.009	0.018	0.015	0.013	0.018	0.016	0.011
	海滨观测台数	X_{19}	0.044	0.046	0.053	0.066	0.074	0.061	0.060	0.064	0.064	0.069	0.065
	海洋保护区覆盖率	X_{20}	0.229	0.241	0.226	0.175	0.161	0.163	0.179	0.188	0.192	0.177	0.190
	污染治理投资力度	X_{21}	0.041	0.044	0.061	0.064	0.059	0.047	0.034	0.053	0.063	0.052	0.071

表 5-4　变异系数法赋权结果

准则层	指标层	标记	2006 年	2007 年	2008 年	2009 年	2010 年	2011 年	2012 年	2013 年	2014 年	2015 年	2016 年
海洋经济	海洋生产总值	X_1	0.056	0.055	0.058	0.070	0.071	0.065	0.070	0.069	0.074	0.079	0.083
	海洋生产总值增长速度	X_2	0.090	0.075	0.064	0.047	0.054	0.051	0.054	0.052	0.055	0.058	0.060
	海洋经济贡献率	X_3	0.049	0.049	0.048	0.053	0.055	0.050	0.051	0.052	0.050	0.052	0.049
	第三产业占比	X_4	0.013	0.013	0.013	0.015	0.017	0.018	0.017	0.017	0.015	0.013	0.011
	海洋劳动生产率	X_5	0.056	0.054	0.051	0.048	0.054	0.049	0.050	0.048	0.048	0.049	0.048
	海洋投资效果系数	X_6	0.054	0.056	0.055	0.062	0.068	0.068	0.077	0.084	0.082	0.089	0.094
	万元海洋产值综合能耗	X_7	0.028	0.026	0.023	0.040	0.033	0.027	0.024	0.021	0.018	0.018	0.019
海洋社会发展	全社会恩格尔系数	X_8	0.040	0.040	0.045	0.045	0.042	0.039	0.040	0.027	0.027	0.028	0.029
	全社会人均可支配收入	X_9	0.031	0.030	0.029	0.033	0.038	0.035	0.035	0.035	0.036	0.036	0.036
	城镇化水平	X_{10}	0.024	0.024	0.023	0.026	0.021	0.023	0.023	0.022	0.021	0.020	0.019
	海洋从业人口比重	X_{11}	0.058	0.059	0.058	0.067	0.067	0.062	0.062	0.060	0.060	0.061	0.060
	海洋科研创新能力	X_{12}	0.080	0.079	0.075	0.078	0.079	0.075	0.076	0.077	0.070	0.068	0.054
	海洋科研机构数	X_{13}	0.050	0.050	0.050	0.052	0.050	0.047	0.048	0.049	0.049	0.053	0.053
	海洋科研机构平均经费收入	X_{14}	0.055	0.062	0.063	0.072	0.073	0.070	0.072	0.079	0.069	0.072	0.084
海洋环境	单位海域工业废水直排入海量	X_{15}	0.028	0.031	0.022	0.013	0.012	0.028	0.024	0.023	0.025	0.024	0.021
	单位海域工业固体废弃物排放量	X_{16}	0.019	0.018	0.029	0.016	0.002	0.001	0.001	0.001	0.000	0.000	0.000
	单位海域化学需氧量直排入海量	X_{17}	0.019	0.020	0.024	0.015	0.015	0.049	0.038	0.030	0.034	0.026	0.010
	固体废物综合利用率	X_{18}	0.021	0.020	0.019	0.019	0.022	0.031	0.028	0.027	0.031	0.030	0.026
	海滨观测台数	X_{19}	0.051	0.052	0.055	0.064	0.069	0.060	0.059	0.061	0.059	0.063	0.061
	海洋保护区覆盖率	X_{20}	0.132	0.136	0.139	0.105	0.100	0.102	0.105	0.112	0.113	0.107	0.115
	污染治理投资力度	X_{21}	0.048	0.050	0.060	0.062	0.061	0.055	0.047	0.055	0.064	0.054	0.069

表 5-5　相关系数法赋权结果

准则层	指标层	标记	2006 年	2007 年	2008 年	2009 年	2010 年	2011 年	2012 年	2013 年	2014 年	2015 年	2016 年
海洋经济	海洋生产总值	X_1	0.040	0.040	0.041	0.041	0.042	0.041	0.040	0.041	0.041	0.041	0.042
	海洋生产总值增长速度	X_2	0.072	0.075	0.080	0.081	0.076	0.074	0.070	0.069	0.068	0.067	0.072
	海洋经济贡献率	X_3	0.042	0.042	0.043	0.045	0.041	0.044	0.043	0.043	0.043	0.044	0.045
	第三产业占比	X_4	0.054	0.054	0.057	0.047	0.052	0.058	0.055	0.052	0.054	0.054	0.050
	海洋劳动生产率	X_5	0.046	0.046	0.045	0.040	0.040	0.040	0.041	0.041	0.041	0.041	0.041
	海洋投资效果系数	X_6	0.041	0.041	0.041	0.041	0.038	0.040	0.040	0.040	0.039	0.040	0.039
	万元海洋产值综合能耗	X_7	0.039	0.038	0.039	0.041	0.040	0.040	0.040	0.041	0.041	0.040	0.041
海洋社会发展	全社会恩格尔系数	X_8	0.045	0.046	0.047	0.051	0.054	0.052	0.053	0.051	0.050	0.051	0.051
	全社会人均可支配收入	X_9	0.040	0.037	0.038	0.036	0.036	0.037	0.037	0.038	0.038	0.038	0.038
	城镇化水平	X_{10}	0.037	0.037	0.038	0.037	0.041	0.037	0.039	0.038	0.038	0.038	0.038
	海洋从业人口比重	X_{11}	0.046	0.046	0.051	0.051	0.050	0.052	0.051	0.050	0.050	0.051	0.050
	海洋科研创新能力	X_{12}	0.041	0.041	0.041	0.044	0.044	0.043	0.042	0.042	0.045	0.046	0.042
	海洋科研机构数	X_{13}	0.043	0.043	0.045	0.044	0.046	0.045	0.045	0.045	0.046	0.046	0.047
	海洋科研机构平均经费收入	X_{14}	0.038	0.036	0.036	0.035	0.035	0.036	0.037	0.038	0.039	0.040	0.037
海洋环境	单位海域工业废水直排入海量	X_{15}	0.072	0.071	0.065	0.063	0.065	0.068	0.067	0.066	0.065	0.065	0.069
	单位海域工业固体废弃物排放量	X_{16}	0.048	0.048	0.054	0.046	0.042	0.039	0.051	0.051	0.050	0.050	0.051
	单位海域化学需氧量直排入海量	X_{17}	0.062	0.060	0.045	0.054	0.057	0.055	0.053	0.054	0.053	0.052	0.062
	固体废物综合利用率	X_{18}	0.038	0.041	0.039	0.040	0.038	0.036	0.036	0.037	0.037	0.037	0.038
	海滨观测台数	X_{19}	0.043	0.045	0.047	0.048	0.052	0.051	0.046	0.050	0.048	0.049	0.049
	海洋保护区覆盖率	X_{20}	0.051	0.051	0.050	0.058	0.056	0.055	0.060	0.053	0.052	0.053	0.054
	污染治理投资力度	X_{21}	0.062	0.061	0.058	0.057	0.055	0.059	0.054	0.062	0.060	0.056	0.048

熵值法根据指标所包含的信息量大小进行赋权，指标数据变异越大，则该指标对整体的作用越为显著，所赋予的权重也越大。根据表 5－3 熵值法的赋权结果显示，在熵值法下指标权重差异相对较大，部分权重接近于 0，如单位海域工业固体废弃物排放量指标，而部分权重则在 0.2 左右，如海洋保护区覆盖率指标。指标权重差异较大的现象与熵值法本身的性质有关，熵值法对指标的变异程度较为敏感。在熵值法下，某项指标权重较大，意味着该项指标所包含的信息量较大，在整体评价中起到了较为重要的作用。

变异系数法与熵值法的赋权原理相似，均是基于指标本身所包含的信息量进行赋权，主要区别在于二者对信息量的提取方式存在差异。根据表 5－4 变异系数法的赋权结果显示，相对熵值法赋权结果，变异系数法下的指标权重较为平均，指标权重的分布范围也相对缩小。在变异系数法下，海洋保护区覆盖率依然赋予了最大的权重，权重值在 0.09～0.14 范围内，这表明该项指标的地区间差异较大，因此变异系数法对其赋予了较大的权重。变异系数法用于综合评价，会使得地区间差异较大的指标被赋予较大的权重，区域之间的差异被进一步拉大。因此，可以使决策者关注到拉开区域之间差异的主要指标，激励落后地区改进。

相关系数法不同于熵值法和变异系数法，其赋权原理主要利用指标信息的重复性。若某项指标与其他指标的重复信息越多，则能被其他指标所解释的信息越多，赋予的权重也相对小。在表 5－5 的相关系数法赋权结果中，各指标权重较为平均，差异不大，基本都在小范围内波动。在熵值法和变异系数法中指标权重最大的海洋保护区覆盖率指标，在相关系数法下的权重仅为 0.05 左右，这说明该项指标区域间的变异程度较大，但与其他指标的相关程度不大，所以得到的权重处于中等水平。相关系数法赋权更为兼顾各方面，关注整体。在实际中，往往会注重与其他指标相关性较小的指标，相关系数法会对该类指标赋予较大的权重；与其他指标相关性较大的指标，其往往会赋予较小的权重，但由于与此类指标侧重的信息已有多个指标共同体现，所以该方面的信息总权重一般也不会很小。相关系数法用于综合评价，能较为全面地衡量各区域海洋经济绿色发展水平。

综合以上单一赋权法的赋权结果分析，可以发现三种单一赋权法下的权重差异很大，就指标的权重差异程度而言：熵值法 > 变异系数法 > 相关系数法。个别指标数值由于区域间差异较大，运用熵值法和变异系数法进行赋权时得到的权重较大。而相关系数法下，没有存在某项指标与其他指标的相关性较大或者较小的情况，因此各项指标的权重分布较为均匀。

（二）组合赋权方法的赋权结果

三种方法赋权原理不同，各有优劣势，无好坏之分。若仅单一使用其中某种方法进行赋权，难免存在较大的局限性和偏差。为了修正或平衡单一赋权方法可能出现的偏误，本章采用组合赋权方法对海洋经济绿色发展指标体系进行赋权，即使用熵值法、变异系数法和相关系数法进行组合赋权，避免单一赋权法的局限性。由于评价海洋经济绿色发展水平的指标较多，指标的权重分布不是很均匀，若使用乘法合成法进行组合赋权，效果可能不够理想。因此，本章拟采用更为普遍适用的线性加权法计算组合权重。

本章先对2006～2016年三种单一赋权方法的赋权结果进行Kendall' W检验，即对三种单一赋权方法的一致性进行检验，根据检验结果确定使用何种方法计算组合权重系数。三种单一赋权方法的Kendall' W检验结果，如表5－6所示。结果显示，2006～2016年的Kendall' W系数均小于0.2，渐进显著性均大于0.05，说明在显著性水平为0.05的条件下，不拒绝三种单一赋权方法不具有显著一致性的假设，即认为三种单一赋权方法的一致性较低。因此，本章拟采用基于CRITIC原理的组合赋权法确定三种赋权方法的最优组合权重系数，结果如表5－7所示。根据权重系数计算我国海洋经济绿色发展指标体系的组合权重，结果如表5－8所示。

表5－6　三种单一赋权方法的Kendall' W检验结果

年份	Kendall' W 协同系数	卡方值	渐进显著性
2006	0.129	5.429	0.066
2007	0.118	4.952	0.084
2008	0.043	1.810	0.405
2009	0.020	0.857	0.651

续表

年份	Kendall' W 协同系数	卡方值	渐进显著性
2010	0. 048	2. 000	0. 368
2011	0. 043	1. 810	0. 405
2012	0. 043	1. 810	0. 405
2013	0. 061	2. 571	0. 276
2014	0. 056	2. 337	0. 311
2015	0. 043	1. 810	0. 405
2016	0. 048	2. 000	0. 368

表 5 - 7　　基于 CRITIC 原理的组合赋权法赋权的组合权重系数

年份	熵值法	变异系数法	相关系数法
2006	0. 4975	0. 2919	0. 2106
2007	0. 5051	0. 2838	0. 2111
2008	0. 4977	0. 2873	0. 2150
2009	0. 4665	0. 2936	0. 2399
2010	0. 4648	0. 3044	0. 2308
2011	0. 4706	0. 2754	0. 2540
2012	0. 4785	0. 2990	0. 2225
2013	0. 4965	0. 3023	0. 2012
2014	0. 5010	0. 3057	0. 1933
2015	0. 4961	0. 3149	0. 1890
2016	0. 4825	0. 3207	0. 1968

根据表 5 - 8 的指标权重可以看出，2006 ~ 2016 年我国海洋经济绿色发展三个分维度[①]的权重差异不大，均在 1/3 处波动，说明这三个分维度指标共同构成了我国海洋经济绿色发展评价体系，偏废任一维度均无法实现海洋经济绿色发展的评价目标。

① 本书提及的海洋经济绿色发展指标体系的三个维度是指海洋经济、海洋社会发展、海洋环境，下同。

表 5-8　　2006~2016 年海洋经济绿色发展指标体系组合权重

准则层	指标层	标记	2006 年	2007 年	2008 年	2009 年	2010 年	2011 年	2012 年	2013 年	2014 年	2015 年	2016 年
海洋经济	海洋生产总值	X_1	0.051	0.051	0.055	0.068	0.070	0.064	0.070	0.069	0.076	0.083	0.086
	海洋生产总值增长速度	X_2	0.104	0.083	0.068	0.050	0.054	0.052	0.053	0.050	0.054	0.057	0.059
	海洋经济贡献率	X_3	0.044	0.044	0.043	0.050	0.050	0.046	0.046	0.048	0.045	0.047	0.044
	第三产业占比	X_4	0.017	0.017	0.017	0.017	0.019	0.022	0.020	0.018	0.017	0.016	0.014
	海洋劳动生产率	X_5	0.049	0.047	0.045	0.040	0.046	0.043	0.043	0.042	0.042	0.043	0.041
	海洋投资效果系数	X_6	0.049	0.052	0.052	0.059	0.064	0.064	0.074	0.083	0.082	0.089	0.092
	万元海洋产值综合能耗	X_7	0.024	0.022	0.020	0.039	0.030	0.024	0.022	0.019	0.016	0.016	0.017
	海洋经济权重	—	**0.338**	**0.315**	**0.301**	**0.324**	**0.335**	**0.315**	**0.327**	**0.328**	**0.331**	**0.350**	**0.354**
海洋社会发展	全社会恩格尔系数	X_8	0.038	0.038	0.046	0.045	0.042	0.039	0.041	0.025	0.025	0.025	0.027
	全社会人均可支配收入	X_9	0.025	0.024	0.023	0.026	0.030	0.028	0.028	0.028	0.028	0.028	0.028
	城镇化水平	X_{10}	0.020	0.020	0.019	0.021	0.019	0.020	0.019	0.018	0.018	0.017	0.016
	海洋从业人口比重	X_{11}	0.057	0.058	0.058	0.067	0.067	0.062	0.062	0.060	0.059	0.060	0.059
	海洋科研创新能力	X_{12}	0.079	0.077	0.074	0.077	0.078	0.074	0.076	0.076	0.069	0.068	0.047
	海洋科研机构数	X_{13}	0.045	0.045	0.045	0.048	0.046	0.044	0.044	0.045	0.046	0.050	0.049
	海洋科研机构平均经费收入	X_{14}	0.050	0.060	0.061	0.067	0.071	0.069	0.072	0.081	0.067	0.070	0.083
	海洋社会发展权重	—	**0.314**	**0.321**	**0.327**	**0.351**	**0.352**	**0.336**	**0.343**	**0.333**	**0.312**	**0.319**	**0.309**
海洋环境	单位海域工业废水直排入海量	X_{15}	0.032	0.037	0.026	0.020	0.020	0.032	0.028	0.025	0.026	0.025	0.024
	单位海域工业固体废弃物排放量	X_{16}	0.019	0.019	0.031	0.018	0.011	0.010	0.011	0.010	0.010	0.010	0.010
	单位海域化学需氧量直排入海量	X_{17}	0.022	0.022	0.023	0.019	0.019	0.052	0.039	0.028	0.033	0.024	0.016
	固体废物综合利用率	X_{18}	0.018	0.018	0.017	0.018	0.020	0.026	0.024	0.022	0.026	0.025	0.021
	海滨观测台数	X_{19}	0.046	0.048	0.052	0.061	0.068	0.058	0.056	0.060	0.060	0.063	0.061
	海洋保护区覆盖率	X_{20}	0.163	0.171	0.163	0.126	0.118	0.119	0.130	0.138	0.141	0.131	0.139
	污染治理投资力度	X_{21}	0.047	0.050	0.060	0.062	0.059	0.052	0.042	0.055	0.063	0.054	0.066
	海洋环境权重	—	**0.348**	**0.365**	**0.372**	**0.325**	**0.313**	**0.350**	**0.330**	**0.339**	**0.358**	**0.332**	**0.337**

四、海洋经济绿色发展得分测算

（一）海洋经济绿色发展综合得分测算

通过对2006～2016年的指标数据进行组合赋权得到指标的组合权重，运用线性加权综合法计算得到海洋经济绿色发展综合评价结果。2006～2016年我国沿海各省份海洋经济绿色发展综合得分（*CI*）的测算结果如表5－9所示。2006～2016年全国及三大经济圈的海洋经济绿色发展综合得分（*CI*）的测算结果如表5－10所示。

表5－9　2006～2016年沿海各省份海洋经济绿色发展综合得分（*CI*）

省份	2006年	2007年	2008年	2009年	2010年	2011年	2012年	2013年	2014年	2015年	2016年
辽宁	1.1963	1.2258	0.6499	1.0298	0.9623	0.9515	1.0133	1.1047	1.1766	1.2094	1.1995
河北	0.7355	0.7217	0.7406	0.5626	0.5889	0.6339	0.7757	0.7138	0.8289	0.7790	0.7337
天津	2.3028	2.3651	2.1965	1.2770	1.3092	1.3086	1.3332	1.3796	1.4140	1.3850	1.2627
山东	0.8543	0.8984	1.0952	0.9735	1.0491	1.0753	1.1365	1.2210	1.3597	1.3653	1.4309
江苏	0.9349	1.0057	1.0241	0.9282	0.9368	1.0639	1.0917	1.1598	1.1920	1.3666	1.1387
上海	1.2544	1.2941	1.3274	1.3437	1.4542	1.4377	1.5484	1.6374	1.6308	1.7028	1.8202
浙江	0.6202	0.6387	0.6440	0.7419	0.7729	0.8071	0.8244	0.9034	0.9288	0.9606	0.9531
福建	0.7468	0.7736	0.7378	0.7990	0.8230	0.7806	0.8266	0.9627	1.0435	1.1039	1.0807
广东	0.7599	0.7844	0.8589	0.9326	1.0409	1.0121	1.0411	1.1121	1.2174	1.3488	1.3245
广西	0.4239	0.4231	0.4178	0.4631	0.4503	0.4996	0.5230	0.5457	0.7027	0.7404	0.6147
海南	0.6017	0.6299	0.6258	0.6163	0.7621	0.6737	0.6777	0.7182	0.7216	0.7156	0.7514

表5－10　2006～2016年全国及三大经济圈海洋经济绿色发展综合得分（*CI*）

区域	2006年	2007年	2008年	2009年	2010年	2011年	2012年	2013年	2014年	2015年	2016年
全国	0.948	0.978	0.938	0.879	0.923	0.931	0.981	1.042	1.111	1.153	1.119
环渤海地区	1.272	1.303	1.171	0.961	0.977	0.992	1.065	1.105	1.195	1.185	1.157
长三角地区	0.937	0.980	0.999	1.005	1.055	1.103	1.155	1.234	1.251	1.343	1.304

续表

区域	2006 年	2007 年	2008 年	2009 年	2010 年	2011 年	2012 年	2013 年	2014 年	2015 年	2016 年
泛珠三角地区	0.633	0.653	0.660	0.703	0.769	0.742	0.767	0.835	0.921	0.977	0.943

（二）海洋经济绿色发展分维度得分测算

海洋经济绿色发展指标体系由三个维度构成，分别为海洋经济、海洋社会发展、海洋环境，即海洋经济绿色发展综合得分由海洋经济得分、海洋社会发展得分、海洋环境得分三个维度得分构成。运用相同的测算方法，测算2006～2016年我国沿海各省份及全国层面的海洋经济得分、海洋社会发展得分、海洋环境得分。由于在测算过程中，原始指标数据均经过正向化，所以所测算出来综合得分和各维度得分也均是正向，即测算的得分数值越高，海洋经济绿色发展水平越高。

1. 海洋经济得分测算

在前文构建的海洋经济绿色发展指标体系中，海洋经济又进一步细分为海洋经济规模和海洋经济质量两个维度。因此，本章测算的海洋经济得分是由海洋经济规模得分和海洋经济质量得分构成。海洋经济得分（*EI*）的测算结果如表5－11所示，海洋经济规模得分和海洋经济质量得分的测算结果分别在表5－11中列示。

2. 海洋社会发展得分测算

海洋社会发展又进一步细分为人民生活和海洋科研两个维度。因此，本章测算的海洋社会发展得分是由人民生活得分和海洋科研得分构成。海洋社会发展得分（*SI*）的测算结果如表5－12所示，人民生活得分和海洋科研得分测算结果分别在表5－12中列示。

3. 海洋环境得分测算

海洋环境又进一步细分为海洋环境污染和海洋环境保护两个维度。因此，本章测算的海洋环境得分是由海洋环境污染得分和海洋环境保护得分构成。海洋环境得分（*HI*）的测算结果如表5－13所示，海洋环境污染得分和海洋环境保护得分的测算结果分别在表5－13中列示。

表 5 - 11　2006 ~ 2016 年沿海各省份及全国层面海洋经济得分

类别	区域	2006 年	2007 年	2008 年	2009 年	2010 年	2011 年	2012 年	2013 年	2014 年	2015 年	2016 年
海洋经济得分（*EI*）	辽宁	0. 1690	0. 1764	0. 1835	0. 2104	0. 2277	0. 2505	0. 2537	0. 2644	0. 2754	0. 2611	0. 2691
	河北	0. 2510	0. 2429	0. 2450	0. 1314	0. 1755	0. 2082	0. 2360	0. 2421	0. 2921	0. 3141	0. 2978
	天津	0. 2676	0. 2792	0. 2773	0. 3120	0. 3752	0. 3586	0. 3936	0. 4336	0. 4571	0. 4542	0. 3660
	山东	0. 2232	0. 2477	0. 2752	0. 3190	0. 3717	0. 3716	0. 4176	0. 4332	0. 5038	0. 5754	0. 6163
	江苏	0. 1439	0. 1916	0. 1971	0. 2015	0. 3164	0. 3413	0. 3800	0. 3777	0. 4321	0. 4885	0. 5350
	上海	0. 4343	0. 4301	0. 4391	0. 4168	0. 5086	0. 5028	0. 5632	0. 5981	0. 5655	0. 6282	0. 6780
	浙江	0. 1350	0. 1519	0. 1708	0. 2424	0. 2609	0. 2673	0. 2901	0. 2902	0. 2938	0. 3311	0. 3578
	福建	0. 2320	0. 2639	0. 2597	0. 3224	0. 3416	0. 3332	0. 3396	0. 3542	0. 3998	0. 4778	0. 5259
	广东	0. 2205	0. 2266	0. 2699	0. 3428	0. 3999	0. 3892	0. 4530	0. 4748	0. 5435	0. 6090	0. 6654
	广西	0. 1252	0. 1234	0. 1262	0. 1334	0. 1600	0. 1621	0. 1983	0. 2197	0. 2527	0. 2883	0. 3234
	海南	0. 2401	0. 2566	0. 2563	0. 2760	0. 2728	0. 2597	0. 2747	0. 2894	0. 2679	0. 2966	0. 3245
	全国	0. 2220	0. 2355	0. 2455	0. 2644	0. 3100	0. 3131	0. 3454	0. 3616	0. 3894	0. 4295	0. 4508
海洋经济规模得分	辽宁	0. 0773	0. 0868	0. 0958	0. 1071	0. 1219	0. 1430	0. 1470	0. 1591	0. 1743	0. 1649	0. 1670
	河北	0. 1481	0. 1422	0. 1419	0. 0724	0. 0984	0. 1197	0. 1391	0. 1448	0. 1851	0. 2040	0. 1956
	天津	0. 0910	0. 1011	0. 1061	0. 1270	0. 1695	0. 1680	0. 1867	0. 2098	0. 2339	0. 2389	0. 1895
	山东	0. 1111	0. 1300	0. 1509	0. 1773	0. 2195	0. 2258	0. 2641	0. 2801	0. 3465	0. 4092	0. 4497
	江苏	0. 0655	0. 0986	0. 1029	0. 0981	0. 1787	0. 2008	0. 2321	0. 2339	0. 2849	0. 3321	0. 3740
	上海	0. 1782	0. 1735	0. 1822	0. 1670	0. 2057	0. 1967	0. 2150	0. 2240	0. 2244	0. 2570	0. 2836
	浙江	0. 0428	0. 0563	0. 0711	0. 1087	0. 1228	0. 1299	0. 1486	0. 1556	0. 1681	0. 2000	0. 2242
	福建	0. 0850	0. 1085	0. 1202	0. 1521	0. 1684	0. 1728	0. 1823	0. 1997	0. 2458	0. 3093	0. 3537

续表

类别	区域	2006 年	2007 年	2008 年	2009 年	2010 年	2011 年	2012 年	2013 年	2014 年	2015 年	2016 年
海洋经济规模得分	广东	0. 0876	0. 0945	0. 1289	0. 1710	0. 2149	0. 2152	0. 2613	0. 2770	0. 3454	0. 4052	0. 4596
	广西	0. 0682	0. 0683	0. 0716	0. 0693	0. 0925	0. 0976	0. 1278	0. 1476	0. 1798	0. 2115	0. 2448
	海南	0. 0874	0. 0963	0. 0984	0. 1076	0. 1150	0. 1138	0. 1283	0. 1463	0. 1444	0. 1681	0. 1904
	全国	0. 0947	0. 1051	0. 1154	0. 1234	0. 1552	0. 1621	0. 1848	0. 1980	0. 2302	0. 2636	0. 2847
海洋经济质量得分	辽宁	0. 0917	0. 0896	0. 0877	0. 1033	0. 1058	0. 1074	0. 1066	0. 1054	0. 1010	0. 0962	0. 1021
	河北	0. 1029	0. 1008	0. 1031	0. 0590	0. 0771	0. 0885	0. 0969	0. 0972	0. 1071	0. 1101	0. 1022
	天津	0. 1766	0. 1781	0. 1712	0. 1850	0. 2057	0. 1905	0. 2069	0. 2237	0. 2232	0. 2153	0. 1765
	山东	0. 1122	0. 1177	0. 1243	0. 1418	0. 1522	0. 1458	0. 1535	0. 1531	0. 1573	0. 1662	0. 1666
	江苏	0. 0785	0. 0929	0. 0943	0. 1035	0. 1377	0. 1405	0. 1479	0. 1438	0. 1472	0. 1564	0. 1610
	上海	0. 2561	0. 2566	0. 2569	0. 2498	0. 3029	0. 3061	0. 3481	0. 3741	0. 3412	0. 3713	0. 3945
	浙江	0. 0922	0. 0955	0. 0997	0. 1337	0. 1381	0. 1374	0. 1415	0. 1346	0. 1257	0. 1311	0. 1336
	福建	0. 1470	0. 1553	0. 1395	0. 1703	0. 1733	0. 1604	0. 1573	0. 1545	0. 1540	0. 1684	0. 1722
	广东	0. 1329	0. 1321	0. 1411	0. 1717	0. 1850	0. 1740	0. 1917	0. 1978	0. 1981	0. 2038	0. 2057
	广西	0. 0570	0. 0551	0. 0546	0. 0641	0. 0675	0. 0645	0. 0705	0. 0721	0. 0730	0. 0768	0. 0786
	海南	0. 1527	0. 1602	0. 1579	0. 1684	0. 1578	0. 1459	0. 1464	0. 1431	0. 1235	0. 1286	0. 1341
	全国	0. 1273	0. 1304	0. 1300	0. 1410	0. 1548	0. 1510	0. 1607	0. 1636	0. 1592	0. 1658	0. 1661

表 5-12　　2006~2016 年沿海各省份及全国层面海洋社会发展得分（*SI*）

类别	区域	2006 年	2007 年	2008 年	2009 年	2010 年	2011 年	2012 年	2013 年	2014 年	2015 年	2016 年
海洋社会发展得分（*SI*）	辽宁	0. 1747	0. 1889	0. 2004	0. 3031	0. 3281	0. 3278	0. 3414	0. 3488	0. 3474	0. 4307	0. 3843
	河北	0. 1483	0. 1486	0. 1529	0. 1857	0. 1957	0. 1913	0. 1957	0. 1970	0. 1892	0. 2039	0. 2079
	天津	0. 4660	0. 4762	0. 4540	0. 5118	0. 5311	0. 5118	0. 5237	0. 5165	0. 4934	0. 5073	0. 4726
	山东	0. 2713	0. 2945	0. 3102	0. 3542	0. 3607	0. 3749	0. 4200	0. 4320	0. 4261	0. 4423	0. 4473
	江苏	0. 2156	0. 2249	0. 2422	0. 3624	0. 4296	0. 4653	0. 4856	0. 5311	0. 5052	0. 5632	0. 3721
	上海	0. 4170	0. 4492	0. 4575	0. 5610	0. 5929	0. 5953	0. 6402	0. 6870	0. 6467	0. 6755	0. 7139
	浙江	0. 2335	0. 2341	0. 2420	0. 2897	0. 3000	0. 3067	0. 3282	0. 3401	0. 3355	0. 3633	0. 3434
	福建	0. 1966	0. 2097	0. 2134	0. 2577	0. 2619	0. 2537	0. 2850	0. 2898	0. 3037	0. 2915	0. 2920
	广东	0. 2589	0. 2742	0. 2730	0. 3285	0. 3326	0. 3325	0. 3446	0. 3543	0. 3757	0. 4573	0. 4166
	广西	0. 0809	0. 0836	0. 0812	0. 1454	0. 1578	0. 1509	0. 1590	0. 1680	0. 2852	0. 2985	0. 1628
	海南	0. 1727	0. 1902	0. 1920	0. 2227	0. 2284	0. 2134	0. 2274	0. 2242	0. 2308	0. 2348	0. 2577
	全国	0. 2396	0. 2522	0. 2563	0. 3202	0. 3381	0. 3385	0. 3592	0. 3717	0. 3763	0. 4062	0. 3701
人民生活得分	辽宁	0. 1137	0. 1198	0. 1237	0. 1429	0. 1512	0. 1463	0. 1526	0. 1506	0. 1518	0. 1612	0. 1691
	河北	0. 0711	0. 0727	0. 0786	0. 0903	0. 0928	0. 0899	0. 0939	0. 0888	0. 0922	0. 0974	0. 1029
	天津	0. 1903	0. 1954	0. 1944	0. 2182	0. 2164	0. 2074	0. 2067	0. 1910	0. 1888	0. 1964	0. 2030
	山东	0. 1025	0. 1035	0. 1115	0. 1252	0. 1263	0. 1232	0. 1302	0. 1186	0. 1219	0. 1297	0. 1356
	江苏	0. 0768	0. 0782	0. 0827	0. 0988	0. 1031	0. 1076	0. 1165	0. 1133	0. 1163	0. 1227	0. 1296
	上海	0. 1781	0. 1845	0. 1775	0. 2061	0. 2184	0. 2076	0. 2098	0. 2029	0. 2067	0. 2160	0. 2259
	浙江	0. 1291	0. 1270	0. 1303	0. 1524	0. 1563	0. 1508	0. 1557	0. 1547	0. 1582	0. 1658	0. 1712
	福建	0. 1291	0. 1346	0. 1346	0. 1546	0. 1595	0. 1490	0. 1514	0. 1553	0. 1548	0. 1585	0. 1616

续表

类别	区域	2006 年	2007 年	2008 年	2009 年	2010 年	2011 年	2012 年	2013 年	2014 年	2015 年	2016 年
人民生活得分	广东	0. 1253	0. 1313	0. 1302	0. 1477	0. 1502	0. 1472	0. 1533	0. 1440	0. 1471	0. 1525	0. 1566
	广西	0. 0399	0. 0434	0. 0418	0. 0615	0. 0735	0. 0691	0. 0770	0. 0795	0. 0797	0. 0853	0. 0893
	海南	0. 1524	0. 1622	0. 1598	0. 1833	0. 1881	0. 1730	0. 1707	0. 1747	0. 1715	0. 1753	0. 1756
	全国	0. 1189	0. 1230	0. 1241	0. 1437	0. 1487	0. 1428	0. 1471	0. 1430	0. 1445	0. 1510	0. 1564
海洋科研得分	辽宁	0. 0610	0. 0691	0. 0766	0. 1603	0. 1768	0. 1815	0. 1888	0. 1983	0. 1956	0. 2695	0. 2152
	河北	0. 0772	0. 0758	0. 0743	0. 0955	0. 1029	0. 1014	0. 1018	0. 1082	0. 0971	0. 1065	0. 1051
	天津	0. 2757	0. 2808	0. 2596	0. 2936	0. 3147	0. 3044	0. 3170	0. 3255	0. 3046	0. 3109	0. 2697
	山东	0. 1688	0. 1909	0. 1986	0. 2290	0. 2344	0. 2517	0. 2898	0. 3134	0. 3041	0. 3126	0. 3117
	江苏	0. 1388	0. 1467	0. 1595	0. 2636	0. 3265	0. 3578	0. 3691	0. 4178	0. 3889	0. 4405	0. 2425
	上海	0. 2389	0. 2647	0. 2800	0. 3549	0. 3745	0. 3877	0. 4304	0. 4841	0. 4400	0. 4595	0. 4880
	浙江	0. 1044	0. 1070	0. 1118	0. 1372	0. 1437	0. 1559	0. 1725	0. 1854	0. 1773	0. 1975	0. 1722
	福建	0. 0675	0. 0751	0. 0788	0. 1031	0. 1024	0. 1047	0. 1336	0. 1345	0. 1489	0. 1330	0. 1305
	广东	0. 1337	0. 1429	0. 1428	0. 1808	0. 1824	0. 1853	0. 1913	0. 2103	0. 2287	0. 3048	0. 2601
	广西	0. 0410	0. 0402	0. 0394	0. 0839	0. 0843	0. 0817	0. 0820	0. 0885	0. 2055	0. 2131	0. 0736
	海南	0. 0203	0. 0280	0. 0322	0. 0393	0. 0403	0. 0404	0. 0567	0. 0495	0. 0593	0. 0595	0. 0821
	全国	0. 1207	0. 1292	0. 1322	0. 1765	0. 1894	0. 1957	0. 2121	0. 2287	0. 2318	0. 2552	0. 2137

表 5-13　　2006~2016 年沿海各省份及全国层面海洋环境得分（*HI*）

类别	区域	2006 年	2007 年	2008 年	2009 年	2010 年	2011 年	2012 年	2013 年	2014 年	2015 年	2016 年
海洋环境得分（*HI*）	辽宁	0.8526	0.8605	0.2661	0.5162	0.4066	0.3733	0.4182	0.4915	0.5538	0.5176	0.5461
	河北	0.3361	0.3302	0.3426	0.2454	0.2178	0.2344	0.3441	0.2748	0.3476	0.2610	0.2281
	天津	1.5692	1.6096	1.4652	0.4531	0.4029	0.4383	0.4159	0.4296	0.4636	0.4234	0.4241
	山东	0.3598	0.3562	0.5099	0.3002	0.3167	0.3288	0.2989	0.3558	0.4299	0.3477	0.3672
	江苏	0.5754	0.5891	0.5847	0.3642	0.1907	0.2573	0.2262	0.2510	0.2547	0.3149	0.2316
	上海	0.4031	0.4149	0.4308	0.3659	0.3527	0.3396	0.3450	0.3523	0.4186	0.3991	0.4282
	浙江	0.2517	0.2528	0.2312	0.2098	0.2119	0.2331	0.2061	0.2730	0.2994	0.2662	0.2519
	福建	0.3182	0.3000	0.2647	0.2189	0.2195	0.1937	0.2019	0.3187	0.3401	0.3347	0.2628
	广东	0.2804	0.2835	0.3159	0.2613	0.3085	0.2904	0.2435	0.2831	0.2981	0.2825	0.2425
	广西	0.2178	0.2161	0.2104	0.1842	0.1325	0.1866	0.1657	0.1580	0.1648	0.1536	0.1285
	海南	0.1889	0.1831	0.1775	0.1176	0.2609	0.2006	0.1757	0.2047	0.2229	0.1842	0.1691
	全国	0.4867	0.4906	0.4363	0.2943	0.2746	0.2797	0.2765	0.3084	0.3449	0.3168	0.2982
海洋环境污染得分	辽宁	0.0553	0.0587	0.0692	0.0484	0.0405	0.0375	0.0379	0.0426	0.0372	0.0436	0.0485
	河北	0.0646	0.0651	0.0506	0.0494	0.0539	0.0649	0.0671	0.0602	0.0657	0.0554	0.0519
	天津	0.0737	0.0803	0.0832	0.0591	0.0525	0.1094	0.0888	0.0725	0.0785	0.0681	0.0576
	山东	0.0808	0.0855	0.0870	0.0631	0.0549	0.1011	0.0845	0.0692	0.0747	0.0651	0.0561
	江苏	0.0830	0.0874	0.0885	0.0634	0.0562	0.1069	0.0882	0.0724	0.0783	0.0665	0.0567
	上海	0.0379	0.0335	0.0616	0.0587	0.0524	0.0513	0.0448	0.0385	0.0408	0.0375	0.0365
	浙江	0.0822	0.0862	0.0871	0.0633	0.0554	0.1066	0.0879	0.0720	0.0780	0.0669	0.0569
	福建	0.0695	0.0712	0.0752	0.0530	0.0470	0.0429	0.0683	0.0558	0.0598	0.0547	0.0488

续表

类别	区域	2006年	2007年	2008年	2009年	2010年	2011年	2012年	2013年	2014年	2015年	2016年
海洋环境污染得分	广东	0.0832	0.0867	0.0882	0.0640	0.0563	0.1080	0.0889	0.0723	0.0790	0.0678	0.0574
	广西	0.0807	0.0850	0.0558	0.0620	0.0555	0.1038	0.0864	0.0682	0.0737	0.0632	0.0550
	海南	0.0836	0.0883	0.0887	0.0645	0.0566	0.1091	0.0897	0.0732	0.0792	0.0679	0.0576
	全国	0.0722	0.0753	0.0759	0.0590	0.0528	0.0856	0.0757	0.0634	0.0677	0.0597	0.0530
海洋环境保护得分	辽宁	0.7973	0.8019	0.1969	0.4678	0.3661	0.3357	0.3804	0.4489	0.5166	0.4740	0.4976
	河北	0.2716	0.2651	0.2920	0.1960	0.1639	0.1696	0.2771	0.2146	0.2819	0.2056	0.1761
	天津	1.4955	1.5293	1.3820	0.3940	0.3505	0.3289	0.3271	0.3571	0.3851	0.3553	0.3664
	山东	0.2790	0.2707	0.4229	0.2371	0.2618	0.2277	0.2144	0.2866	0.3552	0.2826	0.3111
	江苏	0.4924	0.5018	0.4962	0.3008	0.1345	0.1504	0.1379	0.1786	0.1764	0.2484	0.1749
	上海	0.3651	0.3814	0.3692	0.3072	0.3004	0.2884	0.3002	0.3137	0.3778	0.3616	0.3917
	浙江	0.1695	0.1666	0.1441	0.1465	0.1565	0.1265	0.1182	0.2010	0.2214	0.1994	0.1950
	福建	0.2487	0.2288	0.1895	0.1659	0.1725	0.1508	0.1336	0.2629	0.2803	0.2800	0.2139
	广东	0.1973	0.1968	0.2277	0.1973	0.2522	0.1824	0.1546	0.2107	0.2191	0.2148	0.1850
	广西	0.1371	0.1310	0.1546	0.1222	0.0770	0.0828	0.0792	0.0899	0.0911	0.0904	0.0735
	海南	0.1053	0.0949	0.0887	0.0531	0.2043	0.0915	0.0860	0.1314	0.1437	0.1163	0.1115
	全国	0.4144	0.4153	0.3603	0.2353	0.2218	0.1941	0.2008	0.2450	0.2771	0.2571	0.2452

五、小结

本节基于海洋经济绿色发展指标体系，收集我国沿海 11 省份的指标数据。对数据进行正向化和无量纲化处理后，分别使用熵值法、变异系数法和相关系数法对指标体系进行赋权，对三种单一赋权法进行一致性检验。由于结果没通过一致性检验，因此采用基于 CRITIC 原理的组合赋权法确定海洋经济绿色发展指标体系的组合权重。基于组合权重对我国海洋经济绿色发展水平进行测算，得到 2006～2016 年我国沿海省份海洋经济绿色发展综合得分及海洋经济、海洋社会发展、海洋环境三个维度的得分。

第三节　海洋经济绿色发展实证分析

一、全国海洋经济绿色发展水平特征分析

（一）全国海洋经济绿色发展综合得分特征分析

我国海洋经济绿色发展起步相对较晚，发展历程相对较短。根据表 5－9、表5－10 和图5－2（a），可以发现2006～2016 年我国海洋经济绿色发展综合得分整体呈上升趋势。

图 5－2（b）中可以看出 2006～2016 年我国海洋经济得分和海洋社会发展得分均呈现逐年上升趋势，且海洋经济增长速度快于海洋社会发展速度，反映出 2006～2016 年我国海洋经济和海洋社会发展均正向发展，且海洋经济的发展势头相对较好。而海洋环境得分在 2006～2008 年相对较高，2009 年之后得分数值变动不大，基本呈水平波动。2006～2008 年我国海洋环境得分数值相对较高的原因主要是天津、江苏海洋保护区面积较大，2006～2008 年天津、江苏海洋保护区面积分别在 1400 平方公里、5000 平方公里左右波动①。海洋保护区面积

① 2007～2009 年《中国海洋统计年鉴》。

较大，则海洋保护区覆盖率也相对较高，从而提升了全国海洋环境的整体保护水平，海洋环境得分相对较高。而2009年之后，天津和江苏的海洋保护区面积骤减且缩小幅度较大，天津海洋保护区面积小于400平方公里，江苏海洋保护区面积小于800平方公里①，这使得我国海洋环境的整体保护水平相对于2009年之前有所下滑。

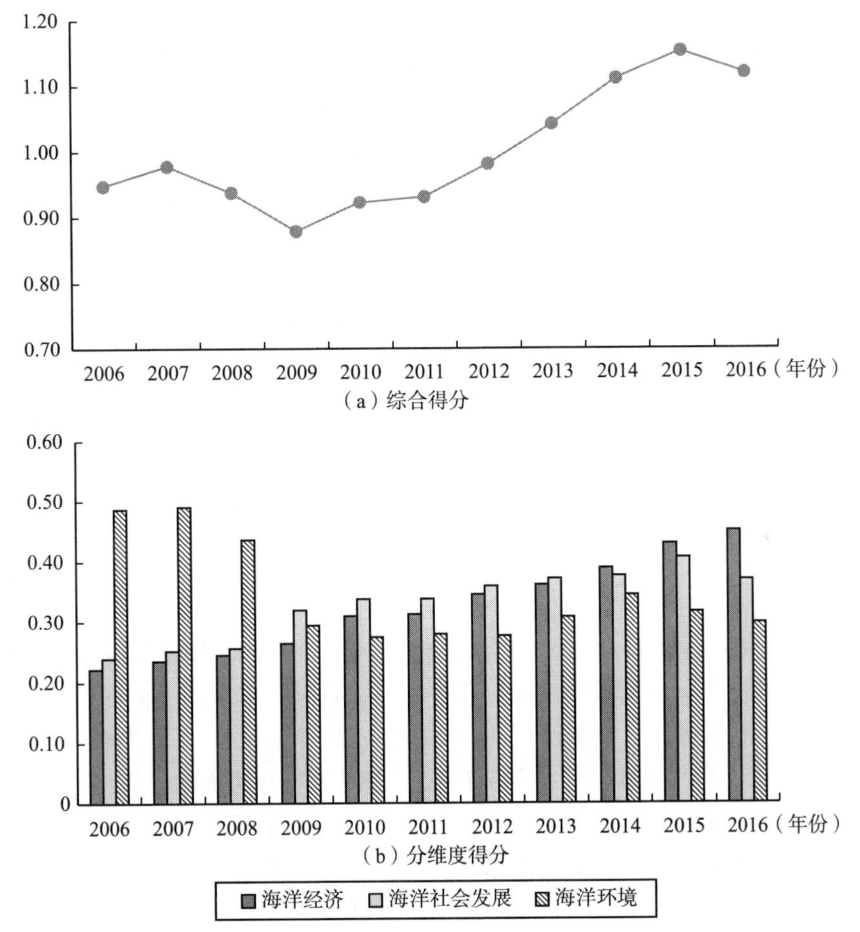

图5－2　2006～2016年我国海洋经济绿色发展综合得分与分维度得分

① 2010～2017年《中国海洋统计年鉴》。

为了进一步研究组成结构的变化趋势，本节截取2006年、2011年、2016年三年的综合得分及分维度得分，计算贡献率，结果如表5-14所示。从表5-14中我国海洋经济绿色发展综合得分的组成结构来看，2006~2016年海洋经济和海洋社会发展对海洋经济绿色发展综合水平的贡献率不断提升，而海洋环境的贡献率相对有所下滑，反映出2006~2016年我国对于海洋经济和海洋社会发展较为重视，但海洋环境的保护意识相对较弱。因此，2006~2016年，我国海洋经济水平和海洋社会发展水平得到了大幅度提升，但海洋环境仍亟须改善。

表5-14　　我国海洋经济绿色发展综合得分的组成结构

组成结构	2006年		2011年		2016年	
	得分	贡献率（%）	得分	贡献率（%）	得分	贡献率（%）
海洋经济水平	0.2220	23.41	0.3131	33.62	0.4508	40.28
海洋社会发展水平	0.2396	25.27	0.3385	36.35	0.3701	33.07
海洋环境水平	0.4867	51.32	0.2797	30.03	0.2982	26.65
海洋经济绿色发展综合水平	0.9483	100.00	0.9313	100.00	1.1191	100.00

（二）全国海洋经济绿色发展分维度得分特征分析

1. 海洋经济得分

根据图5-3（a），从海洋经济整体角度看，2006~2016年我国海洋经济得分逐年增长，呈现接近线性增长趋势，说明2006~2016年我国海洋经济发展水平整体有所提高。根据图5-3（b），从海洋经济规模方面来看，与海洋经济整体水平的发展趋势一致，逐年攀升。由图5-3可以明显看出，我国海洋经济的增长越来越依赖于海洋经济规模的拉动，海洋经济规模的扩大对海洋经济整体水平的提升贡献逐渐增大。我国海洋生产总值逐年增加，但海洋生产总值对国内生产总值的贡献率没有大幅增加，说明海洋经济增长速度虽然较快，但与国内生产总值增长速度相比，仍没有明显的赶超现象，海洋经济增长速度只是略微快于国内生产总值增长速度。海洋经济质量方面，呈现平稳上升趋势，提升幅度非常微弱。虽然2006~2016年海洋经济质量有所提高，但相对于海洋经济规模，海洋经济质量的增长速度仍较为缓慢。这也反映出我国目前海洋经济发展的现状，重视海洋经济总量的发展，但忽视了海洋经济质量的提升。虽然2006~2016年海洋经济有所增长，但整体发展水平仍相对较低。

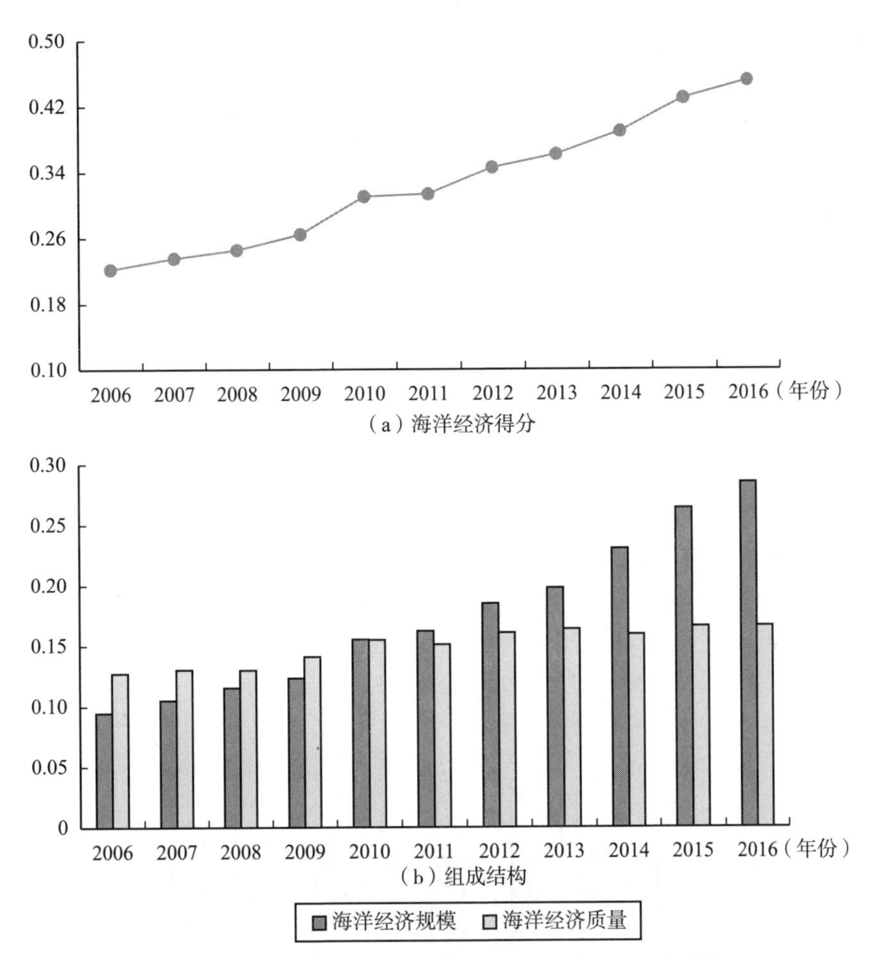

图5－3　2006~2016年我国海洋经济得分及其组成结构

2. 海洋社会发展得分

根据图5－4（a），从海洋社会发展整体角度看，2006~2016年我国海洋社会发展得分呈现上升的态势，海洋社会发展水平稳定提升。2006~2008年海洋社会发展水平相对较低，发展也较慢；2009年有明显提升，并在之后保持相对较高水平。2009 年及之后年份的海洋社会发展水平的提升，主要是由于海洋科研水平的提升。根据图 5 -4（b）中，从人民生活水平方面来看，2006 ~2016 年我国人民生活得分保持平缓发展，虽然有所增长，但是其增长速度相对落后于海洋社会发展整体增长速度，这是正常的现象。人民生活水平的提高本身就是一个相对漫长的进程，需要较长的时间才能实现较为显著的提升，本章所研究的时间长度仅为11 年，只是人民生活水平提升进程中短暂的一段时期。2006 ~2016 年我国人民生活水平总体上有所提升，惠民政

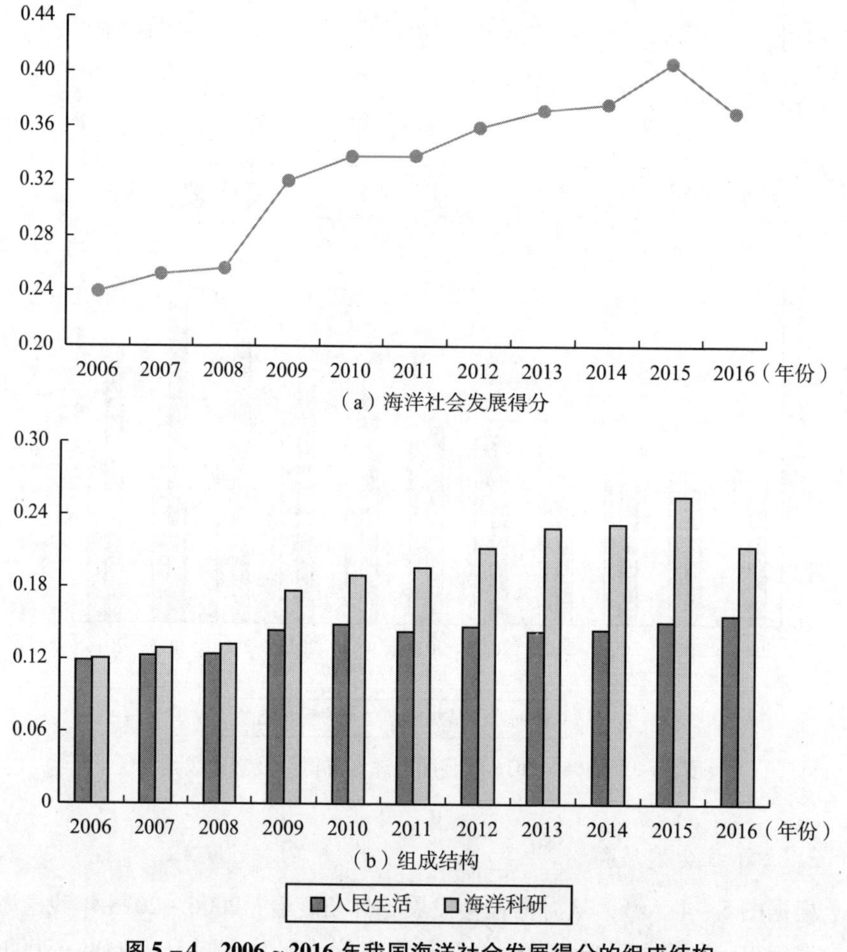

图 5 -4　2006 ~2016 年我国海洋社会发展得分的组成结构

策的落地，切实地改善了民生，提高了人民生活质量。从海洋科研水平方面来看，2006～2008年我国海洋科研得分呈现平缓上升趋势。从2009年开始，海洋科研水平有大幅度提升，且2009年之后海洋科研水平逐年递增，但在2016年有所回落。随着对科技研究的大力倡导，我国对海洋科研的重视程度和投入力度逐渐加大，海洋科研机构数逐年增加，海洋科研创新能力逐年增强，海洋科研机构平均经费收入不断增加，海洋科研实力不断增强。但2016年，沿海多省份的海洋科研机构数、海洋科研创新能力、海洋科研机构平均经费收入均有所下降，导致了我国2016年海洋科研水平有所降低。整体上而言，随着时间的推移，海洋科研对海洋社会发展的贡献逐渐增加，作用越发明显。

3. 海洋环境得分

根据图5－5（a），从海洋环境整体角度看，海洋环境得分在2006～2008年保持较高的水平，2009年海洋环境得分大幅下降，在2009年之后得分数值变动不大，基本呈水平波动。相对于2009年之前，2009年及之后年份的海洋环境保护得分明显下降，导致了海洋环境得分整体有所下降。根据图5－5（b），分析我国海洋环境得分的组成结构。从海洋环境污染方面来看，相对于海洋环境保护得分，2006～2016年我国海洋环境污染得分波动较小，但整体上呈现轻微下降趋势。海洋环境污染得分轻微下降，主要是由于部分省份的海洋环境污染加重，如河北、江苏、广西等省份的单位海域工业废水直排入海量、单位海域化学需氧量直排入海量增加，导致海洋环境污染加重，海洋生态环境有所恶化。从海洋环境保护方面来看，我国的海洋环境保护得分在2006～2008年相对较高，2009年之后基本水平波动。2009年之前，我国海洋环境保护得分较高，2009年及之后的年份，海洋环境保护得分相对较低。海洋环境保护得分在2009年大幅度下降且在之后年份相对较低。一方面，由于部分省份的海洋保护区面积大幅缩小，导致其海洋保护区覆盖率大幅度降低，海洋生态环境的保护程度有所下降；另一方面，虽然环境污染治理投资总额逐年递增，但是相对于经济产出的比例却逐年下降，说明海洋环境治理和保护的速度跟不上经济发展速度，所以整体而言海洋环境污染治理的力度有待于进一步加强。

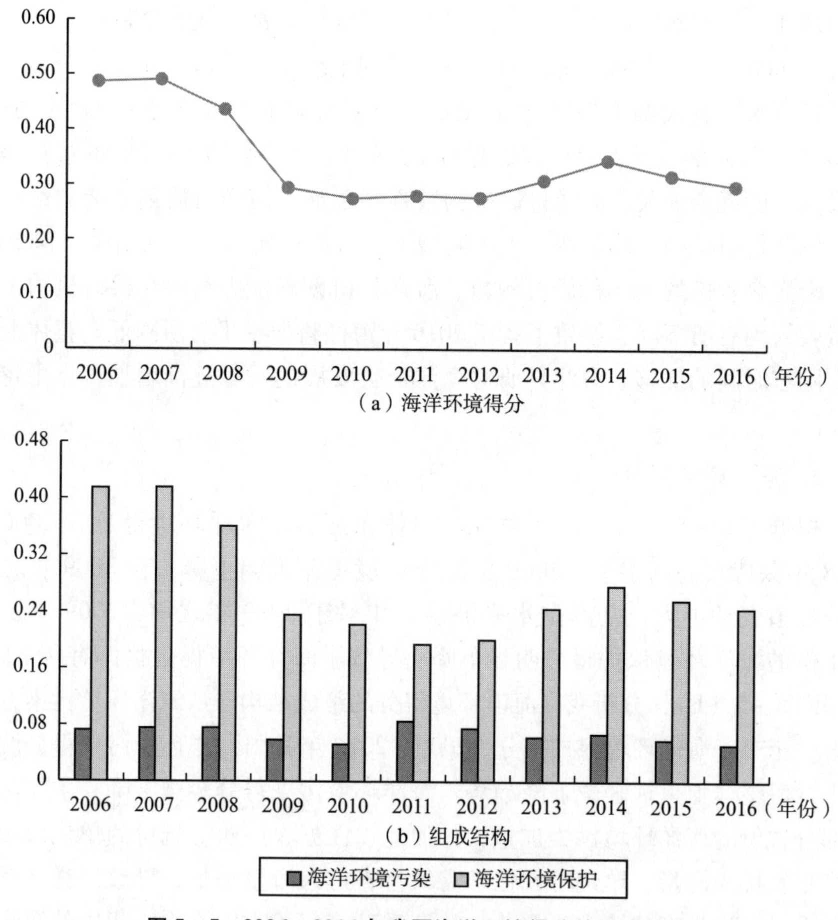

图 5-5　2006~2016 年我国海洋环境得分的组成结构

（三）全国海洋经济绿色发展水平动态演变特征分析

前文从时间趋势和结构组成角度对我国海洋经济绿色发展综合得分和分维度得分进行了细致的分析，对我国海洋经济绿色发展水平的发展趋势有了初步的了解。但这些分析仅限于对趋势和结构的分析，无法进一步获知我国海洋经济绿色发展综合得分和分维度得分的动态演变特征。核密度估计法通过对比密度图的形状、峰值等信息，能更为直观地呈现海洋经济绿色发展的时间演变特征。因此，本章接下来采用核密度估计法对我国海洋经济绿色发展水平进行深入的研究。

1. 核密度估计法原理

核密度估计属于非参数检验范畴，主要用于估计概率密度。χ_1，χ_2，…，χ_n 为独立分布 F 的 n 个样本，设其概率密度函数为 f，则核密度估计的形式为：

$$f_h(x) = \frac{1}{n}\sum_{i=1}^{n}(x - x_i) = \frac{1}{nh}\sum_{i=1}^{n}K_h\left(\frac{x - x_i}{h}\right) \tag{5-44}$$

简化可得：

$$f_h(x) = \frac{1}{nh}\sum_{i=1}^{n}K\left(\frac{x - x_i}{h}\right) \tag{5-45}$$

K 为核函数并且是一个加权函数，包括 Uniform 核、Triangular 核、Epanechnikov 核、Gaussian 核等，本书选取 Gaussian 核对我国海洋经济绿色发展水平时间演化过程进行估计，其函数表达式：

$$\frac{1}{\sqrt{2\pi}}e^{-\frac{1}{2}t^2} \tag{5-46}$$

核密度估计没有确切的函数表达式，常用图形的形状来分析其分布，通过对比图形信息，对演变规律进行分析。

2. 我国海洋经济绿色发展水平动态演变特征分析

本节采用我国海洋经济绿色发展综合得分和各分维度得分数据绘制核密度估计图（见图 5－6 和图 5－7）。由于研究的是海洋经济绿色发展水平的演变

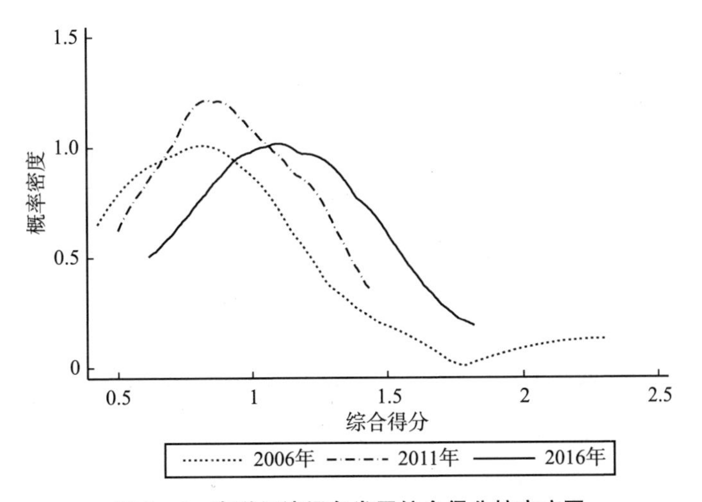

图 5－6　海洋经济绿色发展综合得分核密度图

过程，为方便观察演变特征，本节选取首尾年份 2006 年、2016 年及中间年份 2011 年的海洋经济绿色发展综合得分和分维度得分作为代表样本绘制核密度图，选取这 3 个年份的核密度图能大致描绘出我国海洋经济绿色发展水平的动态演变特征。图 5 －6 是我国海洋经济发展综合得分的核密度图；图5 –7中（a）（b）（c）分别是海洋经济得分、海洋社会发展得分、海洋环境得分的核密度图。横轴表示我国海洋经济绿色发展综合得分（见图 5 –6）及分维度得分（见图 5 –7），纵轴是概率密度。

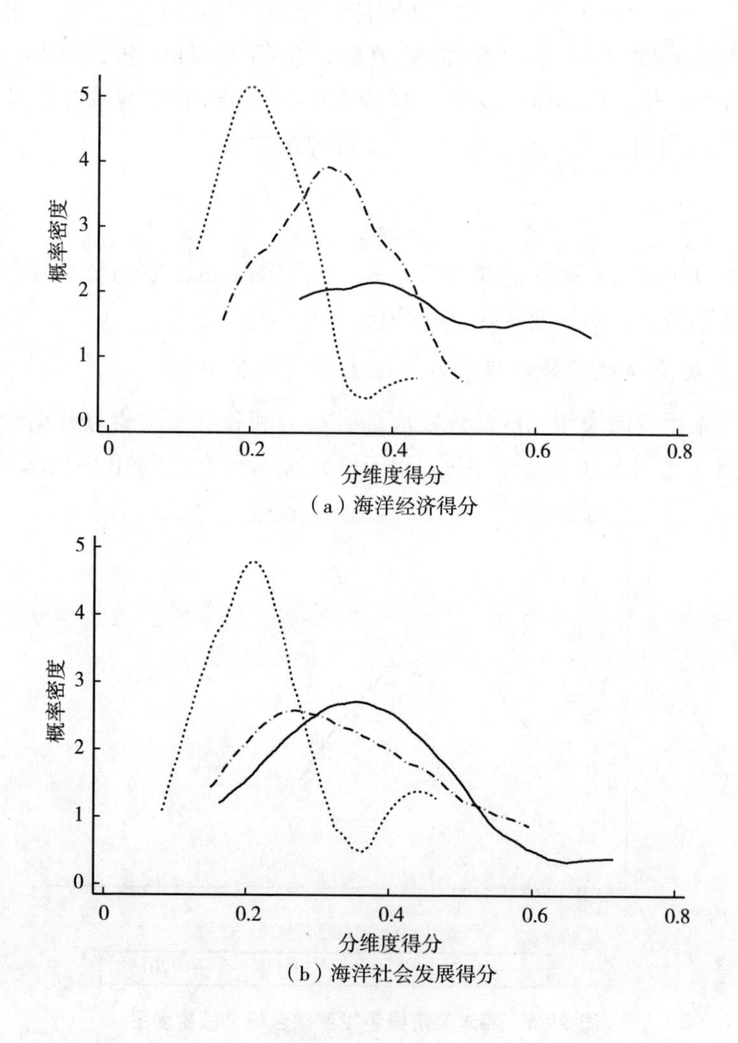

（a）海洋经济得分

（b）海洋社会发展得分

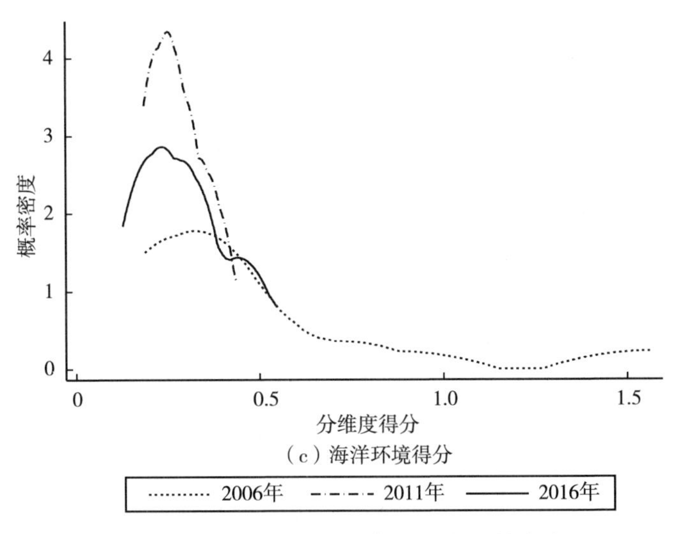

（c）海洋环境得分

图 5 –7　海洋经济绿色发展分维度得分核密度图

（1）我国海洋经济绿色发展综合得分动态演变特征分析。

根据图 5 –6 海洋经济绿色发展综合得分核密度图，可以大致了解我国海洋经济绿色发展水平的演变过程，演变特征如下：

第一，从位置上看。2006 年、2011 年、2016 年这三年的密度函数中心整体上呈现右移趋势，但是右移幅度较小，反映出我国海洋经济绿色发展水平总体上有所提升，但提升幅度不大。具体来看，2006 年和 2011 年的密度函数中心基本没有明显变化，2016 年相对于 2011 年右移的幅度较大，这说明在 2006 ~2011 年期间，我国海洋经济绿色发展水平总体上没有显著的提升；在 2011 年后的提升相对较为明显，海洋经济绿色发展成果初见成效。

第二，从形状上看。2006 年、2011 年、2016 年这三年的核密度曲线大体上均为单峰分布，但是 2006 年的核密度曲线有明显的拖尾现象，反映出 2006 年我国各地区的海洋经济绿色发展水平存在一定程度的两极分化现象，地区间差异较大，例如，2006 年天津的海洋经济绿色发展水平全国最高，与其他省份拉开较大的差异；2011 年和 2016 年我国海洋经济绿色发展水平的地区间差异有所缩小。

第三，从分布上来看。就偏态而言，2006 年的密度曲线呈现明显的正偏态分布，表明 2006 年我国海洋经济绿色发展水平较低的省份数量多于海洋经济绿色发展水平较高的省份数量；随着时间的推移，偏斜程度逐渐降低，说明在研究期间我国海洋经济绿色发展水平处于中下游的多个省份迎头奋进，推进海洋经济绿色发展进程并取得了一定的成效。就峰度而言，2006 年、2011 年、2016 年这三年的核密度曲线均呈现宽峰形的特征，反映出随着时间的推移，我国沿海省份的海洋经济绿色发展水平差距有所缩小，但各省份海洋经济绿色发展水平的分布依然相对较为分散。

（2）我国海洋经济绿色发展分维度得分动态演变特征分析。

通过对我国海洋经济绿色发展综合水平的动态演变进行分析，对我国海洋经济绿色发展水平整体特征有初步的了解。分析我国海洋经济绿色发展三个分维度得分的变化情况，可以进一步探究我国海洋经济绿色发展动态演变的更深层次特征。

根据图 5 – 7（a）海洋经济得分的核密度图，从位置上看，可以发现 2006 年、2011 年、2016 年这三年我国海洋经济密度曲线的密度中心呈现明显的右移趋势，反映出 2006 ~ 2016 年我国海洋经济水平有显著提升。从形状上看，核密度曲线的峰形由细长尖峭的窄峰向平缓的宽峰发展，说明随着时间的推移，我国沿海各省份之间的海洋经济水平分布由集中向分散的趋势变动；峰值对应的核密度数值不断降低，高峰值区域由集中在海洋经济中低等水平向各层次水平变化，意味着我国原先中低水平的地区随着时间的推移不断分化，由多数集中于中低水平向各层次水平平均分布变化。

根据图 5 – 7（b）海洋社会发展得分的核密度图，从位置上看，可以发现 2006 年、2011 年、2016 年这三年我国海洋社会发展得分的曲线也是呈现明显的右移趋势，说明 2006 ~ 2016 年我国海洋社会发展水平逐年稳步提升。从形状上看，2006 年我国海洋社会发展的核密度曲线较为陡峭且呈现双峰分布，且左侧峰值对应的核密度数值相对于右侧峰值对应的核密度数值较高，说明 2006 年我国海洋社会发展水平呈现两极分化，沿海各省份之间的差异较大，海洋社会发展水平较低的省份数量多于海洋社会发展水平高的省份数量；2011 年和 2016 年的核密度曲线为单峰分布且波峰较为平缓，这在一定程度上反映我国沿海各省份间的海洋社会发展水平的差异有所缩小。

根据图 5 – 7（c）海洋环境得分的核密度图，从位置上看，可以发现 2006 年、2011 年、2016 年这三年我国海洋环境密度曲线的密度函数中心没有明显右移趋势，甚至有轻微的左移趋势，反映出我国海洋环境在研究期间整体上没有得到较好的改善，且有一定程度的恶化现象。2006 年的密度曲线呈现明显的拖尾现象，而 2016 年的密度曲线则呈现断尾现象，反映出 2006 年海洋环境较好的省份在经过 2006 ~ 2016 年的发展后，海洋环境有所恶化，海洋生态环境相对较差。从形状上看，2006 ~ 2016 年我国海洋环境的核密度曲线由平缓的宽峰向陡峭的窄峰发展，高峰值区域主要集中在海洋环境水平较低的地区。整体而言，2006 ~ 2016 年我国多数省份海洋环境水平没有显著改善迹象，甚至有所恶化。

二、省域海洋经济绿色发展水平特征分析

（一）省域海洋经济绿色发展综合得分特征分析

根据表 5 - 9 沿海各省份海洋经济绿色发展综合得分，可以发现除了天津呈现大幅下降趋势、河北和辽宁没有显著变化外，我国沿海大多数省份海洋经济绿色发展水平呈现上升趋势，大多数省份海洋经济绿色发展水平有不同幅度的提升。其中，山东、上海、广东的提升幅度较大，提升速度较快，属于海洋经济绿色发展高速增长地区；河北和辽宁没有显著提升，变化不大，而天津则出现了显著负增长，属于海洋经济绿色发展低速增长地区。

根据表 5 - 15，从 2016 年的海洋经济绿色发展综合得分来看，最高为上海 1.8202，最低为广西 0.6147，即 2016 年我国海洋经济绿色发展水平最高的地区是上海，最低的地区是广西。从各省份海洋经济绿色发展综合得分排名来看，2016 年我国海洋经济绿色发展综合得分由高到低依次排序分别是：上海、山东、广东、天津、辽宁、江苏、福建、浙江、海南、河北、广西。对比 2006 年、2011 年和 2016 年沿海各省份海洋经济绿色发展综合得分的排名情况，除了天津、河北、山东、广东有相对明显变化外，多数省份没有较大波动。排名明显上升的省份主要有山东和广东，分别由 2006 年的第 5 位和第 6 位上升至 2016 年的第 2 位和第 3 位。排名明显下降的省份主要有天津，由 2006 年的第 1 位下降至 2016 年的第 4 位。

从区域发展差距来看，2006 年排名前 4 位的是天津、上海、辽宁、江苏，其海洋经济绿色发展综合得分分别是排名末位广西的 5.43 倍、2.96 倍、2.82 倍、2.21 倍；2016 年排名前 4 位的上海、山东、广东、天津分别是排名末位广

表 5-15　　沿海各省份海洋经济绿色发展水平综合得分及排名情况

省份	2006 年		2011 年		2016 年	
	综合得分	排名	综合得分	排名	综合得分	排名
辽宁	1.1963	3	0.9515	6	1.1995	5
河北	0.7355	8	0.6339	10	0.7337	10
天津	2.3028	1	1.3086	2	1.2627	4
山东	0.8543	5	1.0753	3	1.4309	2
江苏	0.9349	4	1.0639	4	1.1387	6
上海	1.2544	2	1.4377	1	1.8202	1
浙江	0.6202	9	0.8071	7	0.9531	8
福建	0.7468	7	0.7806	8	1.0807	7
广东	0.7599	6	1.0121	5	1.3245	3
广西	0.4239	11	0.4996	11	0.6147	11
海南	0.6017	10	0.6737	9	0.7514	9

西的2.96倍、2.33倍、2.15倍、2.05倍。这说明在研究期间我国沿海省份海洋经济绿色发展水平在快速增长的同时，发展水平较高的省份与发展水平较低的省份之间的差距仍较大，但随着时间的推移，两者的差距有小幅缩小趋势。因此，为全面提高我国海洋经济绿色发展水平，同时缩小海洋经济绿色发展水平的省域差距，未来应当重点关注海洋经济绿色发展落后地区的发展。

（二）省域海洋经济绿色发展分维度得分特征分析

1. 海洋经济得分

根据表5-11可知，沿海各省份海洋经济得分整体上均呈现上升趋势，且逐渐呈现两极分化。从沿海各省份海洋经济得分来看，2006年我国海洋经济最为发达的地区是上海，其他省份的差距不大。随着时间的推移，至2016年我国海洋经济呈现两极分化，省份间的海洋经济水平差距逐渐拉大。

2016年沿海各省份海洋经济得分的组成结构如图5-8所示。就各省份海洋经济具体结构而言，各省份海洋经济规模及海洋经济质量发展状况不尽相同。可以看出在海洋经济规模方面，广东、山东等省份是海洋大省，海洋生产总值高，海洋经济规模优势明显；而辽宁、河北等省份的海洋经济规模相对较小，这些省份的海洋生产总值相对较小，海洋生产总值增长率也较低，导致其整体海洋经济规模较小。在海洋经济质量方面，上海的海洋经济质量遥遥领先，远远超过其他沿海省份。上海的海洋经济生产效率和投资效果在全国中最高，且海洋第三产业占比高，海洋生产能耗低，其海洋经济质量处于绝对领先地位。广西的海洋经济质量最差，广西属于海洋经济相对落后地区，其海洋生产效率和效果均处于落后水平。整体来看，山东、广东、江苏等省份的海洋经济规模虽然较大，但其海洋经济质量仍有待提高，上海的海洋经济整体发展效果最好。未来的发展方向是：一方面，扩大海洋经济欠发达地区的海洋经济规模；另一方面，提升沿海各省份的海洋经济质量。

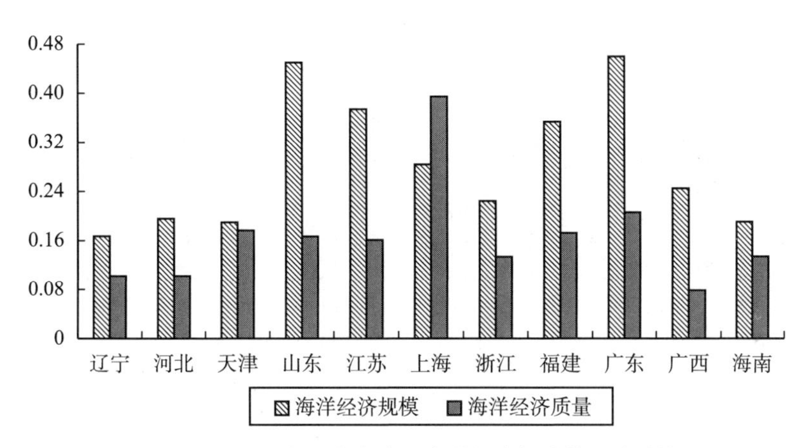

图 5-8　2016 年沿海各省份海洋经济得分的组成结构

2. 海洋社会发展得分

根据表 5-12 可知，我国沿海各省份海洋社会发展得分整体上均保持增长趋势，除了上海、江苏的海洋社会发展得分增长率较高外，其他省份保持平稳增长，反映出我国海洋社会发展水平处于稳步提升阶段。同时，可以发现 2016 年我国多数省份海洋社会发展水平均有一定幅度的下降，下降幅度较大的省份如江苏、广西等，主要是由于海洋科研发展水平有所下降导致。

2016 年我国海洋社会发展得分的组成结构如图 5-9 所示。就人民生活方面，经济社会较为发达的地区人民生活水平相对较高，如上海、天津等省份，河北、广西经济社会发展相对落后，其人民生活水平相对落后。就海洋科研方面，上海依然以绝对的科研优势领先全国，其次是山东、广东、天津等省份。上海具有得天独厚的经济、政治等优势，为其海洋科研提供良好的基础，因此海洋科研实力较强。山东、天津、广东等省份也逐渐意识到海洋科研的重要性，其海洋科研实力也在迎头赶上。整体而言，上海的人民生活水平和海洋科研实力均较强，所以其海洋社会发展水平最高，山东、天津、广东等省份海洋社会发展水平也较好；河北、广西的人民生活水平和海洋科研实力均较低，导致了其海洋社会发展水平整体较低。

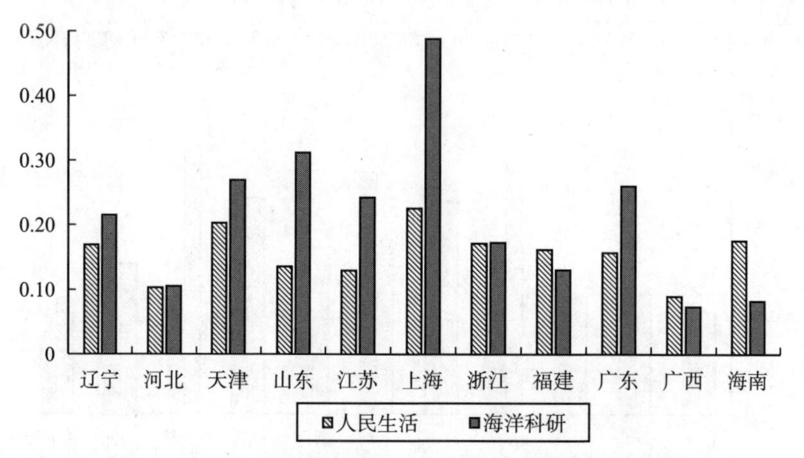

图 5-9　2016 年沿海各省份海洋社会发展得分的组成结构

3. 海洋环境得分

根据表 5-13 可知，大多数沿海省份的海洋环境得分基本呈现水平波动，天津、江苏等有一定幅度的下降。天津海洋环境得分下降幅度最大，从 2006 年的 1.5692 下降至 2016 年的 0.4241，主要是由于天津的海洋保护区覆盖率大幅度下降，导致天津的海洋环境保护力度显著减弱，海洋环境没有明显的改善。2006～2016 年我国海洋经济不断发展，但海洋环境改善速度小于海洋经济发展速度。

2016 年我国海洋环境得分的组成结构如图 5-10 所示。根据图 5-10 可以看出，我国海洋环境得分中海洋环境保护占较大的比重。就海洋环境污染方面，沿海各省份海洋环境污染状况差异不大。而在海洋环境保护方面，各省份差异较大。2016 年我国海洋环境得分的排名由高到低依次是：辽宁、上海、天津、山东、福建、浙江、广东、江苏、河北、海南、广西。2016 年辽宁海洋保护区覆盖率位居全国榜首，海滨观测设施和措施也较好，海洋环境保护水平相对较高。

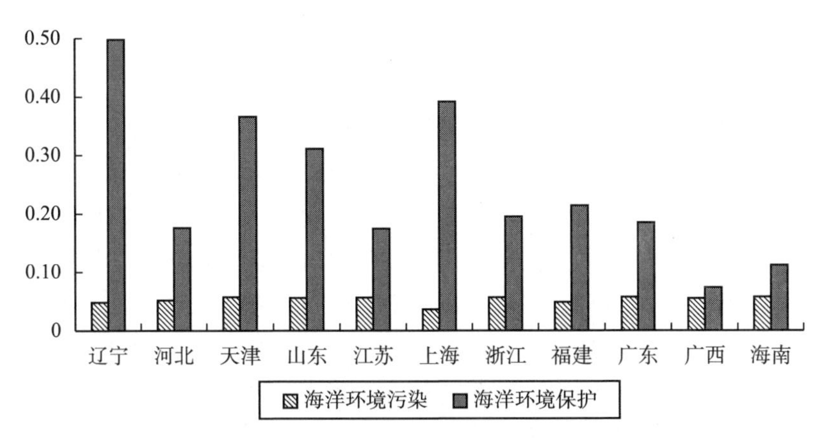

图 5－10　2016 年沿海各省份的海洋环境得分组成结构

三、三大经济圈海洋经济绿色发展综合水平对比分析

沿海各省份海洋经济绿色发展水平不仅取决于其省份本身的发展状况，同时也会受到其所在经济圈中其他省份的影响。我国 11 个沿海省份所在的三大经济圈（环渤海地区、长三角地区和泛珠三角地区）的资源禀赋、经济发展水平等存在较大差异。经济圈内不同省份间存在相互影响现象，可能存在促进作用，也可能存在抑制作用，这都将对经济圈内各省份的海洋经济绿色发展水平造成影响。仅从全国层面和省域层面研究我国海洋经济绿色发展状况显然不够全面。因此，基于前文的海洋经济绿色发展综合得分测算结果，本章还将从三大经济圈的角度研究我国海洋经济绿色发展水平。

（一）三大经济圈海洋经济绿色发展综合得分特征分析

2006～2016 年三大经济圈的海洋经济绿色发展综合得分发展趋势如图 5－11 所示。可以看出，2006～2016 年我国三大经济圈的海洋经济绿色发展综合得分趋势特征不尽相同。从整体趋势来看，环渤海地区的变化趋势相对较为复杂，环渤海地区的海洋经济绿色发展综合水平经历了2009年的大幅度下降后稳步提升，在2014年之后又有小幅度下降。环渤海地区的海洋经济绿色发展水平在2009年大幅度下降主要是由于天津的海洋经济绿色发展水平在2009年大幅下降，导致环渤海地区的海洋经济绿色发展水平整体下降。长三角地区和泛珠三角地区的海洋经济绿色发展水平均呈现上升趋势，且在2016年有所下降。三大经济圈在2016年均有小幅度下降，主要是由于2016年多数沿海省份的海洋经济绿色发展综合水平均有小幅下降所致。就海洋经济绿色发展水平来看，2006~2008年海洋经济绿色发展综合水平由高到低排序：环渤海地区>长三角地区>全国>泛珠三角地区。2009~2016年海洋经济绿色发展综合水平由高到低排序：长三角地区>环渤海地区>全国>泛珠三角地区。环渤海地区和长三角地区的海洋经济绿色发展综合水平整体上均高于全国平均水平，而泛珠三角地区则显著低于全国水平，说明泛珠三角地区的海洋经济绿色发展综合水平相对较弱。可以初步判断，我国海洋经济绿色发展综合水平存在明显的区域差异。

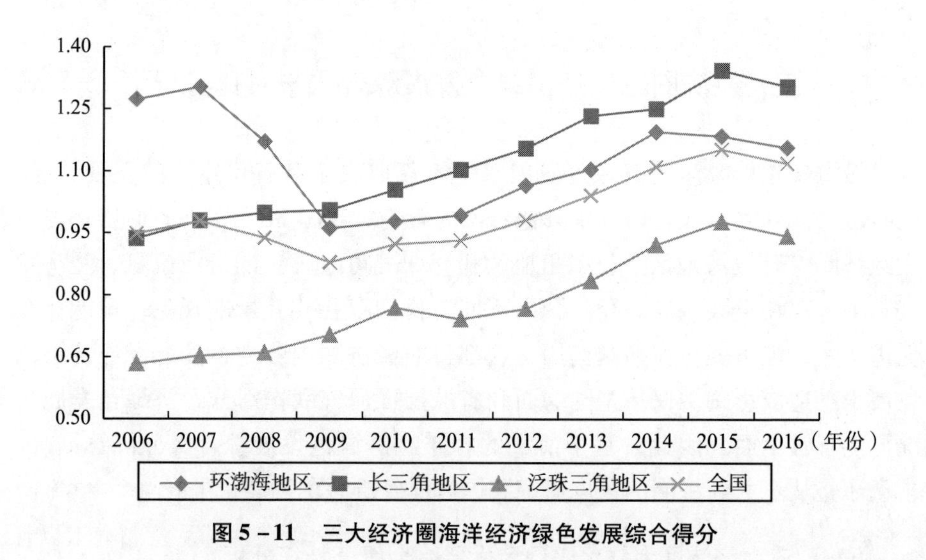

图5-11　三大经济圈海洋经济绿色发展综合得分

从表5-16海洋经济绿色发展综合得分的波动特征可看出，2006~2016年全国沿海各省份海洋经济绿色发展综合得分的标准差有所下降，沿海各省份差距有所缩小。具体而言，环渤海地区内各省份海洋经济绿色发展综合水平差距大幅缩小，从区域差异最大地区逐渐变成区域差异最小区域。长三角地区和泛珠三角地区内各省份海洋经济绿色发展差异则呈现扩大现象，意味着这两个经济圈内各省份间海洋经济绿色发展综合水平的差距有所拉大。

表 5－16　海洋经济绿色发展综合得分波动特征

区域	2006 年			2011 年			2016 年		
	均值	标准差	变异系数	均值	标准差	变异系数	均值	标准差	变异系数
全国	0. 948	0. 512	0. 540	0. 931	0. 287	0. 308	1. 119	0. 350	0. 313
环渤海地区	1. 272	0. 714	0. 561	0. 992	0. 281	0. 283	1. 157	0. 298	0. 258
长三角地区	0. 937	0. 317	0. 339	1. 103	0. 317	0. 288	1. 304	0. 457	0. 350
泛珠三角地区	0. 633	0. 157	0. 248	0. 742	0. 214	0. 289	0. 943	0. 321	0. 340

（二）三大经济圈海洋经济绿色发展综合水平区域差异分析

通过对三大经济圈标准差和变异系数的分析，可以粗略的了解三大经济圈的区域差距状况，但无法获知更深层次的区域差异特征。泰尔系数被广泛应用于测度区域的差异程度；σ 收敛模型和 β 收敛模型被应用于检验区域差异的敛散性。因此，为进一步探究三大经济圈海洋经济绿色发展综合水平的差异特征，本节运用泰尔系数、σ 收敛模型和 β 收敛模型对我国海洋经济绿色发展综合水平的区域差异特征进行实证分析。

1. 区域差异分析方法原理

（1）泰尔系数法。

泰尔系数最初用于测度收入差距，随着发展也被广泛应用于测度地区之间的不均等程度或差异程度。泰尔系数可以将区域间的总体差异进行分解，分解为组内差异和组间差异。其分解式如下所示：

$$
\begin{aligned}
Theil &= \frac{1}{n}\sum_{k=1}^{m}\sum_{i=1}^{n_k}\left(\frac{S_i}{S}\ln\frac{S_i}{S}\right) \\
&= \sum_{k=1}^{m}\left(\frac{n_k}{n}\frac{\overline{S_k}}{\overline{S}}Theil_K\right)+\sum_{k=1}^{m}\left(\frac{n_k}{n}\frac{\overline{S_k}}{\overline{S}}\ln\frac{\overline{S_k}}{\overline{S}}\right) \qquad (5-47) \\
&= Theil_W + Theil_B
\end{aligned}
$$

$$Theil_k = \frac{1}{n_k}\sum_{i=1}^{n_k}\left(\frac{S_i}{\overline{S_k}}\ln\frac{S_i}{\overline{S_k}}\right) \tag{5-48}$$

其中，$Theil$ 表示总体泰尔系数；$Theil_W$ 表示区域内泰尔系数，反映了三大经济圈内部的海洋经济绿色发展综合水平差异；$Theil_B$ 表示区域间泰尔系数，反映三大经济圈之间的海洋经济绿色发展综合水平差异；$Theil_k$ 表示第 k 个经济圈内各省份海洋经济绿色发展综合水平差异的泰尔系数；n 表示区域个数，在本章中表示 11 个沿海省份；m 表示组数，在本章中有 3 个经济圈，所以 $m=3$；n_k表示第 k 个经济圈中的省份个数（$k=1, 2, \cdots, m$）；n_k/n 表示各经济圈的省份个数占 11 省份个数的比重；S_i 表示第 i 个区域的海洋经济绿色发展综合得分，$\overline{S}$表示全国海洋经济绿色发展综合得分的均值；$\overline{S_k}$表示第 k 组 n_k个区域海洋经济绿色发展综合得分的均值；$\overline{S_k}/\overline{S}$表示各经济圈的海洋经济绿色发展得分均值与全国各省份的海洋经济绿色发展综合得分均值之比。

泰尔系数的取值范围为［0，1］，值越大表明区域间差异越大，即不均等程度越高；取值为 0 时，表明区域间没有差异，完全均等。

（2）敛散性检验。

收敛性检验模型一般有 σ 收敛、绝对 β 收敛、条件 β 收敛等。根据本章研究的实际情况，采用 σ 收敛、绝对 β 收敛进行敛散性的检验。

σ 收敛模型。海洋经济绿色发展水平的 σ 收敛，反映随着时间推移，沿海各省份海洋经济绿色发展综合水平的离散程度逐步降低，差异缩小。海洋经济绿色发展综合水平的 σ 收敛模型如下：

$$\sigma_t = \sqrt{\frac{1}{n}\sum_{i=1}^{n}\left(\ln S_{it} - \frac{1}{n}\sum_{i=1}^{n}\ln S_{it}\right)^2} \tag{5-49}$$

其中，S_{it}表示第 i 个省份在 t 年的海洋经济绿色发展综合得分；$\ln S_{it}$表示第 i 个省份在 t 年时海洋经济绿色发展综合得分对数值；σ_t 表示 t 年时海洋经济绿色发展综合得分的 σ 收敛检验系数。如果满足 $\sigma_{t+T} < \sigma_t$，则认为区域海洋经济绿色发展综合水平存在 T 阶段的 σ 收敛。

绝对 β 收敛模型。海洋经济绿色发展综合水平的 β 收敛，是指初期海洋经济绿色发展综合水平较低的省份相较于海洋经济绿色发展综合水平较高的省份，其增长速度更快，最终收敛于相同且稳定的状态。β 收敛按照是否考虑外在影响因子，分为绝对 β 收敛和条件 β 收敛。鉴于本章的研究需要，使

用绝对 β 收敛进行检验。海洋经济绿色发展综合水平的绝对 β 收敛，是指在不考虑外在影响因素的前提下，海洋经济绿色发展增长率和海洋经济绿色发展综合水平之间存在负相关，且随着时间推移，各省份海洋经济绿色发展综合水平将会趋于一致，收敛于相同的稳定状态。由于各经济圈所包含的截面数据相对较少，为扩大样本，本章采用面板数据进行绝对 β 收敛，绝对 β 收敛的面板模型如下：

$$\frac{\ln S_{i,t+T} - \ln S_{it}}{T} = \alpha + \beta \ln S_{it} + \varepsilon_{it} \tag{5-50}$$

其中，$\ln S_{it}$、$\ln S_{i,t+T}$ 分别表示第 i 个省份在 t、$t+T$ 时期海洋经济绿色发展综合得分对数值，$(\ln S_{i,t+T} - \ln S_{it})/T$ 表示第 i 个省份在 T 年间海洋经济绿色发展综合得分对数值的年均增长率；α 表示常数，ε 是误差项，β 是收敛系数 [$\beta = -(1-e^{-\lambda T})/T$，$\lambda$ 为收敛速度]。若 $\beta<0$ 且显著，则认为区域内各省份海洋经济绿色发展综合水平是趋同的，存在绝对 β 收敛趋势；反之，则认为区域内省份海洋经济绿色发展综合水平趋于发散。

2. 区域差异特征分析结果

(1) 泰尔系数分析结果。

泰尔系数具有可分解特性，可将总体差异进行分解，分解为区域间差异和区域内差异，用于探究我国海洋经济绿色发展的区域差异及变动情况。本章基于 2006 ~ 2016 年我国沿海省份的海洋经济绿色发展综合得分，使用泰尔系数计算公式及其分解式，对我国海洋经济绿色发展综合水平的差异程度进行分解，结果如表 5-17 所示。

表 5-17　海洋经济绿色发展区域差异泰尔系数的分解结果

年份	总体差异 T	区域内差异 T_W	区域内差异贡献率（%）	区域间差异 T_B	区域间差异贡献率（%）
2006	0.1110	0.0691	62.21	0.0419	37.79
2007	0.1115	0.0706	63.28	0.0409	36.72
2008	0.1056	0.0769	72.80	0.0287	27.20
2009	0.0463	0.0343	74.02	0.0120	25.98
2010	0.0463	0.0377	81.36	0.0086	18.64
2011	0.0433	0.0301	69.42	0.0133	30.58

续表

年份	总体差异 T	区域内差异 T_W	区域内差异贡献率（%）	区域间差异 T_B	区域间差异贡献率（%）
2012	0.0414	0.0267	64.54	0.0147	35.46
2013	0.0428	0.0300	70.25	0.0127	29.75
2014	0.0329	0.0242	73.49	0.0087	26.51
2015	0.0361	0.0280	77.48	0.0081	22.52
2016	0.0445	0.0360	80.88	0.0085	19.12

注：$T = T_W + T_B$。

在表5－17中，从总体差异看，2006～2016年我国海洋经济绿色发展综合水平总体差异最大的年份是2007年，泰尔系数达到了0.1115；差异最小的年份是2014年，泰尔系数为0.0329。由表5－17可知，我国海洋经济绿色发展综合水平的泰尔系数整体呈现下降趋势，由2006年的0.1110下降至2016年的0.0445，说明我国海洋经济绿色发展综合水平的总体差异逐渐缩小。

从差异分解结果看，2006～2016年我国海洋经济绿色发展综合水平的区域间泰尔系数和区域内泰尔系数明显波动，总体均呈现下降趋势，且具有一定的阶段区分特征。可以将其分阶段进行分析，2006～2008年区域内泰尔系数呈上升趋势，于2008年达到最大值，2009年后呈现大幅下降后波动发展趋势，反映出我国三大经济圈内各省份海洋经济绿色发展综合水平差异在2006～2008年有所增大，2009年后大幅缩小。而区域间的泰尔系数呈现下降趋势，也是在2009年大幅下降后趋于稳定，反映出我国三大经济圈之间的海洋经济绿色发展综合水平差距逐渐缩小。总体上来看，我国海洋经济绿色发展综合水平的三大经济圈区域内差异和区域间差异均在逐渐缩小后趋于稳定。

同时，可以发现，2006～2016年我国海洋经济绿色发展综合水平的区域内泰尔系数相对大于区域间泰尔系数。2006～2016年的区域内泰尔系数波动范围在0.0242～0.0769之间，贡献率均超过60%，且贡献率不断增大，于2016年达到了80.88%。而区域间泰尔系数的波动范围在0.0081～0.0419之间，贡献率均不超过40%，贡献率不断减少，2016年区域间贡献率低于

20%。这表明各经济圈的区域内差异是造成全国沿海 11 省份总体差异的主要原因，即我国三大经济圈内各省份海洋经济绿色发展综合水平差异是造成我国海洋经济绿色发展综合水平总体差异的主要原因。

为更进一步探究区域内差异的分布情况，计算我国三大经济圈的区域内泰尔系数，结果如表 5－18 所示。可以发现，2009 年之前，我国三大经济圈海洋经济绿色发展综合水平区域内差异最大的地区是环渤海地区，其对区域内差异的贡献率最大，超过 70%；2009 年之后，环渤海地区的区域内差异大幅缩小，主要是由于 2009 年天津的海洋经济绿色发展综合水平大幅下降，山东等省份发展水平提高，从而使得环渤海地区的区域内差异明显缩小。长三角地区的区域内差异相对较小，且波动幅度较小，其区域内差异约 0.1 左右浮动。泛珠三角地区的区域内差异有轻微扩大趋势。2009 年之后，三大经济圈的区域内差异均约为 0.1。总体上而言，2006～2016 年我国环渤海地区的海洋经济绿色发展综合水平区域内差异大幅缩小，区域内省份的差距逐渐缩小；长三角地区的区域内差异没有明显的变动趋势；泛珠三角地区的区域内差异有轻微扩大趋势，应当引起重视。

表 5－18　2006～2016 年三大经济圈海洋经济绿色发展的区域内差异

年份	环渤海地区 T_{W1}	长三角地区 T_{W2}	泛珠三角地区 T_{W3}
2006	0.0527	0.0105	0.0059
2007	0.0535	0.0106	0.0065
2008	0.0570	0.0118	0.0081
2009	0.0152	0.0096	0.0096
2010	0.0142	0.0114	0.0121
2011	0.0121	0.0089	0.0091
2012	0.0073	0.0106	0.0088
2013	0.0102	0.0097	0.0102
2014	0.0076	0.0082	0.0084
2015	0.0086	0.0083	0.0111
2016	0.0101	0.0125	0.0133

注：$T_W = T_{W1} + T_{W2} + T_{W3}$。

综合以上分析，可以发现在2006~2016年期间，我国海洋经济绿色发展综合水平的总体差异呈现不断缩小趋势，经济圈的区域内差异是造成全国总体差异的主要原因。2009年之前环渤海地区的区域内差异对总体区域内差异的贡献率较高，2009年之后大幅下降后，三个经济圈的区域内差异水平相差不大，且泛珠三角地区的区域内差异有轻微扩大趋势。

根据泰尔系数的分解，直观判断我国海洋经济绿色发展综合水平的总体差异呈现不断缩小趋势，但差异是否收敛还有待更为严格的检验。因此，本章基于2006~2016年我国沿海各省份海洋经济绿色发展综合得分，使用σ收敛模型和绝对β收敛对我国海洋经济绿色发展综合水平区域差异的敛散性进行检验。

（2）区域差异的σ收敛检验。

海洋经济绿色发展综合水平的σ收敛是指随着时间推移，沿海各省份海洋经济绿色发展综合水平的离散程度逐步降低，差异缩小。2006~2016年我国及三大经济圈海洋经济绿色发展综合水平的σ收敛系数如表5-19所示。

表5-19　2006~2016年我国海洋经济绿色发展综合水平的σ收敛系数

年份	全国	环渤海地区	长三角地区	泛珠三角地区
2006	0.4288	0.6186	0.2589	0.1358
2007	0.4343	0.6394	0.2682	0.1459
2008	0.4248	0.6153	0.2796	0.1624
2009	0.3176	0.2566	0.2516	0.1782
2010	0.3210	0.2580	0.2904	0.2112
2011	0.3045	0.2434	0.2589	0.1857
2012	0.2965	0.2021	0.2989	0.1912
2013	0.3062	0.2459	0.3042	0.2182
2014	0.2642	0.2288	0.2896	0.2181
2015	0.2807	0.2439	0.3035	0.2639
2016	0.3081	0.2584	0.3728	0.2779

从趋势来看，沿海各省份 σ 收敛系数呈现下降趋势，σ 收敛系数在 2006 年为 0.4288，2016 年下降至 0.3081，整体上沿海各省份海洋经济绿色发展水平的省域差异有所缩小，存在显著的收敛趋势。三大经济圈具有不同的敛散特征。2006～2016 年环渤海地区的 σ 收敛系数整体上呈下降趋势，2009 年之前 σ 收敛系数较高，2009 年之后 σ 收敛系数较低，整体上环渤海地区的区域内差异有缩小趋势。长三角地区和泛珠三角地区的 σ 收敛系数呈现发散态势，这说明这两个地区内各省份海洋经济绿色发展综合水平趋于发散，区域内各省份海洋经济绿色发展综合水平的离散程度有所增大。

从 σ 收敛系数值来看，2009 年之前，σ 收敛系数由高到低依次排序：环渤海地区 > 长三角地区 > 泛珠三角地区，环渤海地区的 σ 收敛系数显著高于长三角地区和泛珠三角地区。反映出环渤海地区 4 个省份之间的海洋经济绿色发展综合水平差距最大，主要是由于天津的海洋经济绿色发展综合水平显著高于环渤海地区的其他省份所致，两者间差距较大导致环渤海地区的区域内差异较大。2009 年之后，长三角地区的 σ 收敛系数略高于环渤海地区和泛珠三角地区。整体来看，2006～2016 年长三角地区和泛珠三角地区的 σ 收敛系数值相对小，意味着长三角地区和泛珠三角地区省份的海洋经济发展差异相对较小，但 σ 收敛系数不断增加，说明这两个地区内省份间差距存在扩大趋势，应当引起重视。

综合以上分析，2006～2016 年全国各省份海洋经济绿色发展水平存在显著的收敛现象，环渤海地区的海洋经济绿色发展水平趋于 σ 收敛，长三角地区和泛珠三角地区趋于发散。

（3）区域差异的绝对 β 收敛检验。

σ 收敛检验从存量的角度对我国海洋经济绿色发展水平省份间的区域差异的收敛性进行检验，对于全国总体及三大经济圈的海洋经济绿色发展水平是否趋向于相同且稳定的值，需要对其进行 β 收敛检验。绝对 β 收敛模型用于检验海洋经济绿色发展水平较低的省份对海洋经济绿色发展水平较高的省份是否存在“追赶”效应。利用公式（5－50）作为收敛回归方程，为充分利用样本信息，防止数据信息丢失，在公式（5－50）中取 $T=1$。绝对 β 收敛检验结果如表 5－20 所示。

表 5-20　2006~2016 年我国海洋经济绿色发展水平的绝对 β 收敛检验结果

区域	*Intercept*	β	R^2	F	收敛情况	收敛速度 λ
全国	-0.0011	-0.3067**	0.172	9.52**	收敛	0.3663
环渤海地区	0.0254*	-0.4898*	0.276	7.45*	收敛	0.6730
长三角地区	0.0420**	-0.1444	0.090	2.25	系数未通过检验，无法判断	无
泛珠三角地区	-0.0034	-0.1337*	0.070	7.28*	收敛	0.1435

注：*、**、*** 分别表示通过显著性水平为 10%、5%、1% 的显著性检验。

从全国水平来看，全国层面的 β 收敛系数为负，且通过了在显著性水平 5% 条件下的显著性检验，说明我国各省份海洋经济绿色发展综合水平存在绝对 β 收敛趋势，收敛速度为 0.3663。全国的海洋经济绿色发展水平总体上在逐步缩小，存在海洋经济绿色发展综合水平低的省份追赶海洋经济绿色发展综合水平高的省份的现象。从三大经济圈来看，环渤海地区通过绝对 β 收敛检验，收敛速度为 0.6730，收敛速度较快，高于全国水平。长三角地区的 β 收敛系数虽然为负，但没有通过 10% 水平下的显著性检验，因此无法判断其收敛情况。泛珠三角地区通过绝对 β 收敛检验，收敛速度为 0.1435，收敛速度低于全国水平。

总体上而言，在不考虑外在影响因素的条件下，全国层面沿海各省份之间存在共同的稳态，沿海各省份海洋经济绿色发展综合水平呈绝对 β 收敛趋势，海洋经济绿色发展水平的省际差异将不断缩小。在三大经济圈内部，各区域海洋经济绿色发展收敛情况不同。环渤海地区和泛珠三角地区均存在明显的绝对 β 收敛检验，海洋经济绿色发展水平低的省份对水平较高省份的“追赶”效应明显，环渤海地区的“追赶”效应更为明显；而长三角地区则无法判断其收敛情况。

综合敛散性检验结果分析，全国层面各省份海洋经济绿色发展综合水平存在显著的 σ 收敛和绝对 β 收敛趋势，沿海各省份间海洋经济绿色发展综合水平的省际差异缩小，存在水平较低的省份“追赶”水平较高省份的现象。就不同经济圈而言，敛散特征不同。环渤海地区海洋经济绿色发展综合水平存在显著的 σ 收敛和绝对 β 收敛，主要是由于天津的海洋经济绿色发展水平大幅下降，原先海洋经济绿色发展综合水平较低的省份如山东，迎头赶上奋起直追，从而导致环渤海地区内部的省份间差异缩小。长三角地区不存在显著的 σ 收敛，且无法判断是否存在绝对 β 收敛趋势，该地区区域内部省份的海洋经济绿色发展综合水平差异没有显著缩小趋势，也无法判断是否存在省份间的“追赶”效应。泛珠三角地区不存在显著的 σ 收敛，但存在显著的绝对 β 收敛，说明该地区海洋经济绿色发展水平较低的省份奋起追赶水平较高的省份，水平较高的省份发展也较好，区域差异没有明显缩小，甚至有轻微扩大趋势。

四、小结

本章第三节基于海洋经济绿色发展综合得分和分维度得分的测算结果，分别从全国层面、省域层面、三大经济圈层面三个层次对我国海洋经济绿色发展水平进行时序演变和差异特征分析，较为全面地了解我国海洋经济绿色发展水平发展情况。

（1）全国层面的海洋经济绿色发展水平分析。首先，通过海洋经济绿色发展综合得分的特征分析，发现我国海洋经济绿色发展综合水平整体呈现向好的趋势。其次，通过分维度得分的特征分析，进一步分析综合得分的组成结构，发现海洋经济得分和海洋社会发展得分在2006~2016年均呈现上升趋势，而海洋环境得分在2006~2008年相对较高，2009年之后得分数值变动不大，基本呈水平波动。反映出我国在海洋经济发展过程中对海洋环境造成了一定程度的污染，导致海洋生态环境恶化，海洋环境保护力度有待加强。最后，通过海洋经济绿色发展水平动态特征分析，进一步研究海洋经济绿色发展水平的演变过程，运用核密度估计对海洋经济绿色发展综合得分及分维度得分绘制核密度图，分析我国海洋经济绿色发展水平的动态演变特征。

（2）省域层面的海洋经济绿色发展水平分析。首先，通过海洋经济绿色发展综合得分的特征分析，发现除了天津呈现明显下降趋势外，其他沿海省份的海洋经济绿色发展水平均呈现上升趋势。其次，通过分维度得分的特征分析，发现2006~2016年沿海各省份的海洋经济和海洋社会发展均呈现正向发展趋势；而大多数沿海省份海洋环境得分基本呈现水平波动，天津、江苏等有一定幅度的下降，主要是由于海洋保护力度有所下降所致。

（3）三大经济圈层面的海洋经济绿色发展水平分析。首先，通过海洋经济绿色发展综合得分的特征分析，发现环渤海地区的海洋经济绿色发展综合得分呈现下降—上升—下降趋势，而长三角地区和泛珠三角地区均呈现上升趋势。就发展的平均水平看，长三角地区的海洋经济绿色发展水平保持最高，而泛珠三角地区的海洋经济绿色发展水平则相对较低。其次，通过三大经济圈绿色发展水平的区域差异分析，运用泰尔系数和收敛模型对区域差异进行深入分析。运用泰尔系数分解分析造成我国海洋经济绿色发展水平总体差异的主要原因，运用敛散性检验了解我国海洋经济绿色发展水平的省际差异是否缩小及是否存在水平较低的省份"追赶"水平较高省份的现象。

第四节　本章结论

本章运用基于 CRITIC 原理的组合赋权法测算我国沿海省份海洋经济绿色发展水平，得到沿海各省份海洋经济绿色发展综合得分和分维度得分；另外，分别从全国、省域、经济圈三个层面进行分析，研究我国海洋经济绿色发展水平的时序演变特征和区域差异特征，了解我国海洋经济绿色发展情况。通过实证分析，探究我国在海洋经济绿色发展过程中存在的问题。

1. 全国层面测算结果及分析结论

通过对全国层面的海洋经济绿色发展水平进行测算和分析，得到以下结论：

（1）根据全国层面海洋经济绿色发展综合得分的测算结果，2006~2016年我国海洋经济绿色发展综合水平呈现上升趋势，这与海洋经济和海洋社会迅速发展有密切关系。但总体而言，我国海洋经济绿色发展进程较短，海洋经济绿色发展综合水平仍有待提高。

（2）根据全国层面海洋经济绿色发展分维度得分的测算结果，全国层面的海洋经济得分和海洋社会发展得分在2006~2016年均呈现上升趋势，而海洋环境得分在2006~2008年相对较高，2009年之后得分数值变动不大，基本呈水平波动，反映出我国海洋经济和海洋社会发展较为迅速，但在海洋经济、社会发展过程中对海洋环境造成了一定程度的污染，导致海洋生态环境有所恶化，海洋环境保护力度有待提高。如何协调海洋经济、社会发展和海洋环境保护是目前海洋经济绿色发展中亟待解决的关键问题。

（3）根据海洋经济绿色发展综合得分的动态演变特征分析结果，随着时间的推移，我国海洋经济绿色发展综合水平的省际总体差异有所缩小，发展水平处于中下游的多个省份奋起直追，推进海洋经济绿色发展进程并取得了一定的成效，两极分化程度有所降低。

（4）根据海洋经济绿色发展分维度得分的动态演变特征分析结果，在海洋经济方面，2006～2016年我国的海洋经济水平有显著的提升，沿海各省份的海洋经济水平由集中向分散的趋势变动，原先中低水平的省份不断分化，由多数集中于中低水平向各层次水平平均分布变化；在海洋社会发展方面，我国海洋社会发展水平逐年稳步提升，随着时间的推移，沿海各省份间的海洋社会发展水平的差异程度有所缩小；在海洋环境方面，2006～2016年我国海洋环境整体上没有得到较好的改善，且有一定程度的恶化。

2. 省域层面测算结果及分析结论

通过对省域层面的海洋经济绿色发展水平进行测算和分析，得到以下结论：

（1）根据沿海省份海洋经济绿色发展综合得分的测算结果，发现除了天津呈现明显下降趋势外，其他沿海省份的海洋经济绿色发展综合水平均呈现上升趋势。各省份的提升幅度不同，山东、上海、广东的提升幅度较大，提升速度较快，属于海洋经济绿色发展水平的高速增长地区；而天津则出现了显著的负增长，属于海洋经济绿色发展水平的低速增长地区，天津海洋经济绿色发展水平大幅下降主要是由于其海洋环境的保护力度有所下降。

（2）根据沿海省份海洋经济绿色发展分维度得分的测算结果，在海洋经济方面，山东、广东、江苏等海洋经济较为发达省份的海洋经济规模虽然较大，但其海洋经济质量仅处于全国平均水平。未来，提高我国海洋经济水平，一方面要提高海洋经济欠发达地区的海洋经济规模，另一方面要注重沿海各省份的海洋经济质量。在海洋社会发展方面，经济发达的省份人民生活水平和海洋科研水平也较高，上海的海洋社会发展水平最高，河北、广西的人民生活水平和海洋科研实力均较低，导致了其海洋社会发展水平整体较低；海洋科研实力的差异是造成各省份海洋社会发展差异的主要原因。在海洋环境方面，大多数省份的海洋环境有所恶化，天津的海洋环境得分下降幅度较大，主要是由于海洋环境保护力度有所下降所致；海洋环境改善的速度远小于海洋经济发展的速度，反映出我国海洋经济绿色发展水平仍较低。

3. 经济圈层面测算结果及分析结论

通过对经济圈层面的海洋经济绿色发展综合水平进行测算和分析，得到以下结论：

（1）根据三大经济圈海洋经济绿色发展综合得分的测算结果，环渤海地区的海洋经济绿色发展综合得分呈现下降—上升—下降趋势，而长三角地区和泛珠三角地区均呈现上升趋势。2006～2008 年海洋经济绿色发展水平由高到低排序：环渤海地区 > 长三角地区 > 全国 > 泛珠三角地区。2009～2016 年海洋经济绿色发展水平由高到低排序：长三角地区 > 环渤海地区 > 全国 > 泛珠三角地区。

（2）根据三大经济圈海洋绿色发展综合水平的区域差异分析结果，海洋经济绿色发展综合水平的全国总体差异有所缩小，三大经济圈的区域内省份发展差异是造成全国总体差异的主要原因，环渤海地区的区域内差异大幅缩小，而长三角地区的区域内差异变化不大，泛珠三角地区的区域内差异有轻微扩大趋势。

（3）根据三大经济圈海洋绿色发展综合水平的敛散性检验结果，全国层面各省份的海洋经济绿色发展综合水平存在显著的 σ 收敛和绝对 β 收敛趋势，沿海各省份间的海洋经济绿色发展综合水平省际差异缩小，存在水平较低的省份“追赶”水平较高省份的现象。就不同经济圈而言，敛散特征不同。环渤海地区的海洋经济绿色发展水平存在显著的 σ 收敛和绝对 β 收敛，说明环渤海地区的区域内省际差异有所缩小，而且存在区域内省份的“追赶”现象。长三角地区不存在显著的 σ 收敛，且无法判断是否存在绝对 β 收敛趋势，说明该区域内部省份的海洋经济绿色发展综合水平差异没有显著缩小的趋势，也无法判断是否存在区域内省份间的“追赶”效应。泛珠三角地区不存在显著的 σ 收敛，但存在显著的绝对 β 收敛，说明泛珠三角地区区域内省份存在“追赶”现象，但是区域内差异没有显著缩小，甚至有轻微扩大趋势。

| 第六章 |

我国海洋绿色经济效率及其影响因素研究

第一节　经济效率的相关理论基础

一、经济效率的定义

在现代经济学中，西方经济学家对经济效率定义的不断充实和完善使其发展出更加多元化的内涵。起初，亚当·斯密认为经济效率就是劳动生产率，即单位劳动在生产中所创造的物质财富价值，并且亚当·斯密认为劳动生产率对一个国家有极为重要的意义。马克思主义的经济学则认为，经济效率不仅仅是劳动生产率，从根本上说经济效率就是具体的要素生产率的一种度量。新古典经济学家认为经济效率是经济学上的帕累托最优状态，是指资源分配的一种理想状态，当原有的一群人和可分配的资源从一种状态到另一种分配状态，在没有使任何人境遇变坏的条件下，使得至少一个人变得更好，当这种帕累托改进再没有更多空间的时候，就达到帕累托效率最优状态，即经济效率达到最优值。法约尔（2-13）在总结前人对效率研究的基础上，认为企业的经济效率分为测度产出的纯技术效率、基于要素聚集差异的规模效率和依赖于企业管理水平的配置效率，综合反映企业在既定的投入下获得最大产出的能力，以及企业在既定条件和生产水平下，使用最佳投入比例的能力。

西方经济学者对经济效率的定义是从多方面多维度来进行讨论，至今也没有定论，而国内学者定义经济效率的方法也各有不同。樊纲（1990）认为经济效率是人们的效用满足程度与现有资源耗费程度之间的比值，约等于资源利用率。相类似的，经济学者袁云涛和王峰虎（2003）定义经济效率是指所有投入的生产资源与所带来的经济福利产出的比值。在实证检验中，国内学者也常用生产效率来衡量经济效率，例如，学者卫平和余奕杉（2018）曾以“全要素生产率”基础，研究产业结构对我国285个城市的经济效率的影响。虽然定义各不相同，却可以发现学者更偏向将经济效率定义为生产过程中投入与产出的比值，从而考察其效率最优的情况。

二、海洋绿色经济效率的界定

国内外学者基于经济效率的内涵对绿色经济效率进行延展定义。艾哈迈德（Ahmed，2012）将能源消耗和污染物排放引入经济效率的测算中，将其定义为绿色经济效率。杨龙和胡晓珍（2010）认为地区的绿色经济效率应将环境污染产出考虑到经济效率测算中。钱争鸣和刘晓晨（2013）认为在考虑资源消耗和环境约束下，在原经济效率基础上综合考虑资源利用和环境恶化情况后获取的经济效率可以称作是绿色经济效率。吴淑娟和肖健华（2015）则认为，海洋经济中的绿色效率应是考虑环保技术、清洁生产等众多有利于环境的劳动力、资本等投入与所得到的生产力、知识产权等收益的比值。

因此，本章在众多学者的定义基础上，提出海洋绿色经济效率的定义：海洋绿色经济效率是指，在海洋活动中，全面考虑海洋资源消耗、劳动力和资本投入的基础上，将其产生的期望产出和非期望产出引入测算中的经济效率。

三、经济效率的评价方法

现阶段，学者对经济效率的评价方法可分为三种。一是在构建指标体系的基础上，运用传统的统计分析方法进行测度；二是在一定假设条件下，对特定函数形式进行参数估计，从而进行经济效率的测度；三是以数据包络分析方法为主的非参数分析方法。

（一）传统的统计分析方法

在经济效率评价的研究期间，传统的综合评价方法是众多评价方法中一个重要的方法，也是比较常用的。传统的综合评价方法往往需要建立一个完整的经济效率评价指标体系，在此基础上利用一定的方法或者模型，综合分析搜集的资料，进行经济效率的测算。在方法和模型上的选择主要有层次分析法、熵值法和主成分分析法。层次分析法是将一个复杂的多目标决策问题作为一个系统，将其分解成目标层、准则层等多个层次，通过定性指标模糊量化方法计算各因素的权重值，从而通过比较重要性次序得到目标层的组合权重值，最后结合目标层的数据进行测算。熵值法是通过原始数据间的离散程度来给予各个指标权重的赋权方法，并在此基础上进行经济效率的测算。主成分分析法是通过降维的方法将多个指标减少为少数几个具有大部分原始数据信息的主成分，并通过计算各地区的主成分得分来进行经济效率测算。

（二）参数分析方法

参数分析方法是根据现实情况选择特定的函数形式，并运用计量经济学的方法对函数进行参数估计，并在此函数的基础上计算经济效率的方法。

经济效率的参数分析方法中包括索洛余值法和随机前沿法。索洛余值法是指在产出增速与投入增速同向成比例变动的前提下，通过选取单个产出要素和两个投入要素进行测算的方法，但实际中能够满足该方法严格前提的情况很少，由此测算的效率值的精确性也有待商榷，因此近年来，选择使用该种方法进行估计的学者较少。在参数分析方法中，随机前沿法是被较多学者采用的。随机前沿法须明确生产前沿函数的具体分布与形式，并将衡量生产差异的误差项分解为两个部分，具有零均值的随机误差项和具有非零均值的技术无效项，并在此基础上进行参数估计与效率测算。随机前沿法的主要优点在于，在经济效率测算中将随机影响考虑在内，并将生产函数中的误差项进行分解，明确其主要性质。

（三）非参数分析方法

非参数分析方法是在指一定生产有效性的条件下，通过大量对比实际生产数据，进而找到可能位于生产前沿面上的相对有效点，从而确定经济效率较高点的方法。

在非参数的分析方法中，最常被用来测算经济效率的方法是数据包络分析方法。数据包络分析方法是通过连接最佳的生产观测点构建一个凸性的经济效率前沿面，并以此为基准，测算其他点同该前沿面的距离差值的方法。数据包络分析方法本质上是一种线性规划方法，可以用来评价性质相同的生产决策单元在投入产出中的相对有效性，且其优越性在于：可用于分析多投入和多产出的情况，并且不会被不同变量度量单位影响；不需要对各投入、产出变量作特定函数的假定；在样本容量相对偏小的情况下也不会发生估计误差偏大的情况。正因为其诸多优点的存在，数据包络分析方法也是近年来学者选择较多的一个方法。

第二节　理论模型介绍

一、熵值法

海洋资源是囊括多个种类、多个空间的复杂系统，在评价沿海省份资源投入时，更多关注的是海洋资源内部的差异，熵值法正是基于数据内部差异程度计算。因此，在本章测算海洋资源投入时，有必要利用本书第五章介绍的改进后的极值熵值法对其进行赋权，确定各指标的权重，从而获得综合评价得分。计算步骤大致如下：

第一步，对于 n 个样本，m 个被评价指标，可形成 $n\times m$ 的原始矩阵，如公式（6－1）所示。对于第 j 个被评价指标，$(x_{1j}, x_{2j}, x_{3j}, \cdots, x_{nj})'$ 各元素之间的差异越大，则该指标在评价中作用越大，反之，则作用越小。

$$X=\begin{bmatrix} x_{11} & x_{12} & \cdots & x_{1m} \\ x_{21} & x_{22} & \cdots & x_{2m} \\ \vdots & \vdots & \vdots & \vdots \\ x_{n1} & x_{n2} & \cdots & x_{nm} \end{bmatrix},\ (i=1,\ 2,\ \cdots,\ n;\ j=1,\ 2,\ \cdots,\ m) \quad (6-1)$$

第二步，对原始数据进行无量纲化处理。由于本章中涉及指标均为正指标，因此可通过公式（6-2）对原始数据进行无量纲化处理，其中 $\min(X_j)$ 为第 j 个指标中最小值，$\max(X_j)$ 为第 j 个指标中最大值。若 $x'_{ij}=0$，则对其进行坐标平移处理，取 $x''_{ij}=x'_{ij}+\sigma$，令 $\sigma\to 0$，以使上式有意义。

$$x'_{ij}=\frac{x_{ij}-\min(X_j)}{\max(X_j)-\min(X_j)} \tag{6-2}$$

第三步，计算第 i 个样本在第 j 项指标下的特征比重，如公式（6-3）所示。

$$P_{ij}=\frac{x'_{ij}}{\sum_{i=1}^{n}x'_{ij}} \tag{6-3}$$

第四步，计算第 j 项指标的熵值和差异系数，计算公式分别为公式（6-4）和公式（6-5）。其中，$k=1/\ln n$，n 是样本容量，本书中 $n=11$，因此有 $0\leqslant E_j\leqslant 1$。

$$E_j=-k\sum_{i=1}^{n}P_{ij}(\ln P_{ij}) \tag{6-4}$$

$$g_j=1-E_j \tag{6-5}$$

第五步，对于被评价的指标 j，样本的数值差异越大，则熵值 E_j 越小，差异系数 g_j 越大，越应该重视其在评价中的作用，因此第 j 项指标的权重可定义如公式（6-6）所示。

$$w_j=\frac{g_j}{\sum_{j=1}^{m}g_j} \tag{6-6}$$

通过赋权，可计算第 i 个样本的综合评价得分，即为公式（6-7）。

$$F_i=\sum_{j=1}^{m}w_jx'_{ij} \tag{6-7}$$

二、经济效率测度模型

从本章第一节介绍的经济效率评价方法可知，与参数分析方法相比，非参数分析具有更强的灵活性，不需要特定的函数，也不需要进行参数估计，且非参数分析方法中的数据包络分析方法具有诸多优点，还可用于多投入、多产出的情况。而本章正是考虑了资源、海洋经济产出及环境污染等多投入多产出的情况，对我国沿海省份的海洋绿色经济效率进行测算，因此本章将采用数据包络分析方法对海洋绿色经济效率进行分析。

在数据包络分析方法框架下，可以用来测算经济效率的DEA模型可分为四类：第一，径向，且方向性；第二，径向，非方向性；第三，非径向，方向性；第四，非径向，非方向性。径向的DEA模型在测算经济效率时，原始数据的投入产出都要求等比例变化，而松弛变量带来的测算误差则容易被忽略；方向性的DEA模型重点关注投入方向或者产出方向的经济效率，另一方向上的经济效率容易被忽略；而非径向非方向性的DEA模型既能考虑到松弛变量带来的影响，也可以同时考虑投入和产出两方向上效率的变化，因此非径向非方向性的DEA模型也常被众多学者用来测算不同产业和不同企业的经济效率。2001年，托恩（Tone，2001）将投入产出中的松弛变量引入目标函数，构建用于解决松弛变量所带来的问题的SBM模型，还可以用来解决传统DEA方法上由于径向和角度带来的测度误差；在此基础上，2004年托恩（Tone）进一步提出基于非期望产出的SBM模型，即SBM-Undesirable模型，将非期望产出给模型带来的测算误差也考虑在内。

（一）SBM模型

在投入产出过程中，难免会出现冗余、不足的投入，松弛性问题随之产生。托恩（Tone，2001）提出的SBM模型，将松弛变量引入传统的DEA模型中，解决经济效率测算过程中的松弛性问题。该模型的原理如下：

假设有n个决策单位DMU_i（$i=1，2，\cdots，n$），每个决策单位都包含m种投入，s种产出，从而定义投入矩阵X，产出矩阵Y，如公式（6-8）所示。

$$\begin{cases} X=[x_1, x_2, \cdots, x_n] \in R^{m\times n} \\ Y=[y_1, y_2, \cdots, y_n] \in R^{s\times n} \\ X>0, Y>0 \end{cases} \tag{6-8}$$

此时可以定义生产可能集P，如公式（6-9）所示。

$$P=\{(x, y) | x \geqslant X\lambda, y \leqslant Y\lambda, \lambda \geqslant 0\} \tag{6-9}$$

λ是一个非负的向量，定义决策单位（x_0，y_0）的表达式，如公式（6-10）所示。

$$\begin{cases} X_0 = X\lambda + S^- \\ Y_0 = Y\lambda - S^+ \end{cases} \tag{6-10}$$

其中，$\lambda \geqslant 0$，$S^- \geqslant 0$，$S^+ \geqslant 0$，它们分别表示投入冗余和产出不足，也就是投入与产出的松弛变量，在 $X > 0$，$\lambda > 0$ 时，$x_0 \geqslant S^-$。通过松弛变量，可以定义指数 ρ 的计算方法，如公式（6-11）所示，且 $0 < \rho \leqslant 1$，

$$\rho = \frac{1 - \frac{1}{m}\sum_{i=1}^{m}\frac{s_i^-}{x_{i0}}}{1 + \frac{1}{s}\sum_{i=1}^{m}\frac{s_r^+}{y_{r0}}} \tag{6-11}$$

则每个决策单位的效率计算公式，如公式（6-12）所示。

$$\rho^* = \min \frac{1 - \frac{1}{m}\sum_{i=1}^{m}\frac{s_i^-}{x_{i0}}}{1 + \frac{1}{s}\sum_{i=1}^{m}\frac{s_r^+}{y_{r0}}}$$
$$\text{s. t.} \begin{cases} x_0 = X\lambda + S^- \\ y_0 = Y\lambda - S^+ \\ \lambda \geqslant 0,\ S^- \geqslant 0,\ S^+ \geqslant 0 \end{cases} \tag{6-12}$$

（二）非期望产出的 SBM 模型

基于 SBM 模型的基础上，托恩（Tone，2004）又提出将非期望产出引入效率测算模型中，形成 SBM-Undesirable 模型，以期能够在考虑松弛型变量误差的同时解决非期望产出所带来的测算误差，得到更加切合实际的经济效率。该模型的原理如下：

在 SBM 模型的基础上，将产出具体分为期望产出和非期望产出。此时，假设每个决策单位都包含 m 种投入，s_1 种期望产出，s_2 种非期望产出，从而定义投入矩阵 X，期望产出矩阵 Y^g 和非期望产出矩阵 Y^b，如公式（6-13）所示。

$$\begin{cases} X = [x_1,\ x_2,\ \cdots,\ x_n] \in R^{m \times n} \\ Y^g = [y_1^g,\ y_2^g,\ \cdots,\ y_n^g] \in R^{s_1 \times n} \\ Y^b = [y_1^b,\ y_2^b,\ \cdots,\ y_n^b] \in R^{s_2 \times n} \\ X > 0,\ Y^g > 0,\ Y^b > 0 \end{cases} \tag{6-13}$$

此时可以定义生产可能集 P，如公式（6－14）所示。

$$P=\{(x, y^g, y^b) \mid x \geqslant X\lambda, y^g \leqslant Y^g\lambda, y^b \leqslant Y^b\lambda, \lambda \geqslant 0\} \tag{6-14}$$

λ 是一个非负的向量，定义决策单位（x_0，y_0^g，y_0^b）的表达式，如公式（6－15）所示。

$$\begin{cases} X_0 = X\lambda + S^- \\ Y_0^g = Y^g\lambda - S^g \\ Y_0^b = Y^b\lambda + S^b \end{cases} \tag{6-15}$$

其中，$\lambda \geqslant 0$，$S^- \geqslant 0$，$S^g \geqslant 0$，$S^b \geqslant 0$，S^- 表示投入过剩，S^g 表示期望产出不足，S^b 表示非期望产出不足。通过定义，可以得到包含非期望产出的 SBM 模型规划式，如公式（6－16）所示。

$$\rho^* = \min \frac{1 - \frac{1}{m}\sum_{i=1}^{m}\frac{s_i^-}{x_{i0}}}{1 + \frac{1}{s_1 + s_2}\left(\sum_{i=1}^{s_1}\frac{s_r^g}{y_{r0}^g} + \sum_{i=1}^{s_2}\frac{s_r^b}{y_{r0}^b}\right)}$$

$$\text{s.t.} \begin{cases} x_0 = X\lambda + S^- \\ y_0^g = Y^g\lambda - S^g \\ y_0^b = Y^b\lambda + S^b \\ \lambda \geqslant 0, S^- \geqslant 0, S^g \geqslant 0, S^b \geqslant 0 \end{cases} \tag{6-16}$$

其中，ρ^* 为目标函数的值，当 $\rho^*=1$ 时，即 $s^-=0$，$s^g=0$，$s^b=0$，表示此时是有效率的，而当 $\rho^*<1$ 时，则表示效率无效。

在对我国沿海 11 个省份海洋绿色经济效率进行测算时，本章纳入了海洋资源消耗和环境污染对海洋绿色经济效率造成的不利影响，因此本章选用非期望产出的 SBM 模型来分析我国海洋绿色经济效率。

三、空间计量模型

在以往的研究中，学者也常用面板数据模型来探索影响经济效率的主要因素。虽然面板数据模型在同时考虑时间和地区的基础上来探索因变量与自变量之间错综复杂的关系，却无法对地区在空间中的相互关系有所判断。而空间计量经济学则是在传统计量经济学的基础上加入了空间效应，可用来对区域间经济地理行为中的空间相互作用进行结构分析，正好弥补了面板数据模型在空间研究上的缺陷，也是计量经济学的一个重要部分。安瑟林（Anselin，1988）在著作《空间计量经济学：方法和模型》中明确了空间计量经济学的概念，将其定义为“在区域科学模型的统计分析中，研究由空间引起的各种特性的一系列方法”，其中，区域科学模型是指在综合了区域、位置及空间交互影响的基础上，对时间或者截面数据进行估计的模型。

（一）空间权重矩阵

运用空间计量经济学对区域经济活动进行分析，一般用空间权重矩阵衡量区域间不同主体在空间上的位置信息及其之间相互作用。空间权重矩阵也是空间计量经济学与传统计量经济学不同的地方之一，因此空间权重矩阵的计算和选择在空间关系的分析显得十分重要。

空间权重矩阵的构造主要分为三种，一是基于相邻位置的0-1权重矩阵，二是基于地理距离的空间权重矩阵，三是基于经济距离的空间权重矩阵。其中，第一种方法是基础的构造方法，后两种方法将更多样本数据的信息考虑在内，较第一种更具有现实意义，因此更为常用。目前，也有学者尝试结合后两种方法构造基于经济距离的地理空间权重矩阵，但在现阶段的使用还不普遍。因此本章将主要介绍前面三种构造方法。

假设有 n 个研究个体，空间权重矩阵则为 $n \times n$ 方阵，通常用字母 W 来代表，如公式（6-17）所示，其中矩阵元素 w_{ij} 表示区域单位 i 与区域单位 j 之间的空间距离或邻接关系。因此，空间权重矩阵也是对称矩阵。

$$W = \begin{bmatrix} w_{11} & w_{12} & \cdots & w_{1n} \\ w_{21} & w_{22} & \cdots & w_{2n} \\ \vdots & \vdots & \vdots & \vdots \\ w_{n1} & w_{n2} & \cdots & w_{nn} \end{bmatrix} \tag{6-17}$$

基于相邻位置的空间权重矩阵则是根据地图用0-1来代表目标区域的相对位置的矩阵。若区域单位 i 与区域单位 j 相邻接，则 $w_{ij}=1$，若区域单位 i 与区域单位 j 不相邻接，则为 $w_{ij}=0$。而且，此时的空间权重矩阵的对角线上元素为0。

基于地理距离的空间权重矩阵则是用目标区域间地理距离来进行构造的矩阵，主要通过三种方法来进行构造，一是以距离倒数为权重，二是以距离平方倒数为权重，三是以距离的连续函数为权重，其中，第一种方法最为常用，如公式（6－18）所示。

$$w_{ij}=\begin{cases}0, & i=j\\ 1/d_{ij}, & i\neq j\end{cases} \tag{6-18}$$

本章定义两省份之间的距离为省会城市之间的地理距离 d_{ij}，其计算公式为：$d_{ij}=\sqrt{(xc_i-xc_j)^2+(yc_i-yc_j)^2}$，其中 xc、yc 分别为省会城市的经纬度坐标。

基于经济距离的空间权重矩阵则是用目标区域间经济产值的距离来进行构造的矩阵。w_{ij}的构造一般为区域单位 i 与区域单位 j 的经济产值差值的倒数，本章以最常用的地区生产总值差值为经济产值差值，如公式（6－19）所示。

$$w_{ij}=\begin{cases}0, & i=j\\ \dfrac{1}{|GDP_i-GDP_j|}, & i\neq j\end{cases} \tag{6-19}$$

（二）空间相关性检验

在建立空间计量模型前，往往要对区域单位之间是否存在空间依赖性进行检验，并以此为依据确定是否有必要建立空间计量模型。检验一个区域在地理空间上是否有空间自相关性的最常用的方法是 Moran's I 指数检验法。Moran's I 指数的计算方式如公式（6－20）所示。

$$Moran's\ I=\frac{\sum_{i=1}^{n}\sum_{j=1}^{n}w_{ij}(x_i-\bar{x})(x_j-\bar{x})}{S^2\sum_{i=1}^{n}\sum_{j=1}^{n}w_{ij}} \tag{6-20}$$

其中，n 为研究区域内的地区个数；w_{ij}为选取的空间距离权重矩阵；x_i 和 x_j 分别为区域单位 i 与区域单位 j 观测值，$\bar{x}$ 为观测值的平均值；观测值的方差为 $S^2=\frac{1}{n}\sum_{i=1}^{n}(x_i-\bar{x})^2$。

如果空间权重矩阵为行标准化，则 Moran's I 指数则可写为公式（6－21）。

$$Moran's\ I = \frac{\sum_{i=1}^{n}\sum_{j=1}^{n} w_{ij}(x_i - \bar{x})(x_j - \bar{x})}{\sum_{i=1}^{n}(x_i - \bar{x})^2} \tag{6-21}$$

Moran's I 指数可视为观测值与空间滞后的相关系数，其取值一般介于 -1～1 之间，大于0表示正自相关，即高值与高值相邻，低值与低值相邻；小于0则表示负相关，即高值与低值相邻；接近0时，则表明空间分布是随机的，不存在空间自相关。为了进行严格检验，在原假设 $cov(x_i, x_j)=0$，$\forall i \neq j$（即不存在空间自相关）下，可证明 Moran's I 指数的期望为 $-1/(n-1)$，标准化的 Moran's I 指数服从渐近正态分布，如公式（6-22）所示，因此可用标准正态的临界值对 Moran's I 指数进行显著性检验。

$$I^* = \frac{I - E(I)}{\sqrt{\mathrm{var}(I)}} \xrightarrow{d} N(0, 1) \tag{6-22}$$

（三）空间计量模型

存在空间自相关的情况下，空间计量模型中的空间滞后模型和空间误差模型常被用来验证空间相关性表现出的空间效应。

空间滞后模型，也称空间自回归模型，主要用来验证因变量在一个地区是否存在扩散效应，模型表达式为

$$\begin{aligned} Y &= \lambda Wy + X\beta + \varepsilon \\ \varepsilon &\sim N(0, \sigma^2 I_n) \end{aligned} \tag{6-23}$$

其中，k 为解释变量的个数，W 为 $n \times n$ 的空间权重矩阵，β 为 $k \times 1$ 的回归系数矩阵，Y 为 $n \times 1$ 的被解释变量矩阵，X 为 $n \times k$ 的解释变量矩阵，λ 为空间回归相关系数，表示空间单位之间的相互依赖性，可用于解释空间溢出效应。从模型公式可以看出，空间滞后模型的特征是在解释变量中包含了被解释变量空间滞后项 Wy，且常用最大似然法对其进行参数估计。

空间误差模型主要是通过误差项之间的关系来表现空间依赖作用，以表示地区之间的空间效应。模型表示式为

$$\begin{aligned} Y &= X\beta + u \\ u &= \rho Wu + \varepsilon \\ \varepsilon &\sim N(0, \sigma^2 I_n) \end{aligned} \tag{6-24}$$

其中，ρ 为 $n\times1$ 的空间误差自相关系数矩阵，衡量相邻地区对本地区的影响方向和程度，取值在 $-1\sim1$ 之间，u 为正态分布的随机误差向量，Wu 为空间滞后扰动项，常用最大似然法进行估计系数。

对空间滞后模型和空间误差模型的选择，本章依据 LM-lag、LM-error、Robust LM-lag 和 Robust LM-error 的判别准则进行判断，其中 LM-error 和 LM-lag表达式如下：

$$LM\text{-}lag=\frac{[e'WY/(e'e/N)]^2}{[(WX\beta)'M(WX\beta)/(e'e/N)]+\mathrm{trace}(W^2+W'W)} \quad (6-25)$$

$$LM\text{-}error=\frac{[e'WY/(e'e/N)]^2}{\mathrm{trace}(W^2+W'W)} \quad (6-26)$$

此时，LM-lag 和 LM-error 检验统计量都服从自由度为 1 的卡方分布，可用卡方分布临界值进行检验，而 Robust LM-Lag 和 Robust LM-error 则是 LM-error和 LM-lag 的稳健形式。从四个统计量出发，可以判断哪个空间计量模型更加合适，具体判断准则如图 6－1 所示。

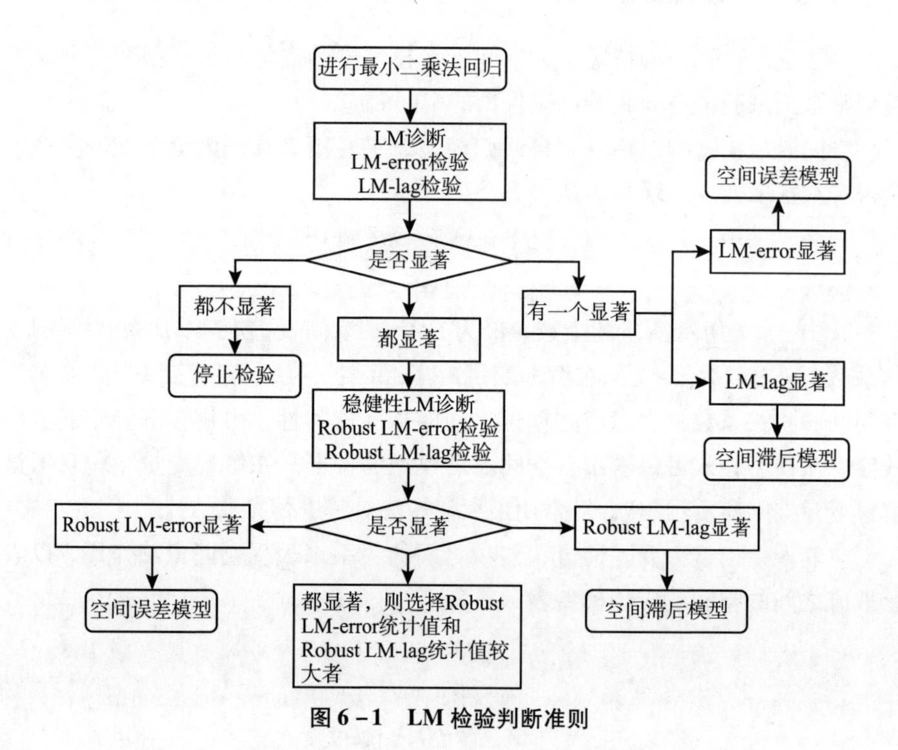

图 6－1　LM 检验判断准则

第三节　海洋绿色经济效率测算

一、沿海省份海洋资源投入分析

（一）海洋资源投入系数指标体系构建

由于海洋绿色经济效率是在考虑海洋资源消耗的基础上进行测算，因此在测算之前，对沿海各省份的海洋资源投入情况有所了解是很有必要的。广义上看，海洋资源不仅包括与海水水体有直接关系的物质和能量，还包括在一定条件下能产生经济价值的海洋自然环境因素及与海洋开发有关的海洋空间资源。由于从海洋资源的定义上来看，海洋捕捞、海水养殖、滨海旅游、海洋空间资源等与人类能动作用密切相关的海洋资源开发活动也是消耗海洋资源的重要途径，因此仅仅用海洋资源的存量来衡量其对海洋经济的投入并不能完全有效的体现海洋资源投入的情况。另外，海洋资源种类多样，利用程度不一，无法用单个指标对其消耗量进行科学的评估。因此，本章借鉴以往学者对指标的选取，并参考朱坚真教授（2010）的《海洋经济学》中对海洋资源的分类，将从海洋水体资源、海洋生物资源、海洋矿物资源以及海洋空间资源这四个方面出发，以各沿海省份的资源消耗量为基础，综合测算各沿海省份的海洋资源投入系数，研究各沿海省份海洋资源投入水平。

参考国内外众多学者研究结果，并基于海洋资源数据的连续性和可获得性，本章选取水资源总量、盐田面积和海盐产量来代表沿海省份对海洋水体资源的直接利用和开发程度；由于现有统计资料中缺乏各沿海省份的海洋生物资源储量，本章选取海水可养殖面积和海洋捕捞养殖面积来近似代表海水养殖业和捕捞业这两个主要产业对海洋生物资源的消耗；对于海洋油气、矿业等消耗量难以计算的矿物资源，多利用各自的产量来近似代表其消耗情况，本章选取海洋原油产量、海洋矿业产量来代表沿海省份的海洋矿物资源投入情况；人类对海洋空间资源的开发，不仅包括传统的海洋运输和港口建设，还包括对海上风能、海洋旅游景观等建设，因此本章选取海岸线长度来代表沿海省份的海洋空间规模，选取沿海规模以上港口生产用码头泊位数、沿海港口货物吞吐量、沿海地区星级饭店数量和海洋保护区面积来代表沿海省份对海洋空间资源的消耗。

综上所述，构建如表 6－1 所示的海洋资源投入系数指标体系，并将通过熵值法综合测算沿海省份海洋资源投入系数。由于研究期内的海洋统计年鉴仅到 2017 年，本章选取 2006～2016 年统计指标数据进行分析，该部分的 11 个沿海省份 12 个指标数据均来源于 2007～2017 年的《中国海洋统计年鉴》及各省份的海洋统计数据。

表 6－1　海洋资源投入系数指标体系

目标层	准则层	指标层
海洋资源投入系数	海洋水体资源	水资源总量
		盐田面积
		海盐产量
	海洋生物资源	海水可养殖面积
		海洋捕捞养殖产量
	海洋矿物资源	海洋原油产量
		海洋矿业产量
	海洋空间资源	海岸线长度
		沿海规模以上港口生产用码头泊位数
		沿海港口货物吞吐量
		沿海地区星级饭店数量
		海洋保护区面积

（二）海洋资源投入系数计算与分析

依据本章第二节介绍的极值熵值法的计算步骤可依次计算 2006～2016 年 11 个沿海省份的各指标权重以及投入系数。为了保证数据可比性和有效性，参考学者王泽宇、卢雪凤和韩增林（2017）的处理方法，本书将海洋原油产量和海洋矿业产量进行相加，得到海洋油矿总量。接着，按照本章第二节介绍的极值熵值法方法计算 2016 年各海洋资源指标的权重，结果如表 6－2 所示，并以该权重和各年极值化的数据为基础，计算得到各年的沿海省份的海洋资源投入系数得分，结果如表6－3所示。

表6－2　海洋资源投入系数中各指标权重

指标层	权重（%）
水资源总量	7.86
盐田面积	11.26
海盐产量	19.20
海水可养殖面积	8.02
海洋捕捞养殖产量	5.27
海洋原油产量	8.84
海洋矿业产量	8.84
海岸线长度	5.56
沿海规模以上港口生产用码头泊位数	7.44
沿海港口货物吞吐量	4.29
沿海地区星级饭店数量	3.42
海洋保护区面积	18.83

注：表中的权重值利用熵值法计算得到。

表6－3　沿海省份的海洋资源投入系数

省份	2006年	2007年	2008年	2009年	2010年	2011年	2012年	2013年	2014年	2015年	2016年
天津	0.1069	0.1341	0.1032	0.0934	0.1416	0.1376	0.1368	0.1410	0.1406	0.1389	0.1441
河北	0.1387	0.1374	0.1311	0.1343	0.1364	0.1418	0.1531	0.1504	0.1479	0.1526	0.1547
辽宁	0.4070	0.4059	0.2179	0.3980	0.2278	0.2066	0.2840	0.2834	0.2793	0.2159	0.2812
上海	0.0605	0.0591	0.0843	0.0792	0.0625	0.0608	0.0637	0.0649	0.0652	0.0564	0.0590
江苏	0.1736	0.1796	0.2866	0.1513	0.1157	0.1265	0.1137	0.1118	0.1157	0.1280	0.1012
浙江	0.3455	0.3964	0.3760	0.3973	0.3699	0.3658	0.3803	0.3452	0.3663	0.3588	0.3627
福建	0.2269	0.2175	0.1770	0.1964	0.2047	0.1828	0.2008	0.1915	0.2009	0.3688	0.2245
山东	0.5164	0.5386	0.5194	0.5377	0.5209	0.5387	0.5700	0.5845	0.5918	0.5355	0.5720
广东	0.4430	0.4749	0.4174	0.4588	0.4183	0.5955	0.4351	0.4425	0.3868	0.4043	0.3921
广西	0.1950	0.1092	0.1148	0.1221	0.1240	0.1218	0.1317	0.1403	0.1472	0.1457	0.1314
海南	0.1610	0.0847	0.1639	0.0916	0.2641	0.0923	0.2577	0.2597	0.2588	0.0864	0.3205

正如本章第二节的介绍，熵值法是基于数据内部差异程度计算权重，因此若某个指标的权重越大，则说明各地区在该指标上的数值差异性越大。因此，从表6－2结果来看，海洋保护区面积、海盐产量和盐田面积的指标权重均明显超过10%，这也说明沿海11个省份在这三种海洋资源的投入上存在较大差异。

为了解11个沿海省份历年来海洋资源投入变化情况，本书以表6－3的沿海省份海洋资源投入系数为基础，绘制了沿海省份历年的海洋资源投入变化图，如图6－2所示。从图6－2的空间趋势看，山东、广东和浙江的海洋资源投入相对较高，而上海、海南、天津和广西海洋资源投入相对较少。这与各省份的地理形势和资源禀赋水平密切相关。山东省有着全国最大的滨海海域面积和滩涂面积，同时拥有黄河入海口和面积居全国之首的山东半岛，可供开发和投入使用的海洋资源丰富。而上海管辖的海域面积不到我国海域面积的1%，其海水可养殖面积也是众多省份中最少的，虽然上海有经济优势和技术优势，但可供开发的海洋资源（如港口资源、海洋可再生能源）较为有限，因此其海洋资源投入系数较低。

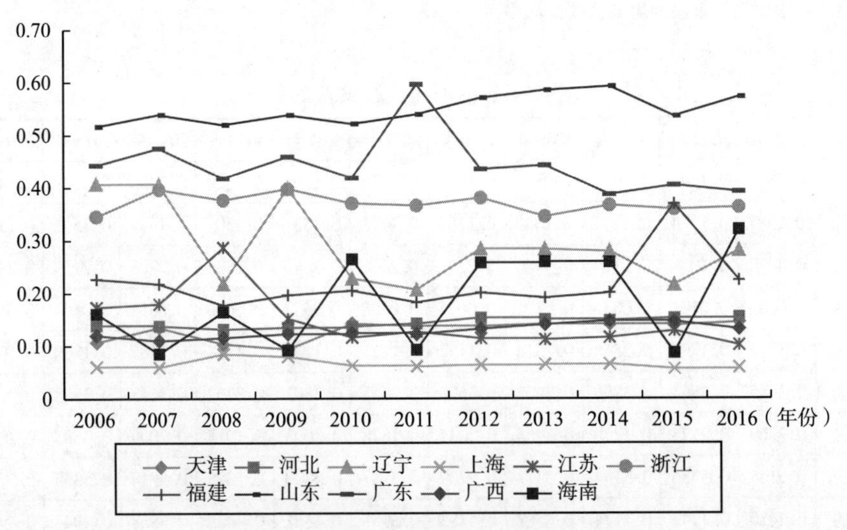

图6－2 沿海省份历年海洋资源投入系数

从时间趋势看，除了辽宁和江苏的总体趋势是在下降，其他省份的总体趋势都是在上升，但上升程度有所区别。这与近年来海洋经济的蓬勃发展、海洋资源开发技术日趋多元化和成熟化分不开。其中，辽宁的海洋资源投入系数波动幅度较大，其主要原因是辽宁的海洋保护区面积在2006～2016年的变化较为剧烈。江苏历年海洋资源投入系数较小，总体上处于下降趋势的背后原因不仅是海洋保护区面积的变化，还在于其海洋原油产量和海洋矿业产量均为0，与其他省份有明显的不同。

二、海洋绿色经济效率测算

基于本章第一节的定义以及研究方法，本书将从投入和产出角度出发，建立海洋绿色经济效率指标体系。投入指标方面，土地、劳动力和资本是最基本的生产要素。因此，在海洋经济中，本书选取涉海就业人员总数作为劳动力投入指标，固定资产投资额作为资本投入指标，并将固定资产投资额以2006年为基期进行不变价处理。除此之外，由于海洋经济对海洋资源的依赖性较强，沿海省份的资源禀赋和开发情况则会通过影响海洋经济的投入，从而影响到经济效率的高低。因此，本书将用前文计算的海洋资源投入系数（见表6－3）作为资源投入指标。

产出指标方面，在海洋开发的过程中，不仅会产生期望的经济产出，如各个海洋产业的产值，也会产生一些非期望的产出，会对环境产生消极的作用，如废水、废气和工业废物等。因此本书综合考虑了以往学者的经验以及数据连续性要求，最终选取沿海省份的海洋生产总值作为期望产出指标，并以2006年为基期进行不变价处理得到历年的海洋生产总值；利用极值熵值法对沿海地区工业废水排放量、废气排放量、一般工业固定废物量进行综合评价，得到相应的“三废”综合系数，以此作为非期望产出指标。由于此处“三废”综合系数的计算与前面计算方法类似，在此不再赘述，计算结果如表6－4所示。

表 6-4 沿海省份的"三废"综合系数

省份	2006 年	2007 年	2008 年	2009 年	2010 年	2011 年	2012 年	2013 年	2014 年	2015 年	2016 年
天津	0.0260	0.0192	0.0225	0.0182	0.0060	0.0189	0.0202	0.0123	0.0181	0.0174	0.0167
河北	0.9371	0.9380	0.9295	0.9342	0.4183	0.2353	0.1909	0.1885	0.1917	0.1834	0.1822
辽宁	0.5706	0.1902	0.1828	0.1636	0.2301	0.9203	0.8538	0.8356	0.8617	0.8521	0.8710
上海	0.0508	0.0450	0.0473	0.0392	0.0281	0.0886	0.0603	0.0392	0.0404	0.0410	0.0478
江苏	0.1968	0.1816	0.1948	0.1831	0.1772	0.2155	0.2086	0.1936	0.2598	0.2101	0.2201
浙江	0.2185	0.1580	0.1629	0.1554	0.1601	0.1826	0.1561	0.1182	0.1272	0.1222	0.1199
福建	0.1298	0.1320	0.1190	0.1462	0.2547	0.2054	0.0865	0.0762	0.0838	0.0734	0.0701
山东	0.1495	0.1564	0.1877	0.1713	0.1885	0.1864	0.1757	0.1707	0.1929	0.1970	0.2011
广东	0.3795	0.3705	0.3063	0.5353	0.8776	0.4903	0.3648	0.2586	0.3913	0.2471	0.2541
广西	0.4855	0.3093	0.2429	0.4011	0.5745	0.3601	0.1326	0.1051	0.1188	0.0973	0.1021
海南	0.0004	0.0022	0.0021	0.0011	0.0194	0.0042	0.0039	0.0034	0.0020	0.0010	0.0015

综上所述，可得海洋绿色经济效率的评价指标体系，如表 6-5 所示 。

表 6-5 海洋绿色经济效率评价指标体系

一级指标	二级指标	三级指标
投入	劳动力	涉海就业人员
	资本	固定资产投资额
	资源	海洋资源投入系数
产出	期望产出	海洋生产总值
	非期望产出	"三废"综合系数

本书基于表 6-5 海洋绿色经济效率评价指标体系和 SBM 模型，借助 Matlab 软件，对不含非期望产出和含有非期望产出的海洋经济效率进行测算，部分测算结果如表 6-6 所示。从表中可知，在加入非期望产出之后，各沿海省份的海洋经济效率值普遍降低，这说明在未考虑环境因素的时候，各沿海省份的海洋经济效率存在被高估的嫌疑。因此在考虑环境因素后，重新对海洋经济效率进行测算，以此结果来观察各沿海省份海洋绿色经济效率的变化是有必要的，也是新时代的需要。

表 6-6　不含非期望产出和含非期望产出的海洋经济效率

省份	2006 年			2008 年			2010 年			2012 年			2015 年		
	不含非期望产出的效率值	含非期望产出的效率值	变化量	不含非期望产出的效率值	含非期望产出的效率值	变化量	不含非期望产出的效率值	含非期望产出的效率值	变化量	不含非期望产出的效率值	含非期望产出的效率值	变化量	不含非期望产出的效率值	含非期望产出的效率值	变化量
天津	0. 441	0. 351	-0. 090	0. 469	0. 366	-0. 103	0. 426	0. 652	0. 226	0. 429	0. 650	0. 221	0. 422	0. 373	-0. 050
河北	0. 304	0. 211	-0. 093	0. 323	0. 218	-0. 104	0. 306	0. 215	-0. 091	0. 302	0. 221	-0. 081	0. 298	0. 209	-0. 089
辽宁	0. 181	0. 128	-0. 054	0. 211	0. 153	-0. 058	0. 197	0. 151	-0. 046	0. 191	0. 147	-0. 043	0. 196	0. 141	-0. 055
上海	0. 797	0. 769	-0. 028	0. 801	0. 777	-0. 024	0. 812	0. 778	-0. 034	0. 800	0. 791	-0. 009	0. 810	0. 791	-0. 019
江苏	0. 195	0. 145	-0. 050	0. 190	0. 135	-0. 055	0. 216	0. 178	-0. 038	0. 218	0. 193	-0. 025	0. 205	0. 184	-0. 032
浙江	0. 182	0. 131	-0. 051	0. 190	0. 134	-0. 056	0. 181	0. 132	-0. 049	0. 181	0. 141	-0. 039	0. 179	0. 129	-0. 051
福建	0. 296	0. 221	-0. 075	0. 327	0. 242	-0. 085	0. 302	0. 226	-0. 076	0. 303	0. 258	-0. 045	0. 280	0. 239	-0. 040
山东	0. 264	0. 206	-0. 058	0. 278	0. 207	-0. 071	0. 265	0. 203	-0. 061	0. 262	0. 219	-0. 043	0. 260	0. 192	-0. 051
广东	0. 298	0. 202	-0. 095	0. 320	0. 211	-0. 109	0. 302	0. 225	-0. 077	0. 301	0. 243	-0. 058	0. 299	0. 208	-0. 091
广西	0. 103	0. 072	-0. 030	0. 108	0. 075	-0. 033	0. 103	0. 075	-0. 028	0. 102	0. 077	-0. 025	0. 100	0. 069	-0. 031
海南	0. 285	0. 179	-0. 106	0. 288	0. 187	-0. 101	0. 281	0. 198	-0. 083	0. 281	0. 192	-0. 089	0. 292	0. 188	-0. 104

三、海洋绿色经济效率分析

（一）海洋绿色经济效率总体特征

通过前面的测算，可得到沿海省份2006～2016年海洋绿色经济效率值，结果如表6－7所示。从表6－7可以看出，大多数沿海省份海洋绿色经济效率值都偏低，除了上海和天津，其他9个省份海洋绿色经济效率值均在0.10～0.30之间，出现该现象的原因主要是因为我国海洋经济起步较晚，海洋经济的发展还处于以资源投入为主的阶段，对环境效益的重视和持续投入还不够，从而使得海洋绿色经济效率偏低，说明我国大部分省份的海洋经济绿色发展水平还有待提高。

表6－7　2006～2016年沿海省份海洋绿色经济效率

省份	2006年	2007年	2008年	2009年	2010年	2011年	2012年	2013年	2014年	2015年	2016年
上海	0.7689	0.7761	0.7769	0.7696	0.7780	0.7812	0.7911	0.7922	0.7989	0.7909	0.7933
天津	0.3513	0.3712	0.3664	0.2569	0.6522	0.6499	0.6500	0.5754	0.3669	0.3727	0.3504
河北	0.2112	0.2112	0.2184	0.2362	0.2145	0.2224	0.2214	0.2161	0.2156	0.2086	0.2077
福建	0.2209	0.2196	0.2419	0.1446	0.2259	0.2501	0.2581	0.2478	0.2446	0.2394	0.2401
山东	0.2062	0.2007	0.2068	0.2244	0.2034	0.2295	0.2188	0.2047	0.2132	0.1922	0.2012
广东	0.2024	0.2012	0.2112	0.2104	0.2253	0.2255	0.2432	0.2363	0.2409	0.2081	0.2201
江苏	0.1453	0.1433	0.1351	0.2249	0.1776	0.1831	0.1931	0.1873	0.1846	0.1838	0.1944
浙江	0.1307	0.1278	0.1335	0.1831	0.1322	0.1430	0.1414	0.1394	0.1482	0.1287	0.1321
海南	0.1788	0.1799	0.1867	0.1431	0.1977	0.1945	0.1922	0.1834	0.1832	0.1882	0.1901
辽宁	0.1275	0.1296	0.1525	0.0811	0.1508	0.1591	0.1474	0.1447	0.1455	0.1406	0.1401
广西	0.0723	0.0733	0.0754	0.0784	0.0749	0.0771	0.0771	0.0733	0.0730	0.0691	0.0651

为更好地了解我国海洋绿色经济效率的平均水平以及各沿海省份在历年间的内部差距情况，本书计算了2006～2016年我国海洋绿色经济效率值的平均值、标准差和变异系数值，结果如表6－8所示。从全国平均水平来，海洋绿色经济效率在2006～2012年缓慢上升，这与大多数学者的研究结果类似，

但其在2012年后又稍有下降。主要是因为："十五"期间，各地响应政策加大对海洋资源的开发力度，加速发展海洋经济，对发展速度的过度追求，忽视了经济发展质量、效益与海洋环境保护之间的平衡关系。因此，在2006年"十一五"初期，面临资源耗竭和环境恶化的压力，各沿海省份开始转变经济发展方式，加强对海洋环境的保护，注重海洋经济的发展质量和效率，因此全国海洋绿色经济效率的平均水平缓慢上升。但由于海洋经济基础较差，技术水平较低，政府为节能降耗和环境保护投入较大资本后经济下行压力依旧加大，导致在2012年的海洋绿色经济效率又有所回落，但总体水平仍然高于起始水平。

表6-8从标准差的变化看来，2006~2016年，各省份之间海洋绿色经济效率差距较为稳定，虽略有波动，但都在0.18~0.20附近，说明到目前为止各省份海洋绿色经济效率的差距不是很大；从变异系数来看，历年来变化不大，均在0.70左右附近波动。一方面，说明2006~2016年各省份海洋经效率变化趋势虽不同，但在纵向上的差距还没有越来越大；另一方面也说明虽然近几年各省份都在重视海洋经济的可持续发展，但是总体的海洋绿色经济效率格局暂时还没有较大的变化。

表6-8　　　　沿海省份海洋绿色经济效率波动特征

年份	平均数	标准差	变异系数
2006	0.2378	0.1812	0.7622
2007	0.2394	0.1845	0.7705
2008	0.2459	0.1825	0.7420
2009	0.2586	0.1764	0.6821
2010	0.2757	0.2133	0.7736
2011	0.2821	0.2113	0.7491
2012	0.2849	0.2132	0.7484
2013	0.2728	0.2046	0.7500
2014	0.2559	0.1855	0.7250
2015	0.2484	0.1858	0.7481
2016	0.2486	0.1856	0.7553

（二）海洋绿色经济效率时序变化特征

2006年以来，各省份海洋经济效率的变化特点各不相同。因此，依据各省份的变化特点可以将11个省份分为5种类型，其中，上海海洋绿色经济效率值属于较为稳定、高水平值类型，虽未处于完全有效状态，但效率值均维持在0.75以上，居于沿海省份的榜首，为高水平稳定型；天津近十来年的海洋绿色经济效率值基本呈倒U形，2006～2009年以及2014～2016年的效率值偏低，但2010～2013年的效率值处于较高水平，基本维持在0.65左右，相对于其他省份，波动幅度比较大，属于高水平波动型；河北、福建、山东、广东4个省份2006～2016年的海洋绿色经济效率值基本维持在0.20左右，属于中游稳定型；江苏、浙江、海南、辽宁4个省份2006～2016年的海洋绿色经济效率值则基本在0.10～0.20之间波动，属于低水平稳定型；广西是沿海省份海洋绿色经济效率最低省份，表6－7正是按照五个类型依次排序。接下来本章将结合表6－7中的时序特征表现类型和具体海洋经济发展情况分析我国海洋绿色经济效率呈现如此分布的原因。

1. 高水平稳定型

就上海而言，总体经济水平较高，固定资本投入和人力投入水平较高；尽管上海海洋资源禀赋水平相对较低，海洋资源投入量比其他省份少，但其海洋开发技术相对较高，海洋新兴产业发展也相对较快。上海对海洋环境保护意识也较强，较早地开始转变传统的海洋经济发展方式，“十五”期间，上海开始主张要适度开发海洋资源，并制定了促进海洋资源永续利用和对污染物入海实行总量控制等政策，这使得上海海洋经济绿色发展进程快于其他省份，绿色海洋经济效率也相对较高。

2. 高水平波动型

2006～2016年，天津海洋绿色经济效率值高于除上海外的其他省份，主要原因在于，天津于2003年就提出大力发展海洋经济，之后资源、基础设施及资金劳动力的投入逐年增加，且天津紧邻北京，具备良好的区位优势，因此海洋经济得到前所未有的发展；另外，天津废水、废物和废水的排放量均相对较低，其“三废”综合系数远远低于其他地区，仅高于海南。之所以海洋绿色经济效率值在2010～2013年有较高增幅，原因在于：2010年之前，天津海洋经济发展以扩大海洋经济规模，实现海洋经济跨越式发展为目标，资源、劳动力和资金投入均处于较高水平，易造成投入冗余，使得资源利用率不高；但在2010年后，天津政府意识到这个问题，在“十二五”规划中提出要协调海洋事业的全面发展，同时兼顾海域资源需求和科学利用，提高海域使用效率，力求在海洋经济发展中实现投入产出最优水平，这些政策实施初见成效，从而使得其海洋绿色经济效率在2010年有较高的增长。而在2014～2016年下降，主要是由于近年来，赤潮和土壤盐渍化等海洋灾害频发，2014年天津发生的赤潮灾害甚至发现了有毒赤潮生物种，极大地损害了其近海养殖业及相关产业。这也说明海洋经济发展和海洋环境保护之间的协调发展不可能一蹴而就，需要有长期的规划和持续的环境治理。

3. 中游稳定型

海洋绿色经济效率中处于0.20左右的河北、福建、山东、广东这4个省份的情况各有不同。其中，广东在海洋资源、资本和劳动力中的投入都是11个省份中相对较高的，但其海洋绿色经济效率却处在沿海省份的中游，原因在于：一方面，优质资源闲置和浪费现象并存，尤其是海岸线开发利用方式粗放低效，导致资源利用率并没有达到最优水平；另一方面，在11个省份中，广东的环境污染程度相对较高，2006～2016年来其“三废”综合系数都较高，2016年广东工业废水排放量和工业固定废物量分别为13.16亿吨和5609.76万吨[①]，都居于沿海省份中的第二位。另外，福建和山东由于拥有良好的海洋资源，对于各项资源的投入处于中等水平，且“三废”综合系数均在0.08～0.20之间，总体而言环境污染程度相对辽宁、广西等较轻，因而其海洋绿色经济效率维持在中游水平。河北则与前面三个省份较为不同，河北海洋生产总值相对较低，其海洋资源禀赋水平相对有限，河北主要依托海洋渔业和海洋旅游业相关产业发展，虽然其人力和资金的投入水平较低，但其海洋绿色经济效率却处于中部，“三废”综合系数在逐年下降，2011年后已降至0.20以下，说明河北的海洋投入与产出相对较优。

---

① 2016年《广东省环境统计公报》。

4. 低水平稳定型

低水平稳定型的4个省份：浙江、江苏、辽宁和海南海洋绿色经济效率位于0.10~0.20之间，比之前“中游稳定型”省份的效率值小些。浙江和江苏海洋生产总值与福建相似，资源、人力投入水平相对较高；但其“三废”综合系数均高于福建和山东，导致了浙江和江苏海洋绿色经济效率略低于福建和山东。另外，海南海洋生产总值仅高于广西，其“三废”综合系数是11个省份最低的，海洋资源投入水平处于中下游，这也就使得海南海洋绿色经济效率无法有很大的突破。辽宁海洋资源投入系数仅次于山东和广东，但其海洋生产总值处于沿海省份的中下游，2016年海洋生产总值为3338.3亿元①，低于福建、广东等，而且辽宁的非期望产出处于逐年上升趋势，这也就导致辽宁海洋绿色经济效率处于较低水平。

5. 最低水平型

广西是沿海地区中海洋绿色经济效率最低的省区。广西整体经济水平较低，海洋经济发展晚于其他省份，其海洋生产总值是沿海省份中最低的。而且，广西海洋资源投入水平也处于下游，资本、人力资源投入不足，从而导致其广西海洋经济发展进程受到较多阻碍。广西海洋经济存在较大发展空间，在推动绿色经济增效的探索上任重道远。

（三）三大经济圈海洋绿色经济效率变化特征

我国11个沿海省份所在的三大经济圈（环渤海地区、长三角地区和泛珠三角地区）由于经济水平、地理气候、资源环境等差异，其具备优势的海洋产业也存在较大差异，如环渤海地区的传统优势产业在于海洋渔业和海洋交通运输业，长三角地区则是船舶制造业和滨海旅游业，泛珠三角地区则是海洋油气业和船舶制造业，因此区域内省份的海洋优势产业也会存在趋同效应，协同与竞争并存，进而影响各地区海洋绿色经济效率的发展。

本书中三大经济圈的海洋绿色经济效率值为该经济圈内涉及省份的平均值，具体时间趋势如图6-3所示。在前文表6-7的时序特征中，不难发现除了天津外，沿海省份海洋绿色经济效率2006~2016年的变化幅度相对较

---

① 2017年《中国海洋统计年鉴》。

小，但从图6－3可看出，三大经济圈海洋绿色经济效率变化相对较大，这也进一步说明，仅仅从时序角度观察我国海洋绿色经济效率过于粗糙，因此，本书还将对长三角地区、环渤海地区和泛珠三角地区海洋绿色经济效率发展趋势进行观察。从2006～2016年整体趋势来看，长三角地区和泛珠三角地区处于缓慢上升趋势，环渤海地区的变化相对较大，基本呈倒U形，经历了一个小幅上升后小幅下降的过程。从整体水平来看，长三角地区海洋绿色经济效率最高，其次是环渤海地区，最后是泛珠三角地区（低于全国的平均水平）。经观察，本书认为海洋绿色经济效率呈现的特征与这三个地区的资源禀赋、经济发展水平以及政策有关，因此本书接下来将从这三个方面进行详细阐述。

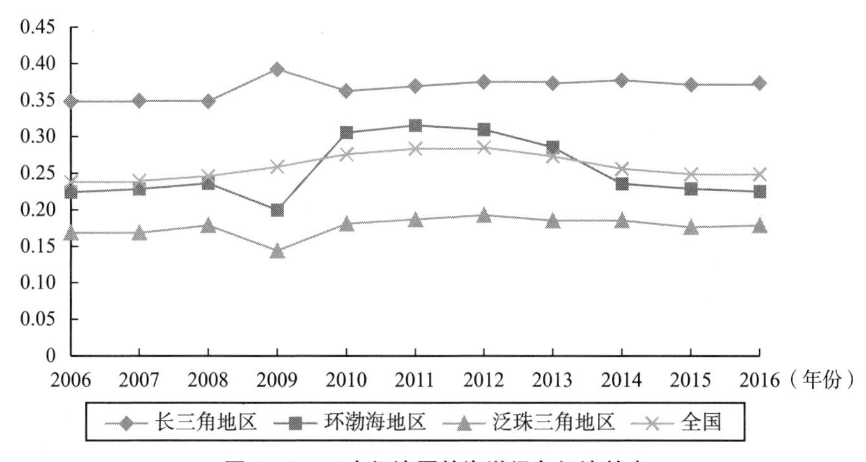

图6－3　三大经济圈的海洋绿色经济效率

1. 长三角地区

长三角地区海洋资源水平虽处于中游，但浙江、江苏和上海这三个省份本身的经济实力、科技开发水平和劳动力质量相对较高，其中上海市区位优势明显，其海洋绿色经济效率一直处于高水平，从而也带动提高了长三角地区的整体效率水平，使得该区域海洋绿色经济效率值相对较高。图6－4描述了长三角地区整体海洋绿色经济效率值以及区域内两省一市的情况。

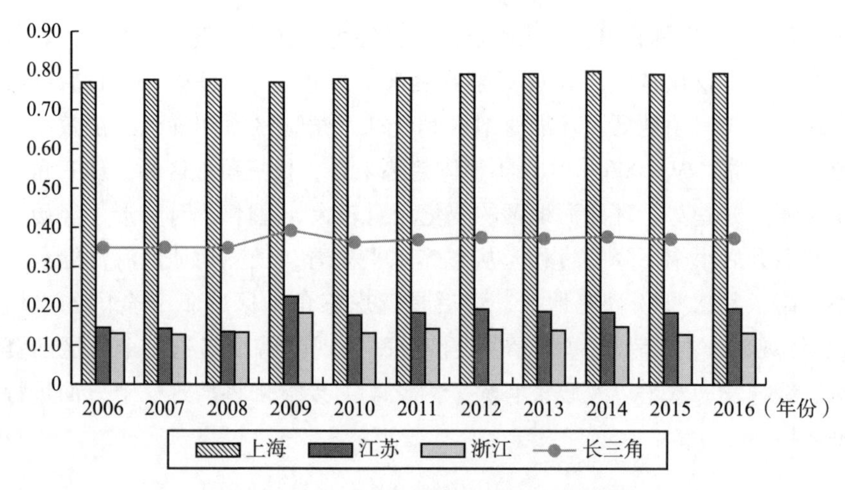

图 6－4　长三角地区的海洋绿色经济效率

一方面，长三角地区海洋经济发展以上海为中心，连接江苏和浙江这两大综合经济实力强省，区位优势明显，是我国目前经济最为活跃和总量规模最大的区域。另一方面，长三角地区海洋经济发展较早，目前两省一市海洋经济产业结构都为“三、二、一”结构，且逐渐形成了各具特色的海洋经济，上海开展以滨海旅游、海洋交通运输和海洋船舶工业为支柱的海洋经济，江苏则以海洋渔业、海洋船舶工业和海洋医药为中心开展海洋经济活动，浙江海洋经济则是以海洋电力、海洋交通运输和海洋化工为主导。

两省一市强强联合，但也相互竞争，区域发展中也存在不平衡现象。上海以资本、技术密集型海洋产业为显著优势，在造船和涉海科技研发教育领先于江苏和浙江。而江苏有着良好的渔业发展基础，在渔业创新技术上也走在国内前端，其海洋渔业的发展则领先于上海和浙江。虽然如此，但本书根据彭宇飞和马全党（2017）的研究发现，长三角地区尽管存在地区间的发展不协调，但长三角地区海洋经济生产总值的地区差异在三个区域中相对较低。加之，长三角地区是我国高校和科研机构最集中地区之一，各方面的科技开发水平均较高，充足的海洋科研人员储备也为长三角地区海洋绿色经济效率提供又一助力。综上，相对较低的区域不平衡性以及良好的科研水平是导致长三角地区海洋绿色经济效率高于其他两个区域的主要原因。

2. 环渤海地区

环渤海地区的变化则稍微复杂，其海洋绿色经济效率值先是低于全国水平，2009～2012年有小幅上升，而后小幅回落。辽宁、河北和山东这三个省份在研究期间的变化较为不明显，因此对该区域平均水平影响不大，而天津效率值为倒U形，2010～2013年的绿色经济效率值处于较高水平，但在2006～2009年以及2014～2016年的效率值偏低，这种倒U形结构的效率值对区域平均水平的影响较大。图6－5描述了环渤海地区的整体海洋绿色经济效率值以及区域内三省一市的情况。

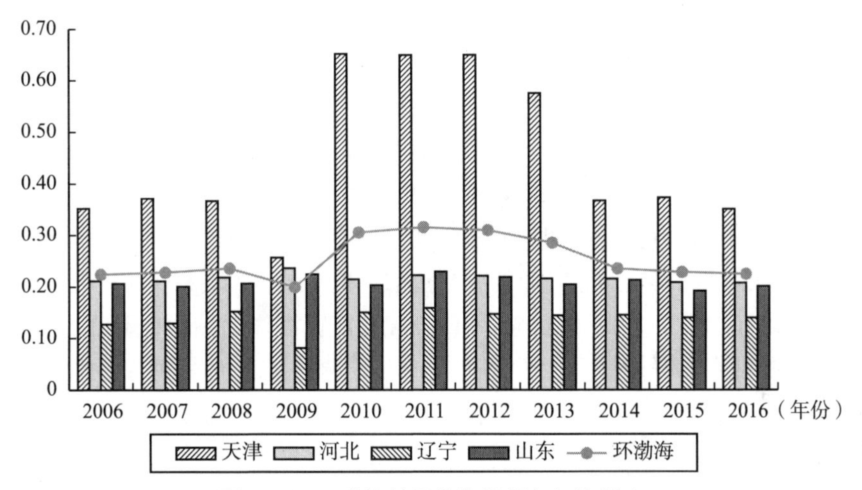

图6－5　环渤海地区的海洋绿色经济效率

天津海洋传统优势产业为海洋交通运输业、海洋油气业、海洋化工业和海洋盐业，自“十五”规划以后，这些传统产业发展势头迅猛。在沿海11个省份中，天津海洋原油产量一直位居第一，2006～2007年其产量为1400万吨，2009～2011年产量有明显提升，2011年的原油产量约为2006年的两倍，占环渤海地区总量的85%，2012年之后天津市海洋原油产量开始稍有下降①。另外，以天津港为中心的渤海湾港口群，在国际航运和国际物流中发挥着巨大作用，“十一五”规划期间，天津港集装箱吞吐量总计为4026万标

① 2007～2016年《中国海洋统计年鉴》。

准箱，约为“十五”期间的 2.5 倍，货物吞吐量为 17 亿吨，是“十五”规划期间的 2.5 倍。2011 年之前，天津海洋环境的承载能力和纳污条件较为良好，海洋经济期望产出的势头远大于非期望产出，因此海洋绿色经济效率持续在增长。2011 年之后，粗放的原油经营带来严重的海水污染问题，天津海洋环境逐渐恶化。另外，2011 年环渤湾地区还曾发生严重的油田溢油事故，且同年国际油价大跌，使得天津的海洋油气业产量明显下滑，同时也对环渤海其他几个省份造成较为严重的影响。与此同时，受到临海工业的发展及海水养殖、海洋交通等其他海洋产业用地的扩张，使得天津优势产业海洋盐业的盐场面积不断缩小，导致其 2012 年的海盐产量较 2011 年有所下降。另外，工业废水和生活污水导致水质不断恶化，而重工业带来的空气污染问题也日益严重，最终不仅导致了渔业资源的衰退，还抑制了该地区滨海旅游业的发展。虽然天津市海洋经济仍在发展，但增长势头较之前有所减缓，加之环境恶化带来的影响逐渐显现，从而导致其经济效率较为不稳定，呈倒 U 形变动。

辽宁作为我国东北地区重要的老工业基地，传统优势产业为海洋交通运输业、海洋船舶业、海洋渔业和滨海旅游业。一方面，以大连港为中心的辽东湾港口群作为辽宁海洋交通运输业的主要港口，既要与天津港进行协同合作，又要与天津竞争。另一方面，辽宁另一传统优势产业海洋船舶业也面临着激烈竞争，江苏等地在海洋船舶业的发展上正追赶、超越辽宁的发展。在此情况下，辽宁努力开发新兴产业，如生物医药产业，且 2015 年辽宁海洋科研机构的数量仅次于山东。在辽宁海洋经济发展中，由于其海洋产业发展水平不一，相互掣肘，最终导致了辽宁 2010 年以前的海洋绿色经济效率值偏低。从变化趋势来看，2009 ~ 2010 年是辽宁海洋绿色经济效率的转折点，这在某种程度上与那两年新颁布的海洋政策有关，如《辽宁省海洋功能区划（2011 ~ 2020）》《辽宁海岸带保护和利用规划》，辽宁的部分海洋资源得到了合理配置，功能区的划分使得竞争更加良性，再加上环境问题的治理能力也较之前有所提高，使得辽宁海洋绿色经济效率值在 2010 年之后基本维持在 0.15 左右。在 2016 年，辽宁海洋产业结构已呈现出“三、二、一”格局，可见产业结构改革初见成效。

山东海洋产业布局为“二、三、一”结构，其优势产业主要为海洋矿业、海洋渔业、滨海旅游业和交通运输业。山东海洋交通运输业的发展与辽宁类似，存在相似的瓶颈，其港口规划缺乏系统性，船舶种类繁多，老化现象严重，而其粗放的开发利用方式和不尽合理的岸线使用使得海岸线后退，土地压力增大。另外，山东现有的74种矿产保有储量居全国前十，其海洋矿业仍有较大的发展前景，但海洋矿业易造成工业污染、工业废水等环境问题。山东最早提出蓝色经济区的概念，强调经济与环境共同发展，在环境治理上做出了很多努力。为了更好从源头上防治污染问题，山东将发展重心向海洋生物医药、海洋电力等新兴产业转移，但由于这些新兴产业存在着时间长、转化为实际应用所需资金量大的特点，导致发展较为缓慢。以上多方面原因使得山东海洋绿色经济效率在近十多年较为稳定。

而对于环渤海地区海洋经济发展最为薄弱的河北，其海洋资源禀赋上并没有落后其他省份很多，但整体经济实力较弱，海洋经济基础较为薄弱，其资源开发水平也相对有限，因此海洋经济在2006～2016年发展较为缓慢，与此同时环境恶化的程度较其他城市也相对较小，从而导致了其海洋绿色经济效率变动不大。

综合环渤海地区三省一市的实际情况，不难发现该地区海洋资源丰富，海洋渔业、海洋矿业和海洋油业的发展比重均较大，但其发展水平不一，资源利用水平不一，主导产业多有重合，容易造成科技投入重复和资源浪费的现象，从而使得该区域的总体海洋绿色经济效率不高。

3. 泛珠三角地区

泛珠三角地区的海洋绿色经济在三个区域中较为稳定，2006～2016年期间，泛珠三角地区海洋绿色经济效率值略有提高。在本书研究中，泛珠三角地区海洋绿色经济效率在三个区域中相对较低，其中，广东、福建的海洋绿色经济效率在11个省份中处于中游位置，仅次于上海和天津，但海南海洋绿色经济效率则相对薄弱，处于低水平稳定的状态，广西海洋绿色经济效率更是沿海省份最低值。图6－6描述了环渤海地区的整体海洋绿色经济效率值以及区域内三省一市的情况。

在区域海洋绿色经济效率中，泛珠三角地区海洋绿色经济效率低于其他两个区域的原因在于，虽然广东和福建海洋绿色经济效率仅次于上海和天津，但差距过大，且作为泛珠三角地区成员之一的广西海洋绿色经济效率值基本低于0.10，远低于其他省份，最终导致泛珠三角地区整体区域的海洋绿色经济效率低于其他两个区域。因此，本书将着重对属于泛珠三角地区的广东和广西的海洋绿色经济效率展开研究。

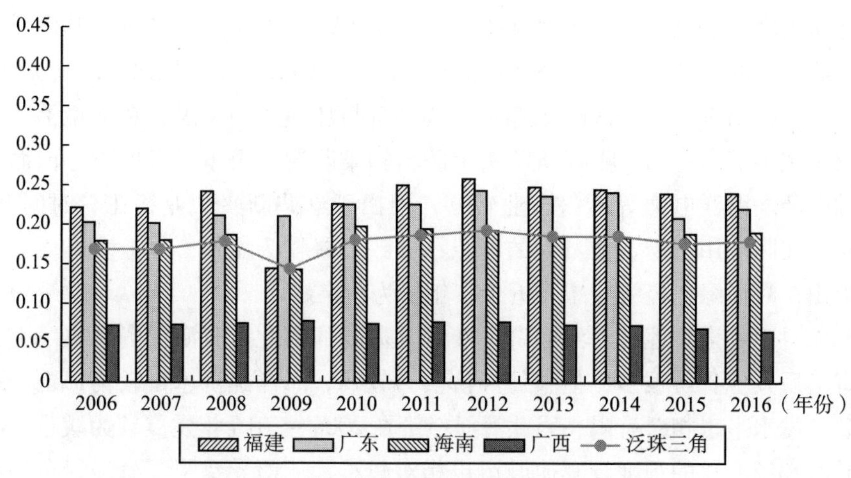

图 6－6　泛珠三角地区的海洋绿色经济效率

从表 6－3 不难看出，广东的资源投入在 11 个省份中相对较高，矿业资源种类繁多，生物资源丰富，湿地面积较大，旅游业发达。与环渤海地区不同的是，泛珠三角地区传统产业相对偏轻工业化，分别为海洋渔业、海洋油气、海洋电力和滨海旅游业，其产业结构呈现“三、二、一”状态。因此，海洋经济带来的环境恶化程度比环渤海地区较轻。但广东区位优势明显，由于人口聚集效应带来的生活污水和废气污染也不容小觑。另外，虽然广东 2016 年的海洋经济生产总值为 1.59 万亿元[①]，在沿海省份中排名第一，但其海洋相关的科研技术水平却比其他两个区域薄弱，在区域发展中也同环渤海地区一样，呈现出不平衡状态。由于历史原因和政策倾斜，珠海、深圳地区的海洋经济发展远比粤东、粤西地区的速度要快，而且在港口发展中也存在不平衡状态。广东的 5 个沿海主要港口中，与其他三个港口相比，湛江港和汕头港由于缺少发达经济中心的辐射作用和政策扶持，港口资源未能被充分开发和有效利用，导致这两个港口的海洋经济总量占全省比重较少。

广西位于我国沿海的最西端，相对其他城市，广西的经济发展基础相对薄弱，2016 年广西地区生产总值为 18317 亿元[②]，是沿海省份中处于下游的省份。另外，广西海洋资源相对匮乏，科研人才和设备的不足，也导致其开

① 2017 年《中国海洋统计年鉴》。

② 2017 年《中国统计年鉴》。

发水平受限，海洋经济水平也远远不如其他几个省份。其中，海洋渔业本作为广西的主导产业，正慢慢失去其优势，第三产业发展开始崭露头角，2016年第三产业的产值几乎占据广西海洋生产总值的一半。近几年广西的海洋旅游产业得到初步开发，而在开发初始阶段，由于对海洋环境保护意识较为薄弱，对海洋高产值的追逐也容易让人忽视高耗值、高污染的海洋产业开发所带来的环境污染问题，最终导致广西海洋绿色经济效率值偏低。

纵观泛珠三角地区的发展，可以发现该区域海洋经济发展存在两极化现象，广东和福建处于较高水平，海南和广西处于较低水平。进一步从海洋绿色经济效率值来看，这 4 个省份的绿色海洋经济效率值普遍不高，与上海、天津有着较大差异，而且广西的低水平海洋绿色经济效率水平使得该区域海洋经济效率值有所降低，从而使得泛珠三角地区的海洋绿色经济效率在三个区域中最低，这也就更说明了区域海洋经济应注重协调发展，发达省份应带动欠发达省份的发展，实现共同进步。

四、小结

本章第三节参考国内外学者研究方法，尽可能将更多可量化的海洋资源纳入评价体系中，建立较为全面的海洋资源投入系数指标体系，并利用熵值法对沿海 11 个省份海洋资源投入水平进行评价，并在此基础上，构建海洋绿色经济效率的投入产出指标体系，最后利用非期望产出的 SBM 模型对各省份海洋绿色经济效率进行测算。

基于测算结果，从总体特征、时域特征和区域变化特征对我国海洋绿色经济效率进行实证分析。首先，通过计算全国海洋绿色经济效率历年的平均数、标准差和变异系数，发现全国海洋绿色经济效率平均水平较低，海洋经济的空间格局在近十来年变化不明显。其次，根据 2006 ~ 2016 年我国沿海各省份效率变化特点将其分为 5 个类型，其中上海海洋绿色经济效率值均维持在 0.75 以上，属于高水平稳定型；天津海洋绿色经济效率值基本呈倒 U 形，基本维持在 0.65 左右，属于高水平波动型；河北、福建、山东、广东 4 个省份的海洋绿色经济效率值基本维持在 0.20 左右，属于中游稳定型；江苏、浙江、海南、辽宁 4 个省份海洋绿色经济效率值则基本在 0.10 ~ 0.20 之间波动，属于低水平稳定型；广西是沿海省份海洋绿色经济效率最低的省份；并从各省份的海洋经济发展状况阐述其变化的特点。最后，从长三角地区、环渤海地区和泛珠三角地区三大区域出发，通过对比各区域的综合经济实力、传统优势产业、海洋经济基础和环境恶化情况，试图解释我国三大主要经济圈在近十来年的变化情况。

第四节　海洋绿色经济效率影响因素分析

一、影响因素指标选取

从本章第三节的海洋绿色经济效率测算中，我们发现我国大多数沿海省份海洋绿色经济效率值处于较低水平，为提高我国沿海省份海洋绿色经济效率，对影响海洋绿色经济效率的因素进行探索和实证检验是十分有必要的。影响我国沿海省份海洋绿色经济效率的因素很多，不仅包括各省份内部海陆经济活动的变化、技术和教育水平的高低，还与宏观市场环境、环境规制和国家政策等相关。本书通过梳理相关海洋经济绿色发展的研究成果，试图找出影响我国海洋绿色经济效率的内外部因素。在综合多位学者研究的基础上，本书认为影响海洋绿色经济效率的因素可分为内部因素和外部因素。内部因素包括海陆经济基础、产业结构、人才结构、科研水平和对外开放程度，外部因素包括市场环境、环境规制和政府政策等。

在考虑到数据可获得性和可持续性，选取如下指标代表主要影响因素：X_1 为人均地区生产总值，代表地区总体经济水平；X_2 为海洋第三产业生产总值占地区海洋生产总值的比重，代表该地区海洋产业结构；X_3 为各地区海洋生产总值占地区生产总值的比重，代表该地区海洋经济发展水平；X_4 为各地区研究生人员占从事海洋科技活动人员的比重，代表该地区的人才结构；X_5 为各地区海洋科研机构科技课题数，代表该地区科研水平；X_6 为进出口总额占地区生产总值的比重，代表该地区对外开放程度，进出口总额用每年人民币汇率年平均价进行调整；本书参考金融相关率的定义，定义 X_7 为该地区年末存款余额占地区生产总值的比重，代表该地区的金融发展水平，即代表市场环境对海洋绿色经济效率的影响；X_8 为各地区污染治理投资占地区生产总值的比重，X_9 为各区域滨海观测台站数，X_8 和 X_9 代表该地区政府进行环境规制和基础建设的力度。

在以上 9 个因素中，其中有些因素对海洋经济的影响已经被很多学者证实，例如，总体经济水平、海洋经济发展水平、对外开放程度和海洋产业结构。赵林、张宇硕和焦新颖等（2016）通过实证检验发现陆域经济发展、海洋经济发展和海洋环保科技对海洋经济效率起正向促进作用；盖美、刘丹丹和曲本亮（2016）利用计量模型发现海洋经济发展水平对海洋经济存在负向作用，对外开放水平则起到正向的促进作用；邹玮、孙才志和覃雄合（2017）对环渤海地区海洋经济效率进行实证分析时发现，以第一产业比重为代表的海洋产业结构对海洋经济效率存在显著的负向作用；纪建悦和王奇（2018）通过随机前沿分析模型，实证发现海洋产业结构对海洋经济效率起正向促进作用。但还有一些因素对绿色经济效率的影响还有待考证，如金融发展水平、政府的环境规制和基础建设的力度等。

本书模型中所涉及的货币类指标均以 2006 年为基期进行调整，为消除不同变量的量纲问题，所涉及指标均进行对数化处理。由于最新的海洋统计年鉴数据只到 2017 年，所以该部分 11 个省份的 9 个指标数据选取均来自 2007 ~ 2017 年《中国统计年鉴》《中国海洋统计年鉴》《中国金融统计年鉴》以及各地市的统计年鉴。

二、空间计量模型选择

建立空间面板模型之前，应先构造空间权重矩阵和检验经济效率是否存在空间效应。利用本章第二节提及的三种方法构造空间权重矩阵[①]进行空间相关性检验时发现，只有基于地理距离的空间权重矩阵的数据存在空间相关性，因此本书采用基于地理距离的空间权重矩阵进行分析。

本书采用 Matlab 软件对样本数据进行 Moran's I 指数检验，结果如表 6 - 9 所示。表 6 - 9 中，2006 ~ 2016 年的 Moran's I 指数均为正，且都在 10% 显著性水平下显著，说明海洋绿色经济效率在区域内存在空间自相关性，可建立空间计量模型。

---

① 基于相邻位置的空间权重矩阵、基于地理距离的空间权重矩阵和基于经济距离的空间权重矩阵。

表 6 - 9　　Moran's I 指数

年份	2006	2007	2008	2009	2010	2011	2012	2013	2014	2015	2016
指数值	0.1720	0.1757	0.1787	0.0968	0.1824	0.1725	0.1788	0.1773	0.1630	0.1701	0.1609

接着对样本数据进行最小二乘回归分析，并进行 LM-lag、LM-error、Robust LM-lag、Robust LM-error 检验。依据这四个检验统计量的数值结果，判断本书适用空间滞后模型（SAR）还是空间误差模型（SEM），检验结果如表 6 - 10 所示。正如图 6 - 1 的 LM 检验判断准则所示，若 LM-lag 和 LM-error 统计量都显著，则需要通过查看 Robust LM-lag 和 Robust LM-error 统计量来选择模型；若 LM-lag 和 LM-error 统计量中只有一个统计量显著，其中当 LM-error 显著时，应选择空间误差模型，当 LM-lag 显著时，先选择空间滞后模型。从表 6 - 10可见，只有 LM-lag 统计量在 1% 的显著性水平下通过检验，所以本书选择空间滞后模型最为合适，也即空间自回归模型。其后，运用 Hausman 检验判断空间自回归模型是存在固定效应还是随机效应。由表 6 - 10 可知，Hausman 检验统计量为 287.5864，伴随概率 p 值为 0，在 1% 的显著性水平下拒绝原假设，说明固定效应优于随机效应，因此本书应选择空间自回归固定效应模型。

表 6 - 10　　面板数据计量模型的检验结果

检验方法	统计量值	p 值
LM-lag	16.0899	0.0000
Robust LM-lag	24.7183	0.0000
LM-error	2.5978	0.1071
Robust LM-error	11.2263	0.0011
Hausman test	287.5864	0.0000

注：由 Matlab 软件计算所得。

基于表 6 - 10 的检验，分别建立了空间固定效应自回归模型、时间固定效应自回归模型以及空间和时间双固定效应自回归模型，具体结果如表 6 - 11 所示。通过表 6 - 11 可知，三个模型中，时间和空间双固定效应自回归模型的 R^2 和 LogL 值最大，在 10% 的显著性水平下，其空间自回归系数 λ 显著异于零，说明存在空间效应。因此选取时间和空间双固定空间自回归模型对我国海洋绿色经济效率的影响因素进行研究。

表 6－11　　我国海洋绿色经济效率影响因素的空间计量估计结果

变量	空间自回归模型		
	空间固定	时间固定	空间和时间双固定
$\ln X_1$	0.351279*** (3.212237)	−0.169250 (−0.742951)	0.855572*** (3.759298)
$\ln X_2$	−0.337857 (−1.349399)	0.916247*** (4.386361)	0.678028** (2.638502)
$\ln X_3$	−0.019169 (−0.172930)	0.677741*** (7.597225)	0.058582 (0.492462)
$\ln X_4$	0.150255* (1.558190)	0.247231*** (7.597225)	0.161920* (1.998537)
$\ln X_5$	0.147559*** (3.939387)	0.166934*** (7.597225)	0.131667*** (3.332670)
$\ln X_6$	0.022881 (0.731801)	0.067165 (1.125702)	−0.002112 (−0.034767)
$\ln X_7$	−0.101513 (−1.363643)	−0.073227 (−0.597225)	−0.102690 (−1.311848)
$\ln X_8$	−0.002072 (−0.039387)	−0.052696 (−0.492033)	−0.014540 (−0.209837)
$\ln X_9$	−0.189279*** (−2.724552)	−0.345351*** (−4.920331)	−0.186020** (−2.298370)
λ	0.44986** (2.450981)	−0.799946** (−2.223924)	0.43091* (1.864685)
R^2	0.9514	0.8494	0.9556
LogL	37.062218	32.236847	43.339965

注：由 Matlab 软件计算所得。括号内为 t 统计量值，*** 、** 和 * 分别代表在 1% 、5% 和 10% 的显著性水平下显著。

三、空间计量模型估计结果与分析

从时间和空间双固定的空间自回归模型的计量结果，可以发现空间自回归系数 λ 的估计值为 0.43091，在显著性水平 10% 下显著异于零，说明我国海洋绿色经济效率存在空间相互作用和依赖性，存在空间溢出效应，沿海省份海洋绿色经济效率不仅取决于自身的海陆经济发展水平、科研水平以及产业结构等因素，还有可能受到邻近省份海洋经济发展水平的影响。

本书认为，空间溢出效应对沿海城市海洋绿色经济效率的影响主要是通过极化效应和涓滴效应形成空间联系，即赫希曼（Hirschman）的极化－涓滴效应：极化效应是指劳动力、资本等要素向发达地区聚集，使得发达地区得到进一步发展，但会在某种程度上阻碍不发达地区的经济发展；涓滴效应是指发达地区的先进技术、思想观念和行为方式等社会进步要素会对不发达地区产生渗透，从而带动不发达地区的经济发展，并且在区域经济发展中，涓滴效应最终会大于极化效应。

从前文的实证结果可知，空间效应值为正值，在10%的显著性水平下显著异于零，因此本书认为我国邻近沿海省份海洋绿色经济效率存在空间外溢性，已经开始从极化效应向涓滴效应过渡，涓滴效应略大于极化效应。其中原因在于，随着市场体系的建设越来越完善，区域间海洋经济交流也越来越频繁，信息不对称也被逐渐削弱，这就使得各种生产要素在沿海省份中的流动也比以前更加快速，沿海省份间的联系也因此越来越紧密，从而导致邻近沿海省份海洋绿色经济效率相互影响，既相互促进也相互掣肘。

本书认为我国海洋绿色经济效率在区域间仍存在极化效应，原因在于：在海洋绿色经济效率测算时，不难发现我国沿海省份海洋绿色经济效率值存在多极化和中游省份集中的情况，大多数沿海省份海洋绿色经济效率值普遍偏低，集中在0.10～0.30之间；上海和天津海洋绿色经济效率相对较高，形成两个较为明显的极点。其中，上海这个极点的极化效应较为突出，上海仍在凭借自身的经济优势和区位优势，吸引着国内劳动力、资本等生产要素向上海靠拢，不仅有着国内多所海洋大学和科研院所的支撑，并且在2007年积极推动国内外大型银行在上海设立航运金融部，已然在带动海洋经济发展方面有所成效。另外，上海凭借着国际金融中心的身份，在引进国际先进海洋技术、国际海洋旅游业也有着先天的优势，这使得上海在海洋资源开发利用上的效率持续升高。

但也正如前文所讲，随着区域间经济交流、人才流动越来越频繁，海洋绿色经济效率较高的省份对效率值较低的邻近省份的涓滴效应也越来越明显。其中，尽管上海绿色海洋经济效率的发展进程快于邻近的江苏和浙江，会抢夺部分资源，但上海蓬勃发展的海洋经济也为江苏和浙江带来了福利，例如，上海正在积极推进的国际航运中心曾多次举办“长三角航运信息互联互通研究”专题调研会，为各省份的航运信息共享提供平台；两省一市的传统优势产业中都包括海洋船舶业，在竞争中求合作，例如，上海和浙江合作规划小洋山北侧支线码头开发，使得两省一市的产业相关性越来越强，同时也使得上海的优质资源向江苏、浙江扩散；在海洋环境污染治理上，2002 年，坐落在上海的国家海洋局东海分局牵头，上海与江苏、浙江第一次以长三角海洋生态环境保护合作为主题进行了磋商，并在之后有过一系列的合作，例如，建设苏浙沪海洋生态环境保护共享机制，促使两省一市的污染治理上都有较好成绩。

另外，在天津这个极点附近的涓滴效应也较为明显，例如，河北的海洋经济发展在京津冀协同发展战略支持下，走向海洋经济发展的高峰。首先河北沿海可利用土地广阔，吸引了天津、北京等产业的转移，2014 年天津港与河北港还共同出资组建渤海津冀港口投资发展有限公司，推动天津、河北两地港口的产业转型升级，河北也在此背景下积极发展海洋经济，通过大规模的沿海滩涂开发，建造了曹妃甸新区和渤海新区两个增长极，促进河北沿海地区成为海洋新兴产业的聚集地，从而促进河北海洋经济的蓬勃发展；在承接产业转移的同时，河北也承受着这些产业带来的环境污染。正是在这种情况下，2013 年以来，京津冀地区积极推进三地环保一体化的实施，并在 2015 年正式签署了《京津冀区域环境保护率先突破合作框架协议》，对改善京津冀环境提供了政策保障。而且，随着区域经济的共同发展，邻近发达省份的先进环保意识潜移默化的影响，河北在 2014 年也推出了第一部环境保护公众参与地方性法规，即《河北省环境保护公众参与条例》，为公众参与环境保护的知情权、监督权提供了有力的法律保障，而且这项政策作为一项特殊的公共物品，其良好的正外部性也在无形中促进周边省份的环境污染整治，这不仅会对河北省海洋经济绿色发展产生积极影响，还会促进邻近省份海洋绿色经济效率的发展。

除了上海和天津这两个增长极存在明显的涓滴效应，在其他邻近省份间海洋经济的合作也越来越密切。例如，泛珠三角地区内的邻近省份，多年来通过多种形式的区域合作、战略合作及发展论坛等逐步推进了泛珠三角地区内部的海洋经济合作。例如，广东在 2011 年的《广东省海洋经济综合试验区发展规划》中提出，要将打造粤港澳、粤桂琼和粤闽三大经济圈作为一大重要发展方向，积极促进泛珠三角地区海洋经济合作。与此同时，广东凭借自身经济优势，在吸引资本进入广东省同时也在将资本投资辐射到周边地带。而在环境保护这块，泛珠三角地区的联动措施则相对较少。

综上所述，本书认为邻近省份间的海洋绿色经济效率在空间上同时存在极化效应和涓滴效应，现阶段涓滴效应略大于极化效应，但由于涓滴效应的作用过程还较为缓慢，从而导致邻近省份海洋绿色经济效率相互影响的正向作用还没发挥出最大效用。

（一）各因素对海洋绿色经济效率影响分析

1. 总体经济发展因素

由表6-11可知，在2006~2016年，经济发展水平（$\ln X_1$）对我国沿海各省份海洋绿色经济效率起到正向作用，系数为0.855572，且在1%显著性水平下显著异于零。这说明良好的经济发展基础对绿色经济效率的提高具有正向促进作用。

从表6-12列出的2016年各沿海省份人均地区生产总值和海洋绿色经济效率值可知，人均地区生产总值较高的上海和天津，对应的海洋绿色经济效率值较高；人均生产总值较低的广西，对应的海洋绿色经济效率值偏低；其他大部分人均地区生产总值在4万~10万元的省份，其海洋绿色经济效率值基本集中在0.1321~0.2401之间。沿海11个省份人均地区生产总值与地区海洋绿色经济效率相关系数值为0.69，呈显著正相关；但扣除上海和天津后，剩余9个省份的人均地区生产总值与地区海洋绿色经济效率相关系数值迅速降到0.37，呈微弱的正相关。相关系数值的变化说明上海和天津的经济发展水平对海洋绿色经济效率存在明显的正向促进作用；但其余9个省份的经济发展基础对海洋绿色经济效率的正向促进作用相对微弱。原因在于：对人均地区生产总值较高的地区来说，经济发展水平与当地海洋绿色经济发展是相辅相成、有所增益的。但对经济基础相对薄弱的沿海省份来说，当地经济产值增长对海洋经济仅仅有着微弱的促进效果。相比于经济较为成熟的省份来说，产值较低的沿海省份政府缺乏成熟的海洋生态环境、人类日常生活和工业生活产物的有效协调治理手段，生活污染和工业污染加深了环境污染程度，牺牲了海洋绿色经济效率。

表 6-12　各省份经济发展水平与海洋绿色经济效率数据比较（2016 年）

省份	人均地区生产总值（元/人）	海洋绿色经济效率
天津	115053	0.3504
河北	43062	0.2077
辽宁	50791	0.1401
上海	116562	0.7933
江苏	96887	0.1944
浙江	84916	0.1321
福建	74707	0.2401
山东	68733	0.2012
广东	74016	0.2201
广西	38027	0.0651
海南	44347	0.1901

资料来源："人均地区生产总值"数据来自 2017 年《中国统计年鉴》。

2. 海洋产业结构因素

从表 6-11 可看出，海洋产业结构（$\ln X_2$）的估计系数为 0.678028，且在 5% 显著性水平下显著异于零，这表明以海洋第三产业所占比重为指标的海洋产业结构对我国海洋绿色经济效率的正向拉动作用已经开始显现。

这与以往学者研究有一些不同，大多数学者的实证检验结果显示产业结构对海洋经济效率的影响并不显著，但都认为产业结构对海洋经济效率存在潜在的影响，只是还没显现。例如，学者戴彬、金刚和韩明芳（2015）以第二产业所占比重作为海洋产业结构的指标，实证结果显示海洋产业结构对海洋科技要素存在不显著的负向影响，说明第二产业占比过高对海洋科技要素生产率存在潜在的不利影响。赵昕和郭恺莹（2012）以第三产业所占比重作为海洋产业结构的指标，对海洋经济效率的空间格局进行分析，结果显示海洋产业结构对海洋经济效率有正向影响，但系数也不显著。部分学者的实证检验结果则认为产业结构的发展已对海洋经济效率发展产生影响，例如，苏为华、王龙和李伟（2013）以空间面板数据模型为基础，对影响海洋经济全要素生产率的主要因素展开研究，发现海洋经济服务业的比例对海洋经济全要素生产率有显著的正向作用。

综合上述学者以及本书的研究结果，本书认为海洋产业结构对我国的海洋绿色经济效率的影响不可忽视，特别是第三产业的发展。相对海洋油业、矿业等第二产业而言，稳定发展的海洋交通运输业、多元化发展的滨海旅游业、作用日益突出的海洋科研教育管理服务业等海洋第三产业作为服务性产业，具有资源消耗少、效益高的特点，在产业发展的过程中，所带来的环境污染也远远小于第二产业。因此，扩大发展海洋第三产业，可以在增加海洋经济产值的同时减少环境污染，使我国海洋绿色经济效率得以提高，海洋经济获取绿色发展新途径。

3. *海洋经济发展因素*

从表6－11可知，海洋经济发展水平因素（$\ln X_3$）的回归系数为0.058582，在10%显著性水平下不显著，说明海洋经济发展水平对沿海城市的海洋绿色经济效率存在十分微弱的正向作用。其中，表6－13列出了人均海洋生产总值和海洋生产总值占地区生产总值比重的历年变化。

表6－13　各省份人均海洋生产总值、海洋生产总值占地区生产总值比重

省份	2016年人均海洋生产总值（元/人）	2006年海洋生产总值占地区生产总值比重（%）	2016年海洋生产总值占地区生产总值比重（%）	2006～2016年比重变化（%）
天津	25901.41	31.41	22.62	－8.79
河北	2667.34	10.82	6.21	－4.61
辽宁	7625.17	15.99	15.01	－0.98
上海	30840.50	38.47	26.49	－11.98
江苏	8259.28	5.95	8.54	2.59
浙江	11802.86	11.79	13.96	2.17
福建	20649.72	22.89	27.77	4.88
山东	13351.16	16.67	19.52	2.85
广东	14518.05	15.70	19.75	4.05
广西	2585.78	6.23	6.83	0.60
海南	12537.62	29.60	28.37	－1.23

资料来源：2007年、2017年《中国海洋统计年鉴》，经笔者整理计算得到。

从表6－13中可看出，海洋绿色经济效率较高的上海海洋经济生产总值占地区生产总值的比重在25%以上，高于大多数省份，而且上海人均海洋生产总值也位列前茅；另外，海洋绿色经济效率较低的城市海洋经济发展水平确实较低，例如，广西海洋生产总值的比重和人均海洋生产总值都是11个省份中最低。不难发现，不管是从本书选取的指标来看，还是人均海洋生产总值来看，海洋经济发展水平较高的省份，海洋绿色经济效率也较高。

虽然在实证检验中，海洋经济发展水平对海洋绿色经济效率的正向作用仍比较微弱，但是从长远角度来看，良好的海洋经济发展基础将会加快海洋经济绿色发展进程。一方面，海洋经济发展水平较高，说明该省份良好的海洋经济基础可以为海洋经济的绿色发展提供资金和技术支撑；另一方面，经济发展水平较高，也说明该地区能够通过人力、资本等投入，为海洋经济提供生产要素的有效积累，从而在技术转化、产业布局规划、政策制定和环境规制等方面提高资源配置效率，降低资源低能消耗和环境污染，并通过有效手段统筹海洋产业发展和环境保护，实现高水平海洋经济发展。

4. 人才结构因素

从表6－11可知，研究生占海洋科研机构专业技术人员比重指标（$\ln X_4$）的估计系数为0.161920，且在10%显著性水平下显著异于零，这说明人才结构对海洋绿色经济效率的提高有正向促进作用，与以往学者研究结果相一致。在海洋科研机构专业技术人员，研究生及以上学历的人员是推动技术改进、创新的攻坚力量，这部分人员比例的增加意味着高层次人才投入增加，有利于推动海洋经济产业生产技术研发和应用能力，从而实现海洋资源清洁化，提高沿海各省份海洋绿色经济效率。

因此，在海洋高质量人才资源优势开始显现的现阶段，本书认为应该在加大海洋专业人才培养规模的同时，更加应该注重专业技术科研人员的培养，探索合理有效的人才结构，从而为海洋经济产业技术创新、绿色发展持续注入新鲜的血液。

5. 科研水平因素

从表6－11估计结果来看，科研水平指标（$\ln X_5$）前的系数估计值为0.131667，在1%的显著性水平下显著异于零，说明良好的科研水平能够促进海洋绿色经济效率提高。其中，表6－14中列出了2016年各沿海省份海洋科研机构专利授权数和课题数，为进一步分析科研水平如何对海洋绿色经济效率产生效用提供依据。

表 6-14　2016 年各省份海洋科研机构科研专利授权数和课题数

省份	海洋科研机构科研专利授权数（个）	海洋科研机构科技课题数（个）	科技服务占海洋科研机构科技课题比重（%）	应用研究占海洋科研机构科技课题比重（%）
天津	94	842	45.37	12.00
河北	4	63	17.46	26.98
辽宁	211	494	3.04	43.93
上海	263	935	27.59	34.33
江苏	136	2501	5.36	37.66
浙江	126	709	38.50	7.76
福建	35	590	9.32	26.27
山东	370	1520	12.96	28.49
广东	788	3047	5.45	30.82
广西	10	52	0.00	23.08
海南	2	33	0.00	27.27

资料来源：2017 年《中国海洋统计年鉴》。

首先，要想实现科研水平对海洋绿色经济效率的促进作用，需要沿海各省份有较高的科技创新能力。从表 6-14 可看出，广东、江苏、上海和山东等省份的专利授权数和科技课题数都较高，说明这几个省份海洋科技创新能力较强。其次，要实现科研水平的拉动作用，各省份还应具备较快的科研成果转化应用能力以及科技服务水平，引导海洋企业和涉海人员向海洋绿色经济方向发展，切实促进海洋产业的可持续发展。从表 6-16 可看出，在科研机构科技课题中，除了天津和浙江，其他 9 个省份应用研究占海洋科研机构科技课题比重都远大于科技服务占海洋科研机构科技课题比重，说明各省份对海洋科技创新需求感较强，正在积极推进科技创新成果的应用研究，但对科技服务的重视程度相对较低。

通过分析，不难发现，我国有相当一部分沿海省份科研水平处于较高水平，但大多数省份海洋绿色经济效率却处于较低水平，其中原因在于：虽然沿海各省份都在注重应用研究能力和科技创新能力的提高，但其存在科技成果转化中的应用效率不高、科技服务水平较低、绿色科技创新发展研究较少的问题，从而导致科研水平虽表现出对海洋绿色经济效率的正向促进作用，但作用较小。因此，在海洋经济绿色发展指导理念下，各省份在注重科技研究与海洋科技创新需求、绿色发展需求相结合的同时，也应该注重提高绿色科技成果推广和转化的效率。

6. 地区对外开放因素

地区对外开放程度因素（$\ln X_6$）的参数估计值为 -0.002112，但不显著，说明沿海各地区的开放程度对绿色经济效率几乎不存在影响。这是因为地区开放程度所带来的正向作用与负向作用之间相互掣肘导致。

一方面，沿海省份作为改革开放先驱地带，在引进先进海洋科技技术和管理理念从而实现海洋经济绿色发展方面有着较大优势；另一方面，大多数省份均在努力打造开放型海洋产业体系，但开放程度越大，一些环境问题也越加凸显，如接收外来环境污染概率更高。一些外资企业为了躲避本国严格的环境管制条约，把污染排放严重的产业转移到我国进行生产，这不仅会消耗我国大量的资源，还会对我国海洋环境造成严重破坏。而这些企业产生的经济效益大部分是回流到母国，这会进一步削弱我国海洋绿色经济效率。因此，如何有的放矢的规避地区开放程度对海洋经济绿色发展带来的弊端，使其能够为海洋经济可持续发展做贡献，是下一阶段的研究重点。

7. 金融发展因素

从表 6-11 可看出，年末存款余额占地区生产总值的比重（$\ln X_7$）对海洋绿色经济效率的提高有负向影响，系数为 -0.102690，但不显著，这意味着金融发展因素还未能对海洋绿色经济效率产生显著作用。当前驱动海洋经济绿色发展的产业以新兴产业、高科技产业为主，这些产业往往有着高风险、高投资、回报周期长的特征，业界往往不愿意对这样的产业提供大量资金支持，而是会更青睐房地产、股市等投机性更高、收益性更高的投资领域，致使海洋经济领域出现金融资源配置不合理情况，无法发挥对海洋产业结构调整的支持效应。

另外，沿海省份金融发展水平差距较大，各省份金融发展对海洋经济的影响也处在不同阶段。从学者余文珍和梁显富（2012）研究结果来看，金融支持对海洋经济的影响分成两个阶段，金融结构规模扩张效应阶段和金融结构的效率功能阶段，金融发展水平较低的省份（如河北和广西）还处在金融结构规模扩张效应阶段，效率功能尚未得到充分发挥，而较发达的沿海省份（如上海、江苏等）海洋领域的金融规模已达到饱和，此时金融发展对海洋产业的影响更多是金融结构的效率功能在发挥作用。综合以上原因，本书发现，我国的金融发展与海洋经济发展关系较为复杂，对海洋绿色经济效率尚未显现显著影响，但政府不应忽视金融支持对海洋经济发展可能存在的影响，应加以重视，并协调金融资源的合理配置，从而实现良性发展。

8. 政府治理因素

从表6-11可看出，各地区污染治理投资占地区生产总值的比重（$\ln X_8$）和各区域观测台站数（$\ln X_9$）前的系数均为负数，系数为-0.014540和-0.186020。这说明在研究阶段，仅仅依靠政府治理污染投资、加强基础建设并不能从根本上提高我国海洋绿色经济效率。其中，表6-15列出了各沿海省份2006~2016年污染治理投资额的变化。

表6-15　2006~2016年各省份历年政府污染治理投入占地区生产总值的比重

单位：%

省份	2006年	2007年	2008年	2009年	2010年	2011年	2012年	2013年	2014年	2015年	2016年
天津	1.13	1.24	1.29	1.44	1.82	2.54	1.83	1.73	1.55	1.33	0.30
河北	1.58	1.14	1.22	1.35	1.12	1.69	2.75	1.28	0.95	1.02	1.25
辽宁	0.85	1.1	1.3	1.7	1.71	1.38	1.46	1.52	1.28	1.55	0.76
上海	0.93	1.18	1.07	1.38	1.19	1.55	1.22	1.33	1.77	0.76	0.73
江苏	0.79	0.84	0.77	0.71	0.88	1.13	1.13	1.3	0.8	0.88	0.99
浙江	1.17	1.24	1.39	1.36	1.24	1.35	1.48	1.55	1.39	1.1	1.38
福建	0.91	1.01	1.12	1.06	0.78	0.75	0.66	0.87	1.06	0.88	0.66
山东	1.31	1.24	1.31	1.07	1.13	1.17	1.22	1.49	1.35	1.36	1.15
广东	0.89	0.94	2.42	0.86	1.2	0.74	1.08	1.04	1.18	1.03	0.45
海南	0.61	0.49	0.46	0.61	3.08	0.62	0.46	0.57	0.45	0.4	0.75
广西	0.79	1.22	0.87	1.19	1.14	1.11	1.57	0.85	0.6	0.6	1.11

资料来源：2007~2017年各省份统计年鉴。

从表 6 - 15 可看出，大多数沿海各省份环境污染治理投资额较低，2016 年 11 个沿海省份中，浙江环境污染治理占地区生产总值比重值最大，但也仅有 1.38%。而且 2006 ~ 2016 年这十来年时间里，大多数省份环境污染治理占地区生产总值比重值波动较大，其比重值基本都呈先上升后下降趋势，其中海南的比重值从 2006 年的 0.61% 上升到 2010 年的 3.08% 后又迅速下降到 2016 年的 0.75%。说明大多数沿海省份环境污染治理投资相对不足，存在一定程度的断层，使得环境污染问题不能得到持续有效的治理。

一方面，早期牺牲环境以攫取利益的海洋经济开发行为带来了严重不可逆的环境污染问题，急需得到解决，部分政府却为了应对上级环境治理检查搭建“架子工程”“面子工程”，没有把污染治理资金切实投入治理环境的项目中；另一方面，多个地区现有的治理模式还没完全从以“末端治理”为主转变到以“源头防治”为主，在治理环境污染问题上存在资金分配不合理问题，从而产生即使加大污染治理投资力度，环境污染仍未得到有效控制的局面，污染治理的投资力度对我国海洋绿色经济效率的影响还未显现。如何将市场引入环境治理中，如何协调政府与市场之间的治理关系将是下个阶段海洋产业环境治理的重点。

（二）海洋绿色经济效率影响机制分析

接下来本书将综合上文对影响因素的空间计量实证结果分析和以往多位学者对海洋经济效率影响因素及影响机制的研究，探索我国沿海省份海洋绿色经济效率的影响机制。

本书认为，影响我国沿海 11 个省份海洋绿色经济效率提高的因素分为内部因素和外部因素。

内部因素包括陆地经济基础（即总体经济水平）、海洋经济基础、海洋经济产业结构、人才结构、科研水平和地区对外开放程度，这些因素中对外开放程度在实证检验中的系数近似为 0，因此在进行以下影响机制研究中未考虑这个因素。其中，当经济基础较高时，不仅会吸引人才聚集、生产要素有效积累，还会通过加快资本积累和流动速度间接影响海洋产业发展，从而影响海洋经济发展；较高的海洋经济基础，意味着海洋发展的起点较高，发展进程将快于其他省份，不仅会比其他省份更早意识到海洋环境保护和海洋资源可持续性发展的重要，而且在提高海洋绿色经济效率所需的各方面条件也会更加充裕；海洋经济产业结构也是影响海洋绿色经济效率的一个重要因素，要想提高海洋绿色经济效率，势必要降低海洋经济第二产业比例，提高第三产业比例，提高海洋金融、海洋服务业的创造能力；人才结构和科研水平的提高，则会加快技术改革创新步伐，加快粗放式生产方式向集约式生产方式转变的进程，发挥科技创新力量对海洋绿色经济效率的积极作用。

外部因素包括市场环境、政府治理水平、国家海洋政策和区域经济关系。首先，良好的市场环境不仅会引导和驱动资本投入到海洋产业的生产中，为海洋绿色产业提供良好的金融支持，积极发挥金融发展对海洋绿色经济效率的正向作用，也会促使海洋企业良性竞争，从而促进效率的提高。其次，在市场环境这个“隐形的手”不起作用的时候，政府一方面可以通过制定海洋政策进行调节，进行合理地配置资源，提高资源使用效率，使得海洋新兴产业得到充分发展。再其次，政府还可以通过全国层面进行统筹安排，进行持续性的环境污染治理投资和监督管理，从而改善各省份的海洋环境，弱化政府断层式的污染治理投资对绿色海洋经济效率的负向作用。最后，良好的区域经济关系则会通过空间溢出效应（涓滴效应）使得邻近省份海洋绿色经济效率都能得到提高。

在整个影响机制中，发挥主要作用的不仅有政府，还有企业这个载体，企业会在市场竞争和利润驱使下进行重组合并、内部生产方式改革、技术创新等，切实提高海洋资源的高效利用，并从源头上控制环境污染的产生，促使海洋绿色经济效率有所提高。海洋经济并不是一个独立的经济，而是与各个方面都有所联系，在海洋绿色经济效率提高的同时，陆域经济效率也会随之提高，从而形成一个良性循环，进一步促进海洋绿色经济的发展。海洋绿色经济效率的影响机制，如图 6 – 7 所示。

四、小结

基于本章第三节我国沿海 11 个省份海洋绿色经济效率的测算研究，本节从内部因素和外部因素出发选取了海陆经济基础、海洋产业结构、地区对外开放程度和金融发展水平等九个方面的因素，采用空间计量方法探究影响沿

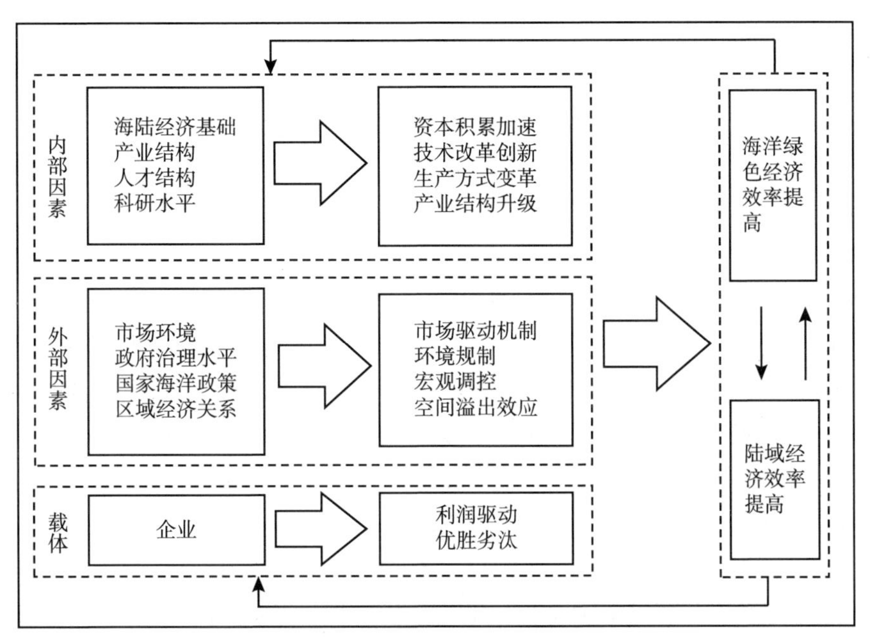

图 6－7　海洋绿色经济效率的影响机制

海省份海洋绿色经济效率的主要因素及其存在的空间效应。在空间计量模型的检验下，本书尝试从极化－涓滴效应的角度解释现阶段我国邻近省份存在的空间溢出效应，发现了现阶段影响我国海洋绿色经济效率的主要因素，并在探究其原因的同时，尝试建立其影响机制，试图从源头对其进行分析，试图找到促进我国海洋经济绿色发展的重要途径。

第五节　本章结论

本章第三节运用数据包络分析方法对我国 11 个沿海省份的海洋绿色经济效率进行测算，能够较为清晰了解我国沿海省份海洋资源利用情况以及海洋绿色经济效率的总体情况；第四节运用空间计量方法探究影响我国沿海省份海洋绿色经济效率的主要因素，了解其背后的原因及其存在的空间效应，并试图建立其背后的影响机制。结合这两部分的实证分析，可发现我国在海洋经济绿色发展中存在的问题与不足。

通过我国沿海省份海洋经济效率测算可得到结论如下：第一，总体上看，2006～2016年，大多数沿海省份海洋资源投入呈现上升趋势，这与近年来海洋资源开发技术的多元化和成熟化有关。另外，从海洋资源投入系数的权重配比可看出，沿海11个省份在海洋保护区、海盐和盐田面积的资源投入存在较大差异，这也是导致省份之间海洋资源投入差异的主要方面。第二，我国大部分省份海洋绿色经济效率偏低，上海、天津海洋绿色经济效率处于较高水平，广西海洋绿色经济效率最低，而其他省份均在0.10～0.30之间浮动，在空间格局上的变化不甚明显。主要原因在于中国海洋经济起步较晚，对环境效益的关注还较少，从而使得我国大部分省份海洋经济绿色发展有所滞后。第三，通过观察各省份海洋绿色经济效率在2006～2016年的时序变化特征，将11个省份分为五个类型，其中上海效率值均维持在0.75以上，且较为稳定，属于高水平稳定型；天津海洋绿色经济效率值基本呈倒U形，基本维持在0.65左右，属于高水平波动型；河北、福建、山东、广东4个省份海洋绿色经济效率值基本维持在0.20左右，属于中游稳定型；江苏、浙江、海南、辽宁4个省份海洋绿色经济效率值则基本在0.10～0.20之间波动，属于低水平稳定型；广西是沿海省份海洋绿色经济效率最低的省份。第四，从三大经济圈来看，长三角地区和泛珠三角地区处于缓慢上升趋势，而环渤海地区的变化相对较大，趋势相对不明显；从整体水平来看，长三角地区海洋绿色经济效率最高，其次是环渤海地区，最后是泛珠三角地区。这与三个经济圈的资源禀赋、经济发展水平和环境治理水平存在一定的关联。

沿海省份海洋绿色经济效率影响因素分析可得到结论如下：第一，在本书研究期间，总体经济水平、海洋产业结构、人才结构和科研水平对海洋绿色经济效率有正向拉动作用；海洋经济发展水平对其正向影响还不显著；政府治理因素对海洋绿色经济效率有着与经济理论、预期相反的负面影响；金融发展水平、地区对外开放程度对海洋绿色经济效率有微弱的负向影响。因此，本书认为不仅应该通过拉动地区经济发展和调整产业结构等方面，正向促进海洋绿色经济效率，还应该通过适当调整地区金融发展结构、治理投资水平等来减少其对效率提高的阻碍，促进海洋绿色经济效率提高。第二，通过空间计量的结果，本书发现邻近省份海洋绿色经济效率同时存在极化效应和涓滴效应，现处于涓滴效应略大于极化效应的阶段，这与现阶段我国沿海邻近省份间越来越密切的区域交流、海洋经济合作和生产要素的流动有关，还与邻近省份在一定区域内实行统一的环境保护政策存在一定关联。第三，通过对我国海洋绿色经济效率影响机制的分析研究，可以发现，影响绿色经济效率的主要因素会通过技术进步、生产方式变革、产业结构升级、空间溢出效应与环境规制等效应层的变化，以企业为载体，促进我国海洋经济的绿色发展，从而实现我国海洋绿色经济效率的提高。

| 第七章 |

22个示范区城市海洋生态文明发展评价研究

国内外学者在海洋生态文明方面的研究多注重于海洋生态文明概念的探讨，以及全国层面和省域层面海洋生态文明的发展现状，而对于城市层面尤其是入选海洋生态文明示范区试点城市研究较少。自2012年我国出台《关于开展“海洋生态文明示范区”建设工作的意见》以来，国家给予海洋生态文明建设更多重视，因此分析海洋生态文明示范城市的发展进程，对于此后的探索具有重要意义。

目前我国海洋生态文明发展处于积极转型升级阶段，全国已经有24个试点获批为国家级海洋生态文明示范区①，示范区试点城市的入选标准是在海洋经济发展、海洋环境资源、海洋文化和管理方面已有突出成绩或是发展势头十足具有海洋发展潜力的城市，因此在一定程度上能覆盖我国海洋生态文明发展的各个水平层次，且能代表

① 本章中示范区中的县级单位将其归属于所在地级市进行数据的搜集，长岛县撤县归属于烟台市，将其纳入烟台市数据进行测算；海南省三沙市数据缺失严重，剔除出样本；因此本章研究对象最终为中国东部沿海的22个国家级海洋生态文明建设示范城市。

其所在省份海洋生态文明总体发展水平。本书在已有研究基础上，从海洋生态文明的内涵概念、评价指标、应用范围等方面在时间、空间层次上对现有研究进行梳理，从资源、环境、经济、文化、制度管理等方面设置指标，选取海洋生态文明示范城市作为研究对象，借鉴以往学者关于海洋生态文明的研究经验，从时间和空间两个层面研究我国海洋生态文明发展特征，并根据“厚今薄古”思想，给予近期数据更多的参考意义，从而建立一套科学的、合理的海洋生态文明评价体系，对我国海洋生态文明的可持续发展具有重要意义。

第一节 海洋生态文明综合评价指标体系构建

一、评价体系构建原则

构建海洋生态文明指标体系时，需要考虑指标体系是否符合本书第三章第三节提到的四个指标体系构建原则：科学性与可操作性相结合的原则、系统性与层次性相结合的原则、全面性与代表性相结合的原则、可测性与可比性相结合的原则。这些原则将会直接影响到综合评价结果，进而影响决策方向。

构建指标体系需要立足于相关理论和科学依据，本书基于对 2012 年国家海洋局出台的《关于开展“海洋生态文明示范区”建设工作的意见》和 2015 年印发的《国家海洋局海洋生态文明建设实施方案》的研究，参考现有的海洋生态文明建设指标体系进行指标筛选。但在《中国海洋统计年鉴》中相关数据基本都是省域级别。因此本书在研究时通过翻阅各省份的统计年鉴和相应年份的国民经济统计公报来获取相关数据。海洋生态文明不同于海洋生态环境承载能力、海洋经济发展能力等概念，作为一种社会意识形态，我们需要对海洋生态文明进行多角度多层次的分析，而不能只看单一的经济、环境、资源等因素，参考陆域生态文明的概念，本书从海洋经济发展水平、海洋环境资源和海洋社会文明水平三个角度出发，向下细化研究了海洋经济总实力、海洋产业结构、海洋运载能力、人为影响因素、自然环境条件、居民生活状态和城市吸引力 7 个层面 19 个具体指标，并将指标间进行有机联系而非孤立分析。海洋生态文明作为生态文明的一部分，既有生态文明的一般性，也有其极具特色属性的特征。因此在进行指标筛选时，既要与传统生态文明保持整体一致，也要注重突出海洋生态文明的海洋性特征，从而更好地契合海洋生态文明的概念与内涵。在对全国沿海城市进行海洋生态文明研究时，各地的发展程度、文化背景、产业结构、历史渊源或多或少会存在差异，因此在指标选取上不可“一刀切”，在数据选取和指标定义上需要具备一定灵活性，适当做出调整，以此更好地反映当地真实状况。

二、指标体系构建与指标选取

评级指标的选取直接关系到评价结果的合理与否，在评价指标的选取上，通常学者们会通过两种基本方式进行选取。第一种是从研究对象的本质内涵出发，采取自上而下的方式进行选取；第二种是从大量的相关指标中进行有条件的筛选，属于自下而上的方式。国内学者对于陆域生态文明研究起步较早，发展至今也比较成熟，就目前的研究来看已经形成了从整个国家体系到省域再到县市的比较完整的研究体系。

在关于陆域生态文明研究中，王珂、郭晓曦和李梅（2020）等从生态经济、生态社会、生态文化、生态环境四个角度，分析了长三角城市群生态文明进程；宓泽锋、曾刚和尚勇敏等（2016）建立了以自然、经济、社会为二级指标的中国省域生态文明评价指标体系，具体分析了省域生态文明建设进程的空间格局演变。在关于海洋生态文明的研究中，借鉴《关于开展“海洋生态文明示范区”建设工作的意见》和《国家海洋局海洋生态文明建设实施方案》，现有研究多以此为参考建立海洋经济、海洋环境、海洋资源、海洋科技为二级指标的指标体系。例如，苗欣茹、王少鹏和席增雷（2020）构建了以海洋经济发展、海洋自然资源、海洋环境保护和海洋科技进步为准则层的指标体系；高乐华、史磊和高强（2013）从生态子系统、经济子系统和社会子系统三个角度进行研究。因为对于《关于开展“海洋生态文明示范区”建设工作的意见》中的部分海洋文化建设指标和海洋管理保障指标较难定量，对于构建一个客观指标体系而言定性指标的主观性较强。例如，于大涛、孙倩和姜恒志等（2019）在对大连旅顺口区海洋生态文明绩效评价时，指标体系完全参照《关于开展“海洋生态文明示范区”建设工作的意见》，对于定性指标的权重直接规定为指标所属系统层的均值，对于定性指标无法客观赋权。

类比于陆域生态文明建设进程分析，结合《关于开展“海洋生态文明示范区”建设工作的意见》，本书在指标选取上，首先采取自上而下的方式，从海洋生态文明本质出发，确定了海洋经济发展水平、海洋环境资源水平、海洋社会文明水平3个二级指标，即本书中评价指标体系的准则层；然后采用自下而上的方式，通过对国内海洋生态文明建设指标体系的统计整理，筛选出适合各二级指标层的三级指标，即本书评价指标体系中的指标层。

海洋经济发展水平作为区域经济发展新增长点，自21世纪以来始终保持着高速发展，大力发展海洋经济，对于我国可持续发展战略具有重要意义。衡量海洋经济发展水平主要有海洋经济总实力、海洋产业结构、海洋运载能力三个因素。其中海洋经济总实力为地区生产总值（亿元）Y_1，是直接衡量沿海城市海洋经济发展的重要指标，正向属性；海洋产业结构包括海洋第一产业产值（亿元）Y_2、海洋第一产业产值占地区生产总值比重（%）Y_3、第三产值比重（%）Y_4，海洋第一产业主要为海洋渔业，海洋第三产业主要包括了海洋交通运输业、滨海旅游业、海洋生物医学和海洋军事产业等新兴海洋产业，海洋第三产业所占比重越大，说明海洋产业结构更加趋于优化合理，海洋经济开发水平越高；海洋运载能力包括水运客运量（万人）Y_5、水运货运量（万吨）Y_6、港口吞吐量（万吨）Y_7，海洋运载能力是海洋第三产业中海洋交通运输业的基本体现，作为世界海运大国之一，尤其是“一带一路”政策出台以来，我国港口吞吐量随之高速增长，这三个指标都正面反映了沿海城市对外交流的能力水平。

海洋环境资源水平从海洋人为影响因素和自然环境条件两个层面进行分析。海洋人为影响因素主要体现为人类生产生活对海洋的影响。其中工业废水排放量（万吨）Y_8 直接反映了工业产业对于海洋水质的污染程度，排放量越大说明海洋水质越差，这是负向属性指标；一般工业固体废物综合利用量（万吨）Y_9、竣工治理废水项目（个）Y_{10}、城市污水治理率（%）Y_{11}则是正面体现了沿海城市对于污染排放控制的能力水平，此三个指标越高，说明对污染排放的控制能力越强，相应的对于海洋环境的压力也就越小，属于正向属性指标。海洋的自然环境条件即为海洋自然资源水平。众所周知园林植物对于水体净化起到非常重要的作用，因此沿海地区的城市绿化覆盖面积（公顷）Y_{12}和建成区绿化覆盖率（%）Y_{13}也能正面反映水体质量，海水产品产量（万吨）Y_{14}越高说明海洋自然资源越丰富，属于正向属性的指标。

海洋社会文明水平主要包括沿海城市居民生活状态和城市吸引力两个层面。居民生活状态包括居民可支配收入（元）Y_{15}、人均地区生产总值（元）Y_{16}，二者都正向反映了当地居民生活状态的水平高低，居民可支配收入和人均地区生产总值越高，说明人民的财富获得感越强，生活水平越高；城市吸引力主要体现在旅游人数（万人）Y_{17}、高校学生人数（万人）Y_{18}和科研所人员数（万人）Y_{19}，其中旅游人数正面反映所在城市滨海旅游业发展水平高低，且城市的高校数越多相应的高校在校学生人数越多，当地教育水平相应越高，城市的科研创新能力也与当地科研所的人员数呈正比关系，这两个指标都属于正向属性指标。

本书基于指标体系构建原则，鉴于数据的可获得性和参考以往学者的研究成果，构建了由 3 个二级指标组成的准则层、19 个三级指标组成的指标层。最终经过 7 个中间层细分维度的划分构成的海洋生态文明评价指标体系层级结构如图 7－1 所示。

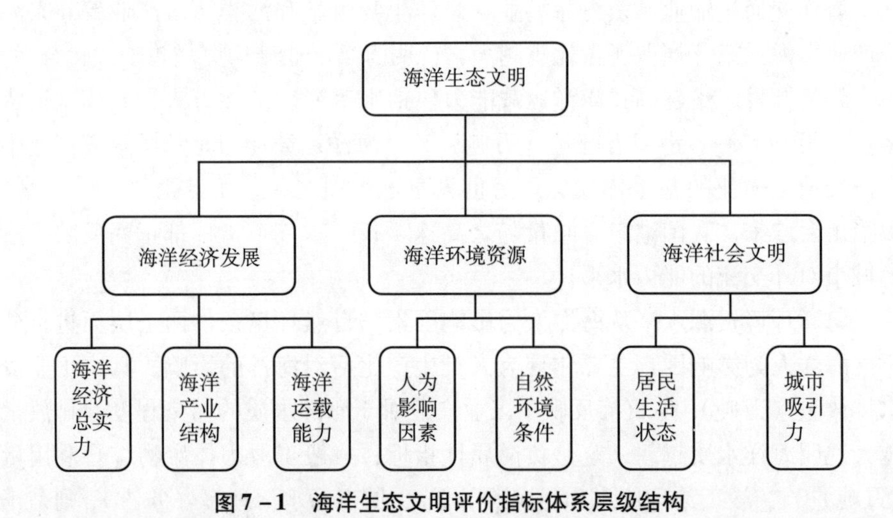

图 7－1　海洋生态文明评价指标体系层级结构

依据自下而上的原则，本书选取了 19 个指标构成指标层，与目标层、准则层和中间层共同构成了中国沿海城市海洋生态文明评价指标体系，如表 7－1 所示。

表 7-1　　中国沿海城市海洋生态文明评价指标体系

目标层	准则层	中间层	指标层	指标单位	标记
中国海洋生态文明进程综合评价	海洋经济发展	海洋经济总实力	地区生产总值	亿元	Y_1
		海洋产业结构	海洋第一产业产值	亿元	Y_2
			海洋第一产业产值占地区生产总值比重	%	Y_3
			第三产值比重	%	Y_4
		海洋运载能力	水运客运量	万人	Y_5
			水运货运量	万吨	Y_6
			港口吞吐量	万吨	Y_7
	海洋环境资源	人为影响因素	工业废水排放量	万吨	Y_8
			一般工业固体废物综合利用量	万吨	Y_9
			竣工治理废水项目	个	Y_{10}
			城市污水治理率	%	Y_{11}
		自然环境条件	城市绿化覆盖面积	公顷	Y_{12}
			建成区绿化覆盖率	%	Y_{13}
			海水产品产量	万吨	Y_{14}
	海洋社会文明	居民生活状态	居民可支配收入	元	Y_{15}
			人均地区生产总值	元	Y_{16}
		城市吸引力	旅游人数	万人	Y_{17}
			高校学生人数	万人	Y_{18}
			科研所人员数	万人	Y_{19}

三、二次时间加权的动态综合评价法

（一）基本概念

1. 时序立体表

将一系列具有完全相同的样本点名和变量指标的平面数据表，在时间维度上进行排列，形成时序立体数据表 H，其矩阵表示为：

$$H=\{X^t\in R^{m\times n},\ t=1,\ 2,\ 3,\ \cdots,\ T\} \tag{7-1}$$

具体理解为，设有 n 个被评价对象（或系统）S_1，S_2，S_3，…，S_n，有 m 个评价指标 X_1，X_2，X_3，…，X_m，且按时间顺序 t_1，t_2，t_3，…，t_T 获得原始数据 $\{x_{ij}(t_k),\ x_{ij}(t_k)\}$ 构成一个时序立体数据表，如表 7－2 所示。

表 7－2　　　　时序立体数据

系统	t_1	t_2	…	t_T
	X_1，X_2，X_3，…，X_m	X_1，X_2，X_3，…，X_m	…	X_1，X_2，X_3，…，X_m
S_1	$x_{11}(t_1)$，$x_{12}(t_1)$，…，$x_{1m}(t_1)$	$x_{11}(t_2)$，$x_{12}(t_2)$，…，$x_{1m}(t_2)$	…	$x_{11}(t_T)$，$x_{12}(t_T)$，…，$x_{1m}(t_T)$
S_2	$x_{21}(t_1)$，$x_{22}(t_1)$，…，$x_{2m}(t_1)$	$x_{21}(t_2)$，$x_{22}(t_2)$，…，$x_{2m}(t_2)$	…	$x_{21}(t_T)$，$x_{22}(t_T)$，…，$x_{2m}(t_T)$
⋮	⋮	⋮	⋮	⋮
S_n	$x_{n1}(t_1)$，$x_{n2}(t_1)$，…，$x_{nm}(t_1)$	$x_{n1}(t_2)$，$x_{n2}(t_2)$，…，$x_{nm}(t_2)$	…	$x_{n1}(t_T)$，$x_{n2}(t_T)$，…，$x_{nm}(t_T)$

2. 集结算子

美国著名学者雅格（Yager，1998）提出有序加权平均（OWA）算子，它是一种介于最大和最小算子之间多属性决策信息的集结方法。1999 年，耶格（Yager）在 OWA 算子的基础上又提出诱导有序加权平均（IOWGA）算子，之后，又有学者相继提出有序加权集合平均（OWAG）算子和诱导有序加权几何平均（IOWGA）算子。在此基础上，时序加权平均（TOWA）算子和时序几何平均（TOWGA）算子的定义如下：

定义一：令 $N=\{1,\ 2,\ \cdots,\ n\}$，称 $\langle u_i,\ a_i\rangle(i\in N)$ 为 TOWA 对，u_i 为时间诱导分量，a_j 为数据分量。定义时序加权平均(TOWA)算子为：

$$F(\langle u_i,\ a_i\rangle,\ \cdots,\ \langle u_n,a_n\rangle)\ =\ \sum_{j=1}^{n}w_jb_j \tag{7-2}$$

式中，$w=(w_1,\ w_2,\ w_3,\ \cdots,\ w_n)^T$ 是与 F 相关联的加权向量，$w_j\in[0,1]$，且 $\sum_{j=1}^{n}w_j=1$；b_j 是 $u_i(i\in N)$ 中第 j 时刻所对应的 TOWA 算子对中的第 2 个分量，则称 F 是 n 维 TOWA 算子。

定义二：令 $N=\{1, 2, \cdots, n\}$，称 $\langle u_i, a_i\rangle (i\in N)$ 为 TOWGA 对，u_i 为时间诱导分量，a_i 为数据分量。定义时序几何平均（TOWGA）算子为：

$$G(\langle u_1, a_1\rangle, \cdots, \langle u_n, a_n\rangle) = \prod_{j=1}^{n} b_j^{w_j} \tag{7-3}$$

式中，$w=(w_1, w_2, w_3, \cdots, w_n)^T$ 是与 G 相关联的加权向量，$w_j\in[0, 1]$，且 $\sum_{j=1}^{n} w_j = 1$；b_j 是 $u_i(i\in N)$ 中第 j 时刻所对应的 TOWGA 对中的第 2 个分量，则称 G 是 n 维 TOWA 算子。

TOWA 和 TOWGA 算子的实质是将时间诱导分量 $u_i(i\in N)$ 按照某一时间顺序排序后所对应的数据分量 $\{a_1, a_2, \cdots, a_n\}$ 进行加权集成，而 w_j 与元素 a_j 的大小和位置无关，w_j 只与时间诱导分量的第 j 个位置有关。

3. 时间权向量

二次时间加权主要突出时间角色，科学的确定时间权向量 $w=(w_1, w_2, w_3, \cdots, w_n)^T$ 是得到合理评价结果的关键，在给出确定的 $w=(w_1, w_2, w_3, \cdots, w_n)^T$ 的数学规划方法前，先分别给出时间权向量的熵 I 和"时间度" λ 的定义式：

$$I = -\sum_{k=1}^{p} w_k \ln w_k \tag{7-4}$$

时间权向量的熵反映了对样本集结过程中权重包含信息的程度。

$$\lambda = \sum_{k=1}^{p} \frac{p-k}{p-1} w_k \tag{7-5}$$

其中，当 $w=(1, 0, \cdots, 0)$ 时，$\lambda=1$；当 $w=(0, 0, \cdots, 1)$ 时，$\lambda=0$；当 $w=\left(\frac{1}{p}, \frac{1}{p}, \cdots, \frac{1}{p}\right)$ 时，$\lambda=0.5$。

"时间度" λ 的大小体现了算子集结过程中对时序的重视程度，如表 7-3 所示，即当 λ 越接近于 0 时，表明评价者越重视距离评价时刻 t_p 较近的数据，体现了"厚今薄古"思想，主要用于已经发生的"完成时态"的动态综合评价问题；当 λ 越接近于 1 时，表明评价者越重视距离评价时刻 t_p 较远期的数据，主要用于带有预测性质的"将来时态"的动态综合评价问题中；当 $\lambda=0.5$ 时，表明评价者对于各个时间段的重视程度相同，没有特殊偏好。

表7-3　　“时间度”λ的标度参考

赋值 λ	说明
0.1	非常重视近期数据
0.3	较重视近期数据
0.5	同等程度重视所用时期数据
0.7	较重视远期数据
0.9	非常重视远期数据
0.2、0.4、0.6、0.8	对应以上两相邻判断的中间情况

其中，w_k 确定准则：在实现给定的“时间度”λ 的情况下，以尽可能地挖掘样本信息和兼顾被评价对象在时序上的差异信息作为标准来寻找适合该样本集结的时间权向量。用数学语言来描述该准则，即求非线性规划问题：

$$z = \max\left(-\sum_{k=1}^{p} w_k \ln w_k\right)$$

$$\text{s.t.}\begin{cases}\lambda = \sum_{k=1}^{p} \frac{p-k}{p-1} w_k \\ \sum_{k=1}^{p} w_k = 1, w_k \in [0,1]\end{cases} \tag{7-6}$$

（二）主要步骤及流程

在本节中仅将二次时间加权的动态评价方法关键步骤列出，具体详细操作步骤将在实证部分叙述，以此避免造成重复赘述等问题。

（1）原始数据无量纲化和同向化处理；

（2）对标准化后时序立体数据求熵值；

（3）由步骤（2）确定一次加权得分后，参照以往学者研究确定时间度 λ；

（4）由时间度 λ 确定时间权向量 W；

（5）利用TOWA算子对第一次加权评价值数据进行集结，即求得二次时间加权后得分。

第二节 22个海洋生态文明示范区城市发展现状

一、海洋经济发展现状

海洋经济的迅速发展，对于推动国民经济发展起到重要作用。大力发展海洋经济，符合我国国情和未来发展需求。海洋生产总值和地区生产总值基本呈现正比关系。总体而言，各个沿海城市海洋经济发展都处于上升趋势，但增速有快有慢，且对于海洋经济的驱动力也有所不同。由表7－4数据，深圳作为海洋强市在地区生产总值拔得头筹，与其他城市拉开较大距离，作为珠三角地区“领头羊”城市，2015年①，其海洋经济生产总值占全市地区生产总值的9.6%，是深圳七大战略性新兴产业之一。深圳市海洋经济发展水平高且产业结构合理，老牌传统海洋产业积极转型，无法转型的则被取代，海洋第三产业发展优势明显，这主要基于深圳的科研创新能力强基础好，对于海洋相关科研人才的吸收力强，在海洋第三产业中，深圳海洋高端设备产业、海洋生物医学产业、海洋电子信息产业和海洋金融产业蓬勃发展，是深圳海洋产业未来发展的趋势。目前政府也积极支持深圳加快建设全球海洋中心城市，在海洋科研教育方面，政府给予资金支持和通过一系列人才引进政策，吸引海洋生态方面的专家学者参与组建海洋大学和建立国家深海科考中心。紧随其后的青岛、大连作为老牌海洋城市也在探索积极转型，第三产值比重分别达到50.83%和52.79%，超出总产值半数以上，在港口吞吐量上，宁波和青岛的港口吞吐量具有举足轻重地位，分别达到88929万吨和49749万吨，兼具了专业化和信息化特点，强势助力所在省经济发展。反观排名靠后的几个城市，基本均为珠三角地区，如汕头、湛江、北海，其主要的城市特点是海洋产业创新能力不强，海洋经济发展主要还是靠传统渔业，在海洋

① 虽然2020年出版的《中国海洋统计年鉴（2017）》中全国层面数据已更新至2016年，但鉴于本章所研究的海洋生态文明示范区城市数据仅更新至2015年，因此本章后文的分析选取2006～2015年数据。

交通运输方面也没有明显优势。

表7－4　2015年22个海洋生态文明示范区城市海洋经济发展水平指标原始数据

城市	地区GDP（亿元）	海洋第一产业产值（亿元）	海洋第一产业产值占GDP比重	第三产值比重	港口吞吐量（万吨）	水运客运量（万人）	水运货运量（万吨）
大连	7731.6	336.23	4.349	50.83	41482	395	12523
盘锦	1256.5	72.95	5.806	36.89	3444	56	23
南通	6256.1	156.61	2.547	45.7	22077.4	497.00	7494
盐城	4212.5	208.26	4.944	42.08	11251	3	11009
宁波	8003.6	162.53	2.031	45.24	88929	160	16771
温州	4618.1	66.89	1.448	53.4	8490	54.52	4387
舟山	1092.9	202.98	18.572	54.1	37925	2515	18548
台州	3553.9	225.86	6.355	49.42	6237	208	11200
厦门	3466	6.42	0.185	55.71	21022.52	779	7372
泉州	6137.7	93.02	1.516	37.14	12241.21	13	9341
漳州	2767.35	190.10	6.869	38.06	5564.53	271	2040
青岛	9472.4	130.06	1.399	52.79	49749	288	1406
烟台	6446.1	224.13	3.477	41.6	33027	640	3739
威海	3001.6	224.07	7.465	45.38	7554	485	1668
日照	1670.8	53.11	3.179	42.92	38286	105	885
深圳	18014.07	9.55	0.055	58.8	21706	466	7557
珠海	2025.4	52.21	2.578	48.04	11209	669	1709
汕头	1868	53.84	2.882	43.34	5181	1.663	937
湛江	2380	182.75	7.679	42.74	22036	731	3566
惠州	3140	20.30	0.646	40.2	7013	13	12419
北海	891.9	160.25	17.967	31.67	2468	238	696
三亚	435.8	18.37	4.215	65.72	402	455	11.3

资料来源：2016年《中国海洋统计年鉴》《中国国民经济统计公报》和部分城市的国民经济统计公报。

二、海洋环境资源现状

在海洋环境资源方面（见表7－5），城市工业废水排放量呈现较快下降趋势，对于工业废物的综合利用率不断上升，契合了倡导循环利用的理念。我国大部分城市现在基本可以做到生活污水和工业废水不直排入海，城市污水治理率也大都在90%以上，作为典型旅游城市的三亚相比于其他城市，虽然产生的工业废水和废物较少，但是该城市对于污水、工业废物的处理存在短板，其城市污水治理率仅达到67.89%，环保意识不佳。在城市绿地方面，“绿色城市”概念深入人心，城市的建成区绿地覆盖基本都在40%左右，其中以珠三角地区城市表现最为突出，珠海、深圳的建成区绿化覆盖率分别达到58.10%和45.10%，长三角地区表现相对较差，宁波、温州、舟山的建成区绿化覆盖率都在40%以下，比较热门的旅游城市，如环渤海地区的青岛、威海、大连的城市建设较好，绿化覆盖也分别达到44.70%、46.00%和44.93%。

表7－5　2015年22个海洋生态文明示范区城市海洋环境资源水平指标原始数据

城市	工业废水排放量（万吨）	一般工业固体废物综合利用量（万吨）	竣工治理废水项目（个）	城市污水治理率（%）	城市绿化覆盖面积（公顷）	建成区绿化覆盖率（%）	水产品产量（万吨）
大连	34564.70	397.20	0	98.37	18796	44.93	260.91
盘锦	4307.50	187.20	1	100.00	3051	40.72	37.12
南通	15745.00	518.10	19	93.50	9996	42.77	90.00
盐城	16193.20	535.60	43	90.10	6740	41.10	116.80
宁波	16097.70	1117.90	14	94.12	12915	38.80	103.34
温州	6277.80	269.50	5	92.84	9127	37.18	61.65
舟山	2202.20	132.60	8	87.49	15571	38.55	176.46
台州	6251.50	243.10	29	92.05	12899	42.30	156.90
厦门	21398.40	89.60	5	93.60	20373	41.90	5.21

续表

城市	工业废水排放量（万吨）	一般工业固体废物综合利用量（万吨）	竣工治理废水项目（个）	城市污水治理率（%）	城市绿化覆盖面积（公顷）	建成区绿化覆盖率（%）	水产品产量（万吨）
泉州	19184.70	795.20	7	90.60	8914	43.20	112.98
漳州	21197.51	259.90	14	90.20	2802	42.60	180.63
青岛	10566.00	664.50	1	95.43	30201	44.70	122.73
烟台	9762.10	1905.00	15	95.79	15761	40.50	200.30
威海	2597.80	330.20	4	95.58	9933	46.00	279.60
日照	6735.20	810.50	1	94.45	4596	44.90	59.56
深圳	19076.80	52.40	1	96.60	99841	45.10	4.04
珠海	5933.60	276.00	6	95.70	33662	58.11	29.16
汕头	5839.60	105.20	19	90.20	11091	43.73	44.59
湛江	6049.00	221.00	10	88.50	5956	41.82	126.22
惠州	8594.60	70.90	7	97.60	9299	38.93	16.70
北海	1816.90	296.90	2	90.09	2960	40.51	106.35
三亚	52.80	8.18	2	67.89	1711	39.99	8.89

资料来源：2016 年《中国海洋统计年鉴》《中国国民经济统计公报》和部分城市的国民经济统计公报。

三、海洋社会文明现状

在海洋社会文明方面（见表 7－6），从当地居民生活水平来看，沿海城市的居民可支配收入和人均地区生产总值都普遍高于国家其他地区，单就居民可支配收入而言，宁波排在首位，2015 年宁波成为全国第 8 个外贸超千亿美元城市，其中工资性收入仍然是可支配收入增长的主要动力，人均地区生产总值超万元。舟山和温州作为宁波的兄弟城市自然也是不甘落后，居民可支配收入分别达到 44845.00 元和 44026.00 元，与深圳市相差无几。而在人均地区生产总值方面，深圳和珠海排在首位，其次是大连、青岛和宁波。在城市吸引力上，旅游热点也从原来的“海岸沙滩”转为现在“小桥流水”，长三角地区城市的旅游人数增幅较大，宁波、温州等排名靠前，三亚作为老牌旅游城市些许落后。在科研教育方面，青岛的发展名列前茅，青岛作为海洋科技城，截至2011年底，聚集了全国30%以上的海洋教学、科研机构，拥有全国50%的涉海科研人员、70%涉海高级专家和院士，19位院士、5000多名各类海洋专业技术人才，1个国家级、17个省级海洋类重点实验室①。比较落后的城市如湛江、惠州、北海、盘锦在科研所和科研人才数量上都比较落后，这也是导致其海洋生态文明水平不高的原因。

表7-6　2015年22个海洋生态文明示范区城市海洋社会文明水平指标原始数据

城市	居民可支配收入（元/人）	人均地区生产总值（元/人）	旅游人数（万人）	高校学生人数（万人）	科研所人数（万人）
大连	35888.99	110682	6037.93	29.00	2.23
盘锦	32465.09	87351	2764.33	0.71	0.51
南通	36291.00	85712	3461.10	9.00	2.28
盐城	28200.00	58993	2314.84	5.73	0.76
宁波	47852.00	102374	7809.63	15.58	2.06
温州	44026.00	50790	7120.69	10.99	0.98
舟山	44845.00	95113	3807.64	2.57	0.69
台州	43266.00	58917	6478.17	3.36	0.92
厦门	42607.00	90379	4278.04	15.96	2.32
泉州	37275.00	72421	1857.41	12.41	0.35
漳州	28092.00	55569	1801.86	7.15	0.55
青岛	40370.24	104418	7191.42	32.20	3.36
烟台	35907.33	91979	5775.67	18.03	3.47
威海	36336.10	106922	3443.86	7.07	1.92
日照	26217.04	58110	3645.00	6.82	0.15
深圳	44633.30	162599	4328.31	9.33	7.75
珠海	38322.00	127227	1755.73	9.01	1.10

① 佚名．青岛中国著名的海洋科技城［J］．走向世界，2012（2）：26-27.

续表

城市	居民可支配收入（元/人）	人均地区生产总值（元/人）	旅游人数（万人）	高校学生人数（万人）	科研所人数（万人）
汕头	23260.10	33814	1428.22	1.01	0.41
湛江	23129.40	32702	1622.85	7.80	0.60
惠州	30056.90	67046	1603.46	3.37	0.52
北海	27514.00	55248	2062.09	3.42	0.28
三亚	28782.00	58468	1463.22	5.01	0.15

资料来源：2016 年《中国海洋统计年鉴》《中国国民经济统计公报》和部分城市的国民经济统计公报。

第三节　22 个海洋生态文明示范区城市海洋生态文明水平测算

一、数据及资料来源

由于各城市统计年鉴数据更新的滞后性，本章主要对 2006 ~ 2015 年国家级海洋生态文明建设示范城市的海洋生态文明水平进行“纵横向”全方位的综合评价。即从横向视角反映某一年各个示范城市海洋生态文明发展的状况，揭示出各自的不足；从纵向上体现出沿海各城市在 2006 ~ 2015 年的海洋生态文明发展规律。数据主要来自《中国海洋统计年鉴》《中国城市统计年鉴》，以及各省市统计年鉴、国家相关部门统计公报以及主管部门工作报告等。研究范围涉及被国家海洋局批为国家级海洋生态文明建设示范区的 24 个城市，其中示范区中的县级单位将其归属于所在地级市进行数据的搜集，长岛县撤县归属于烟台市，将其纳入烟台市数据进行测算；海南省三沙市数据缺失严重，剔除出样本；因此本章研究对象最终为中国东部沿海的 22 个国家级海洋生态文明建设示范城市，部分年份的缺失值用均值插补和多重插补法进行填充。由 2006 ~ 2015 年 22 个城市的 19 个指标可以构建出 22 × 19 × 10 的时序立体表，实现对时序立体数据二次时间加权的动态评价分析。

二、数据标准化处理及指标可靠性检验

（一）数据无量纲化处理

将2006～2015年22个城市的19个指标整合成时序立体表，其中工业废水排放量为负向指标，即越小越好，因此首先对数据进行同向化处理，又因为各类指标的量纲不同所以还需要对数据进行标准化。

（二）指标体系可靠性检验

使用信度检验对经过标准化后数据进行指标体系可靠性检验，检验结构如表7－7所示。

表7－7　　　　指标体系可靠性检验结果

基于标准化项的 Cronbach's Alpha	项数
0.755	19

三、熵值法与二次时间加权法赋权结果

（一）熵值法赋权结果

首先，从总体层面分析海洋生态文明发展水平。通过熵值法对22个城市2006～2015年各年份的海洋生态文明进行测算，得出各年份的一级指标权重如表7－8所示，即海洋经济发展水平、海洋环境资源水平、海洋社会文明水平3个子系统权重，且各年的一级指标权重之和为一，三者之间存在线性关系，因此可以根据指标权重的波动一定程度上反映各年的差异性。

表 7－8　　熵值法赋权结果

指标层	2006 年	2007 年	2008 年	2009 年	2010 年	2011 年	2012 年	2013 年	2014 年	2015 年
海洋经济发展水平	0. 4007	0. 4052	0. 4097	0. 3946	0. 3868	0. 3880	0. 3822	0. 3728	0. 3894	0. 3987
地区生产总值（亿元）	0. 0487	0. 0494	0. 0514	0. 0512	0. 0535	0. 0542	0. 0538	0. 0524	0. 0558	0. 0565
海洋第一产业产值（亿元）	0. 0447	0. 0417	0. 0452	0. 0424	0. 0433	0. 0432	0. 0429	0. 0406	0. 0442	0. 0441
海洋第一产业产值占地区生产总值比重（%）	0. 0509	0. 0497	0. 0528	0. 0539	0. 0571	0. 0594	0. 0570	0. 0562	0. 0595	0. 0622
第三产值比重（%）	0. 0104	0. 0109	0. 0114	0. 0248	0. 0185	0. 0170	0. 0175	0. 0179	0. 0225	0. 0233
水运客运量（万人）	0. 1118	0. 1187	0. 1191	0. 1047	0. 0950	0. 0898	0. 0871	0. 0869	0. 0803	0. 0862
水运货运量（万吨）	0. 0598	0. 0612	0. 0579	0. 0525	0. 0509	0. 0551	0. 0599	0. 0599	0. 0628	0. 0627
港口吞吐量（万吨）	0. 0744	0. 0737	0. 0719	0. 0651	0. 0685	0. 0694	0. 0640	0. 0588	0. 0643	0. 0637
海洋环境资源水平	0. 3503	0. 3457	0. 3461	0. 3507	0. 3341	0. 3224	0. 3561	0. 3596	0. 3394	0. 3324
工业废水排放量（万吨）	0. 0084	0. 0082	0. 0077	0. 0073	0. 0080	0. 0079	0. 0188	0. 0241	0. 0119	0. 0126
一般工业固体废物综合利用量（万吨）	0. 0750	0. 0694	0. 0657	0. 0695	0. 0750	0. 0728	0. 0682	0. 0675	0. 0700	0. 0635
竣工治理废水项目（个）	0. 0424	0. 0608	0. 0655	0. 0731	0. 0595	0. 0461	0. 0756	0. 0763	0. 0606	0. 0722
城市污水治理率（%）	0. 0238	0. 0182	0. 0133	0. 0219	0. 0129	0. 0152	0. 0239	0. 0129	0. 0163	0. 0081
城市绿化覆盖面积（公顷）	0. 1405	0. 1315	0. 1301	0. 1244	0. 1223	0. 1247	0. 1010	0. 1067	0. 0956	0. 0910
建成区绿化覆盖率（个）	0. 0120	0. 0130	0. 0125	0. 0080	0. 0103	0. 0094	0. 0225	0. 0280	0. 0355	0. 0356
水产品产量（万吨）	0. 0483	0. 0447	0. 0513	0. 0466	0. 0460	0. 0464	0. 0460	0. 0442	0. 0495	0. 0494
海洋社会文明水平	0. 2490	0. 2491	0. 2442	0. 2547	0. 2791	0. 2896	0. 2617	0. 2676	0. 2712	0. 2689
居民可支配收入（元/人）	0. 0386	0. 0371	0. 0306	0. 0346	0. 0360	0. 0377	0. 0280	0. 0370	0. 0307	0. 0333
人均地区生产总值（元）	0. 0454	0. 0411	0. 0406	0. 0372	0. 0371	0. 0364	0. 0329	0. 0335	0. 0353	0. 0338
旅游人数（万人次）	0. 0358	0. 0345	0. 0332	0. 0464	0. 0498	0. 0691	0. 0594	0. 0637	0. 0661	0. 0645
高校学生人数（万人）	0. 0574	0. 0578	0. 0555	0. 0509	0. 0581	0. 0508	0. 0506	0. 0495	0. 0533	0. 0526
科研所人员数（万人）	0. 0718	0. 0787	0. 0843	0. 0855	0. 0982	0. 0956	0. 0908	0. 0839	0. 0858	0. 0847

（二）二次时间加权法的赋权结果

由于海洋生态文明建设是随时间变化而呈现出不同属性特点的系统工程，因此只通过一次加权无法满足对于其综合评价的客观分析，需要对其子系统在不同时间点由于时间序列变化而引起的指标变化进行调整，即对海洋生态文明评价体系中的指标再进行二次时间加权，对其进行动态化处理，从而突出时间的作用，具有“厚今薄古”思想。

首先确定时间权向量。通过查阅相关资料和参考文献，本书取“时间度”$\lambda=0.1$。苗欣茹、王少鹏和席增雷（2020）认为对于近期数据的考量应占更大比重，郭亚军、姚远和易平涛（2007）认为当取“时间度”$\lambda=0.1$时表明评价者更加重视近期数据，此时由公式

$$z=\max\left(-\sum_{k=1}^{p}w_k\ln w_k\right)$$
$$\text{s.t.}\begin{cases}\lambda=\sum_{k=1}^{p}\frac{p-k}{p-1}w_k\\ \sum_{k=1}^{p}w_k=1,\ w_k\in[0,1]=1\end{cases}\tag{7-7}$$

应用Matlab软件进行计算，求得时间权向量为

表7-9　　二次时间加权赋权结果

项目	2006年	2007年	2008年	2009年	2010年	2011年	2012年	2013年	2014年	2015年
时间权重	0.0005	0.0015	0.0030	0.0059	0.0126	0.0268	0.0550	0.1189	0.2499	0.5259

四、海洋生态文明水平得分测算

（一）海洋生态文明水平综合得分测算

1. 一次加权得分

通过对时序立体数据表中原始数据同向化和无量纲化，为了最大限度保留各项指标提供的信息量一致性，采用熵值法对数据进行处理，对所得到的

信息进行线性集结，得到各个评价对象在不同时点静态综合评价值 $y_i(t_k)$ ($i=1, 2, 3, \cdots, n$; $k=1, 2, 3, \cdots, T$)，并将其构成的综合评价值矩阵记为 Y，如下所示：

$$Y=\begin{bmatrix} y_1(t_1) & y_1(t_2) & \cdots & y_1(t_T) \\ y_2(t_1) & y_2(t_2) & \cdots & y_2(t_T) \\ \vdots & \vdots & \vdots & \vdots \\ y_n(t_1) & y_n(t_2) & \cdots & y_n(t_T) \end{bmatrix} \tag{7-8}$$

2. 二次加权得分

然后用 TOWA 算子对第一次加权评价值数据进行集结，用公式

$$h_i = F\{[t_1, y_i(t_1)], [t_2, y_i(t_2)], \cdots, [t_n, y_i(t_n)]\} = \sum_{i=1}^{n} w_k b_r \tag{7-9}$$

求得最终评价值 h_i，即二次时间加权后得分。

3. 22 个海洋生态文明示范区城市海洋生态文明综合得分

通过对 2006～2015 年指标数据的测算，经过二次时间加权，分别得出 22 个海洋生态文明示范城市的海洋生态文明水平综合得分，测算结果如表 7－10 所示。

表 7－10　2006～2015 年 22 个海洋生态文明示范区城市海洋生态文明水平综合得分

城市	2006 年	2007 年	2008 年	2009 年	2010 年	2011 年	2012 年	2013 年	2014 年	2015 年	二次加权得分
大连	0.4447	0.4446	0.4530	0.4461	0.4511	0.4713	0.4674	0.4287	0.4487	0.4307	0.4385
盘锦	0.0871	0.0913	0.1049	0.1039	0.1158	0.1311	0.1430	0.1272	0.1316	0.1228	0.1265
南通	0.2711	0.2477	0.2750	0.2867	0.2825	0.2929	0.3181	0.3357	0.3359	0.2992	0.3131
盐城	0.1974	0.1992	0.1993	0.1775	0.1780	0.1800	0.1835	0.1815	0.2017	0.2793	0.2381
宁波	0.4678	0.4488	0.4621	0.4567	0.4534	0.4947	0.5006	0.4460	0.4547	0.4540	0.4569
温州	0.2017	0.2093	0.1987	0.2076	0.2099	0.2300	0.2274	0.2217	0.2483	0.2313	0.2336
舟山	0.3585	0.3752	0.3870	0.3551	0.3627	0.3877	0.4070	0.4152	0.4147	0.4410	0.4263
台州	0.2779	0.3128	0.3250	0.3215	0.3024	0.3088	0.2941	0.3220	0.3318	0.3393	0.3314
厦门	0.2309	0.1895	0.2497	0.2701	0.2675	0.2734	0.2716	0.2707	0.2773	0.2607	0.2670

续表

城市	2006年	2007年	2008年	2009年	2010年	2011年	2012年	2013年	2014年	2015年	二次加权得分
泉州	0.2181	0.2385	0.2412	0.2331	0.2306	0.2331	0.2738	0.2067	0.2274	0.2205	0.2241
漳州	0.1762	0.1710	0.2019	0.2136	0.1944	0.1848	0.1889	0.1841	0.1896	0.1951	0.1919
青岛	0.4803	0.4742	0.4632	0.4644	0.4648	0.4568	0.4114	0.4022	0.4213	0.4029	0.4108
烟台	0.3717	0.3809	0.3865	0.3949	0.4002	0.4189	0.4578	0.4152	0.4199	0.4259	0.4240
威海	0.2620	0.2584	0.2428	0.2477	0.2613	0.2672	0.2878	0.2832	0.2981	0.2950	0.2923
日照	0.1949	0.1794	0.1599	0.1690	0.1738	0.1828	0.1861	0.1859	0.1882	0.1767	0.1812
深圳	0.5339	0.5478	0.5453	0.5537	0.5651	0.5296	0.4656	0.4921	0.4771	0.4440	0.4641
珠海	0.2256	0.2464	0.2555	0.2377	0.2580	0.2308	0.2299	0.2513	0.2642	0.2464	0.2502
汕头	0.1034	0.0890	0.1144	0.1288	0.1262	0.1139	0.1123	0.1046	0.1112	0.1172	0.1140
湛江	0.3157	0.2578	0.1759	0.2010	0.1964	0.2140	0.2425	0.2132	0.2173	0.2077	0.2127
惠州	0.1387	0.1130	0.1233	0.1572	0.1685	0.1612	0.1447	0.1415	0.1524	0.1373	0.1430
北海	0.1474	0.1498	0.1222	0.1433	0.1546	0.1575	0.1801	0.1674	0.1672	0.1740	0.1708
三亚	0.1005	0.0960	0.0883	0.0883	0.0899	0.0838	0.1025	0.1063	0.1067	0.0979	0.1008

4. 三大经济圈海洋生态文明综合得分

为了更加深入分析我国沿海城市海洋生态文明发展状况，从环渤海地区、长三角地区和泛珠三角地区的角度切入，进一步展开研究，得出2006～2015年三大经济圈及全国海洋生态文明水平综合得分，测算结果如表7－11所示。

表7－11　2006～2015年三大经济圈及全国海洋生态文明水平综合得分

地区	2006年	2007年	2008年	2009年	2010年	2011年	2012年	2013年	2014年	2015年	二次加权得分
环渤海地区	0.3068	0.3048	0.3017	0.3043	0.3111	0.3213	0.3256	0.3071	0.3180	0.3090	0.3122
长三角地区	0.2957	0.2988	0.3079	0.3009	0.2981	0.3157	0.3218	0.3204	0.3312	0.3407	0.3332
泛珠三角地区	0.2190	0.2099	0.2118	0.2227	0.2251	0.2182	0.2212	0.2138	0.2190	0.2101	0.2139
全国	0.2738	0.2712	0.2738	0.2760	0.2781	0.2851	0.2895	0.2804	0.2894	0.2866	0.2864

（二）海洋生态文明水平子系统得分测算

海洋生态文明指标体系由三个维度构成，分别为海洋经济发展水平、海洋环境资源水平、海洋社会文明水平，测算得分即海洋经济发展水平得分、海洋环境资源水平得分、海洋社会文明水平得分。在测算过程中，原始指标数据均正向化，所以测算的综合得分和各维度得分均为正向，测算得分越高，相应的海洋生态文明水平越高。

1. 22 个海洋生态文明示范区城市各子系统得分

22 个海洋生态文明示范区城市的海洋经济发展水平得分、海洋环境资源水平得分、海洋社会文明水平得分依次如表 7－12、表 7－13、表 7－14 所示。

表 7－12　　2006～2015 年 22 个海洋生态文明示范区城市海洋经济发展水平子系统和二次加权得分

城市	2006 年	2007 年	2008 年	2009 年	2010 年	2011 年	2012 年	2013 年	2014 年	2015 年	二次加权得分
大连	0.1782	0.1801	0.1856	0.1760	0.1745	0.1829	0.1786	0.1598	0.1747	0.1717	0.1719
盘锦	0.0349	0.0370	0.0430	0.0410	0.0448	0.0509	0.0546	0.0474	0.0513	0.0490	0.0496
青岛	0.1925	0.1921	0.1898	0.1131	0.1798	0.1772	0.1572	0.1500	0.1641	0.1606	0.1606
烟台	0.1489	0.1543	0.1584	0.0700	0.1548	0.1626	0.1749	0.1548	0.1635	0.1698	0.1657
威海	0.1050	0.1047	0.0995	0.1802	0.1011	0.1037	0.1100	0.1056	0.1161	0.1176	0.1151
日照	0.0781	0.0727	0.0655	0.0819	0.0672	0.0709	0.0711	0.0693	0.0733	0.0705	0.0711
南通	0.1086	0.1004	0.1126	0.1401	0.1093	0.1137	0.1216	0.1251	0.1308	0.1193	0.1228
盐城	0.0791	0.0807	0.0816	0.1269	0.0688	0.0698	0.0701	0.0677	0.0786	0.1113	0.0940
宁波	0.1874	0.1818	0.1893	0.1066	0.1754	0.1920	0.1913	0.1663	0.1771	0.1810	0.1786
温州	0.0808	0.0848	0.0814	0.0920	0.0812	0.0892	0.0869	0.0827	0.0967	0.0922	0.0916
舟山	0.1437	0.1520	0.1586	0.0843	0.1403	0.1504	0.1556	0.1548	0.1615	0.1758	0.1669
台州	0.1114	0.1267	0.1332	0.1832	0.1170	0.1198	0.1124	0.1200	0.1292	0.1353	0.1303
厦门	0.0925	0.0768	0.1023	0.1558	0.1035	0.1061	0.1038	0.1009	0.1080	0.1039	0.1049
泉州	0.0874	0.0966	0.0988	0.0978	0.0892	0.0904	0.1047	0.0771	0.0885	0.0879	0.0879

续表

城市	2006年	2007年	2008年	2009年	2010年	2011年	2012年	2013年	2014年	2015年	二次加权得分
漳州	0.0706	0.0693	0.0827	0.0667	0.0752	0.0717	0.0722	0.0686	0.0738	0.0778	0.0751
深圳	0.2139	0.2219	0.2234	0.2185	0.2186	0.2055	0.1780	0.1835	0.1858	0.1770	0.1818
珠海	0.0904	0.0998	0.1047	0.0938	0.0998	0.0896	0.0879	0.0937	0.1029	0.0982	0.0981
汕头	0.0414	0.0360	0.0469	0.0508	0.0488	0.0442	0.0429	0.0390	0.0433	0.0467	0.0447
湛江	0.1265	0.1044	0.0721	0.0793	0.0760	0.0830	0.0927	0.0795	0.0846	0.0828	0.0833
惠州	0.0556	0.0458	0.0505	0.0620	0.0652	0.0626	0.0553	0.0527	0.0593	0.0547	0.0560
北海	0.0591	0.0607	0.0501	0.0566	0.0598	0.0611	0.0688	0.0624	0.0651	0.0694	0.0670
三亚	0.0403	0.0389	0.0362	0.0348	0.0348	0.0325	0.0392	0.0396	0.0415	0.0390	0.0395

表7-13　2006~2015年22个海洋生态文明示范区城市海洋环境资源水平子系统和二次加权得分

城市	2006年	2007年	2008年	2009年	2010年	2011年	2012年	2013年	2014年	2015年	二次加权得分
大连	0.1558	0.1537	0.1568	0.1565	0.1507	0.1520	0.1664	0.1542	0.1523	0.1432	0.1485
盘锦	0.0305	0.0316	0.0363	0.0364	0.0387	0.0423	0.0509	0.0457	0.0447	0.0408	0.0429
青岛	0.1683	0.1640	0.1603	0.1629	0.1553	0.1473	0.1465	0.1446	0.1430	0.1339	0.1391
烟台	0.1302	0.1317	0.1338	0.1385	0.1337	0.1351	0.1630	0.1493	0.1425	0.1415	0.1436
威海	0.0918	0.0893	0.0840	0.0869	0.0873	0.0861	0.1025	0.1018	0.1012	0.0980	0.0989
日照	0.0683	0.0620	0.0553	0.0593	0.0581	0.0589	0.0663	0.0668	0.0638	0.0587	0.0614
南通	0.0950	0.0856	0.0952	0.1005	0.0944	0.0944	0.1133	0.1207	0.1140	0.0995	0.1061
盐城	0.0691	0.0689	0.0690	0.0623	0.0595	0.0580	0.0654	0.0653	0.0685	0.0928	0.0803
宁波	0.1639	0.1552	0.1599	0.1602	0.1515	0.1595	0.1782	0.1604	0.1543	0.1509	0.1547
温州	0.0707	0.0724	0.0688	0.0728	0.0701	0.0741	0.0810	0.0797	0.0843	0.0769	0.0791
舟山	0.1256	0.1297	0.1340	0.1245	0.1212	0.1250	0.1449	0.1493	0.1407	0.1466	0.1443
台州	0.0974	0.1081	0.1125	0.1128	0.1010	0.0996	0.1047	0.1158	0.1126	0.1128	0.1121

续表

城市	2006 年	2007 年	2008 年	2009 年	2010 年	2011 年	2012 年	2013 年	2014 年	2015 年	二次加权得分
厦门	0.0809	0.0655	0.0864	0.0947	0.0894	0.0881	0.0967	0.0974	0.0941	0.0867	0.0904
泉州	0.0764	0.0825	0.0835	0.0818	0.0770	0.0751	0.0975	0.0743	0.0772	0.0733	0.0759
漳州	0.0617	0.0591	0.0699	0.0749	0.0650	0.0596	0.0673	0.0662	0.0643	0.0648	0.0649
深圳	0.1870	0.1894	0.1887	0.1942	0.1888	0.1707	0.1658	0.1770	0.1619	0.1476	0.1573
珠海	0.0790	0.0852	0.0884	0.0834	0.0862	0.0744	0.0819	0.0903	0.0897	0.0819	0.0847
汕头	0.0362	0.0308	0.0396	0.0452	0.0421	0.0367	0.0400	0.0376	0.0377	0.0390	0.0386
湛江	0.1106	0.0891	0.0609	0.0705	0.0656	0.0690	0.0863	0.0767	0.0737	0.0690	0.0721
惠州	0.0486	0.0391	0.0427	0.0551	0.0563	0.0520	0.0515	0.0509	0.0517	0.0456	0.0484
北海	0.0516	0.0518	0.0423	0.0503	0.0517	0.0508	0.0641	0.0602	0.0568	0.0578	0.0578
三亚	0.0352	0.0332	0.0305	0.0310	0.0300	0.0270	0.0365	0.0382	0.0362	0.0325	0.0342

表 7-14　2006～2015 年 22 个海洋生态文明示范区城市海洋社会文明水平子系统和二次加权得分

城市	2006 年	2007 年	2008 年	2009 年	2010 年	2011 年	2012 年	2013 年	2014 年	2015 年	二次加权得分
大连	0.1107	0.1107	0.1106	0.1136	0.1259	0.1365	0.1223	0.1147	0.1217	0.1158	0.1182
盘锦	0.0217	0.0227	0.0256	0.0265	0.0323	0.0380	0.0374	0.0340	0.0357	0.0330	0.0341
青岛	0.1196	0.1181	0.1131	0.1183	0.1297	0.1323	0.1077	0.1076	0.1143	0.1084	0.1107
烟台	0.0925	0.0949	0.0944	0.1006	0.1117	0.1213	0.1198	0.1111	0.1139	0.1145	0.1142
威海	0.0652	0.0644	0.0593	0.0631	0.0729	0.0774	0.0753	0.0758	0.0808	0.0793	0.0787
日照	0.0485	0.0447	0.0390	0.0430	0.0485	0.0529	0.0487	0.0497	0.0510	0.0475	0.0488
南通	0.0675	0.0617	0.0671	0.0730	0.0788	0.0848	0.0833	0.0898	0.0911	0.0805	0.0844
盐城	0.0491	0.0496	0.0487	0.0452	0.0497	0.0521	0.0480	0.0486	0.0547	0.0751	0.0641
宁波	0.1165	0.1118	0.1128	0.1163	0.1266	0.1433	0.1310	0.1193	0.1233	0.1221	0.1231
温州	0.0502	0.0521	0.0485	0.0529	0.0586	0.0666	0.0595	0.0593	0.0674	0.0622	0.0630

续表

城市	2006年	2007年	2008年	2009年	2010年	2011年	2012年	2013年	2014年	2015年	二次加权得分
舟山	0.0893	0.0935	0.0945	0.0904	0.1012	0.1123	0.1065	0.1111	0.1125	0.1186	0.1148
台州	0.0692	0.0779	0.0794	0.0819	0.0844	0.0894	0.0770	0.0862	0.0900	0.0912	0.0893
厦门	0.0575	0.0472	0.0610	0.0688	0.0747	0.0792	0.0711	0.0725	0.0752	0.0701	0.0719
泉州	0.0543	0.0594	0.0589	0.0594	0.0643	0.0675	0.0717	0.0553	0.0617	0.0593	0.0604
漳州	0.0439	0.0426	0.0493	0.0544	0.0543	0.0535	0.0495	0.0493	0.0514	0.0525	0.0517
深圳	0.1329	0.1365	0.1332	0.1410	0.1577	0.1534	0.1219	0.1317	0.1294	0.1194	0.1251
珠海	0.0562	0.0614	0.0624	0.0605	0.0720	0.0668	0.0602	0.0672	0.0717	0.0663	0.0674
汕头	0.0257	0.0222	0.0279	0.0328	0.0352	0.0330	0.0294	0.0280	0.0302	0.0315	0.0307
湛江	0.0786	0.0642	0.0429	0.0512	0.0548	0.0620	0.0635	0.0571	0.0589	0.0559	0.0573
惠州	0.0345	0.0282	0.0301	0.0400	0.0470	0.0467	0.0379	0.0379	0.0413	0.0369	0.0386
北海	0.0367	0.0373	0.0298	0.0365	0.0432	0.0456	0.0471	0.0448	0.0454	0.0468	0.0460
三亚	0.0250	0.0239	0.0216	0.0225	0.0251	0.0243	0.0268	0.0284	0.0289	0.0263	0.0271

2. 三大经济圈及全国层面各子系统得分

环渤海地区、长三角地区、泛珠三角地区这三大经济圈的海洋经济发展水平得分、海洋环境资源水平得分、海洋社会文明水平得分依次如表7-15、表7-16、表7-17所示。

表7-15　2006~2015年三大经济圈海洋经济发展水平子系统和二次加权得分

地区	2006年	2007年	2008年	2009年	2010年	2011年	2012年	2013年	2014年	2015年	二次加权得分
环渤海地区	0.1229	0.1235	0.1236	0.1104	0.1204	0.1247	0.1244	0.1145	0.1238	0.1232	0.1220
长三角地区	0.1185	0.1211	0.1261	0.1222	0.1153	0.1225	0.1230	0.1194	0.1290	0.1358	0.1303
泛珠三角地区	0.0878	0.0850	0.0868	0.0916	0.0871	0.0847	0.0845	0.0797	0.0853	0.0838	0.0836
全国	0.1097	0.1099	0.1122	0.1081	0.1076	0.1106	0.1107	0.1045	0.1127	0.1143	0.1120

表 7－16　2006～2015 年三大经济圈海洋环境资源水平子系统和二次加权得分

地区	2006 年	2007 年	2008 年	2009 年	2010 年	2011 年	2012 年	2013 年	2014 年	2015 年	二次加权得分
环渤海地区	0. 1075	0. 1054	0. 1044	0. 1067	0. 1039	0. 1036	0. 1159	0. 1104	0. 1079	0. 1027	0. 1057
长三角地区	0. 1036	0. 1033	0. 1066	0. 1055	0. 0996	0. 1018	0. 1146	0. 1152	0. 1124	0. 1132	0. 1128
泛珠三角地区	0. 0767	0. 0726	0. 0733	0. 0781	0. 0752	0. 0704	0. 0788	0. 0769	0. 0743	0. 0698	0. 0724
全国	0. 0959	0. 0937	0. 0948	0. 0968	0. 0929	0. 0919	0. 1031	0. 1008	0. 0982	0. 0953	0. 0970

表 7－17　2006～2015 年三大经济圈海洋社会文明水平子系统和二次加权得分

地区	2006 年	2007 年	2008 年	2009 年	2010 年	2011 年	2012 年	2013 年	2014 年	2015 年	二次加权得分
环渤海地区	0. 0764	0. 0759	0. 0737	0. 0775	0. 0868	0. 0930	0. 0852	0. 0822	0. 0862	0. 0831	0. 0841
长三角地区	0. 0736	0. 0744	0. 0752	0. 0766	0. 0832	0. 0914	0. 0842	0. 0857	0. 0898	0. 0916	0. 0898
泛珠三角地区	0. 0545	0. 0523	0. 0517	0. 0567	0. 0628	0. 0632	0. 0579	0. 0572	0. 0594	0. 0565	0. 0576
全国	0. 0682	0. 0676	0. 0669	0. 0703	0. 0776	0. 0825	0. 0758	0. 0750	0. 0785	0. 0771	0. 0772

五、聚类分析结果

由 Ward 系统聚类法，应用 SPSS 软件对 22 个海洋生态文明示范区城市二次时间加权后的海洋生态文明得分数据进行聚类分析，聚类结果如图 7－2 所示。由图 7－2 可知，22 个海洋生态文明示范区城市可划分为四个类型。第一类为海洋生态文明优势区，包括深圳、宁波、大连、舟山、烟台、青岛；第二类为海洋生态文明良好区，包括台州、南通、威海、厦门；第三类为海洋生态文明一般区，包括珠海、盐城、温州、泉州、湛江、漳州、日照、北海；第四类为海洋生态文明发展区，包括惠州、盘锦、汕头、三亚。

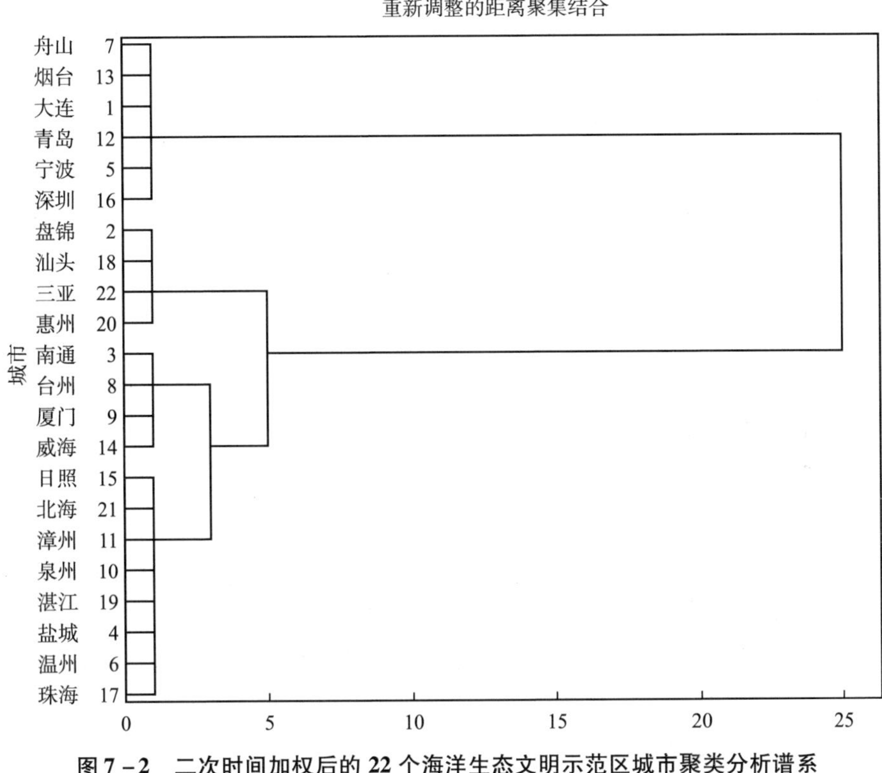

图7-2　二次时间加权后的22个海洋生态文明示范区城市聚类分析谱系

第四节　22个海洋生态文明示范区城市海洋生态文明进程实证分析

一、全国海洋生态文明水平特征分析

（一）全国海洋生态文明综合得分特征分析

我国海洋生态文明水平总体来看是呈现上升态势，由图7-3可以看出，2007～2012年是海洋生态文明水平的高速发展阶段，2013年出现回落，之后继续上升，2015 年又出现一次小幅度回落，整体来看，2006 ~ 2015 年我国海洋生态文明水平保持波动上升。

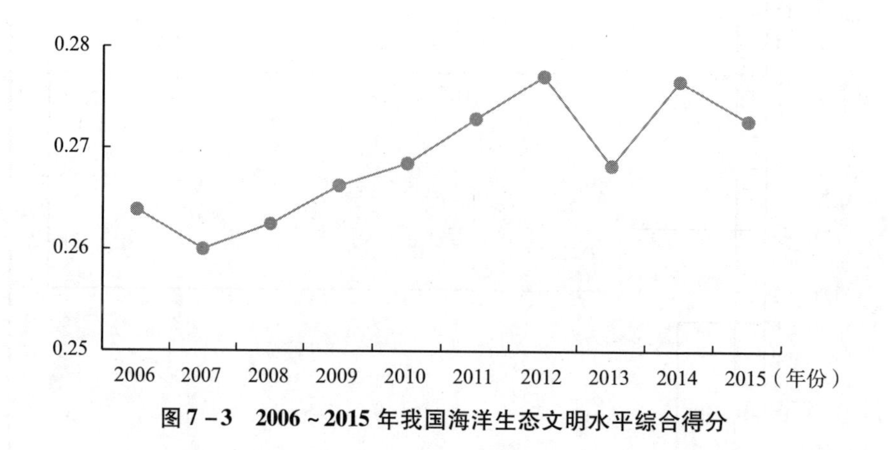

图 7 – 3　2006 ~ 2015 年我国海洋生态文明水平综合得分

本书选取 2006 ~ 2015 年 22 个城市第一次加权得分计算其每年得分的均值、中位数、标准差和变异系数，结果如表 7 – 18 所示，其中均值和中位数反映了该年得分的集中趋势，标准差和变异系数反映了该年得分的离散程度。

表 7 – 18　2006 ~ 2015 年海洋生态文明相关参考指标

项目	2006 年	2007 年	2008 年	2009 年	2010 年	2011 年	2012 年	2013 年	2014 年	2015 年
均值	0. 2639	0. 2600	0. 2625	0. 2663	0. 2685	0. 2729	0. 2771	0. 2683	0. 2766	0. 2727
中位数	0. 2283	0. 2424	0. 2420	0. 2354	0. 2443	0. 2320	0. 2570	0. 2365	0. 2563	0. 2536
标准差	0. 1302	0. 1334	0. 1342	0. 1295	0. 1296	0. 1318	0. 1243	0. 1207	0. 1198	0. 1178
变异系数	0. 4933	0. 5132	0. 5114	0. 4865	0. 4828	0. 4828	0. 4487	0. 4500	0. 4333	0. 4321

从海洋生态文明得分平均数和中位数看，2006 ~ 2015 年沿海城市海洋生态文明整体得分基本呈现波动上升态势，但是海洋生态文明整体得分值并不高，海洋生态文明发展水平处于较低层次。在经历了 2007 ~ 2012 年高速发展阶段后增速略有下降甚至出现了小幅度回落，各城市之间虽然一直存在差距但是差距并没有拉大，总体来说是呈现齐头并进的发展趋势。

经过二次时间加权后海洋生态文明各子系统占比情况如图 7 -4 所示，总的来看，各子系统在海洋生态文明中占比较为均衡，海洋经济发展水平子系统、海洋环境资源水平子系统和海洋社会文明子系统占比分别为 39. 14%、33. 89% 和 26. 97%。

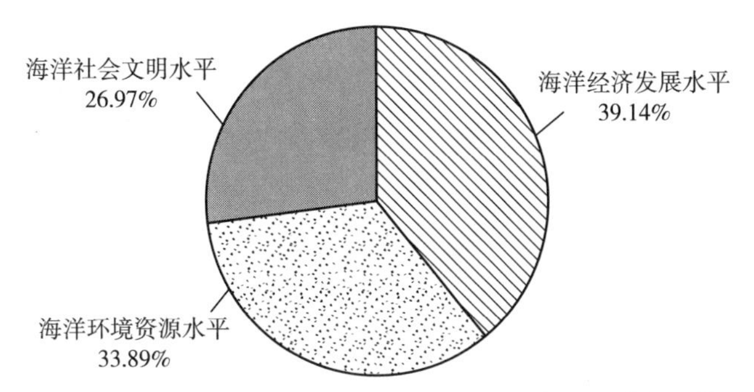

图 7 -4　二次时间加权后我国海洋生态文明各子系统占比情况

（二）全国海洋生态文明各子系统得分特征分析

为了进一步研究海洋生态文明系统内部构成因素的变化趋势，找出海洋生态文明各子系统变化的影响因素，以及对生态文明综合得分的贡献程度，更清楚的了解海洋生态文明各子系统的得分情况，本书分别计算了 2006 ~ 2015 年各子系统具体得分，如图 7 -5 所示。

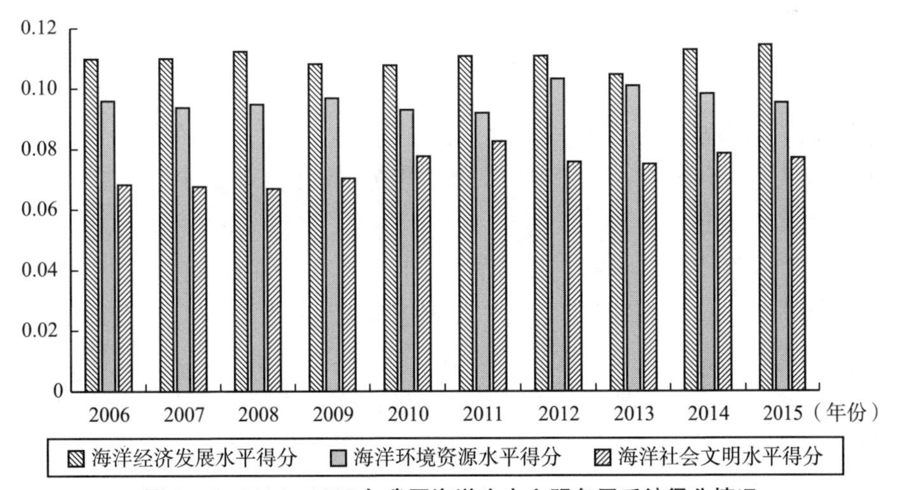

图 7 -5　2006 ~ 2015 年我国海洋生态文明各子系统得分情况

2006～2015 年，海洋经济发展水平子系统得分始终处于第一位，说明在 2006～2015 年海洋经济发展水平对于海洋生态文明的贡献程度最大且远超其余 2 个子系统。得分处于劣势的是海洋社会文明水平子系统，呈现轻微波动上升趋势，说明“人海关系”仍不够密切，未来还有较大的发展空间。海洋环境资源水平整体来看变化幅度不大，在 2006～2015 年略有浮动，发展态势平稳。

二、22 个海洋生态文明示范区城市海洋生态文明水平特征分析

（一）22 个海洋生态文明示范区城市海洋生态文明综合得分特征分析

经过第二次加权得到时间加权后的海洋生态文明综合得分情况，如图 7－6 所示。

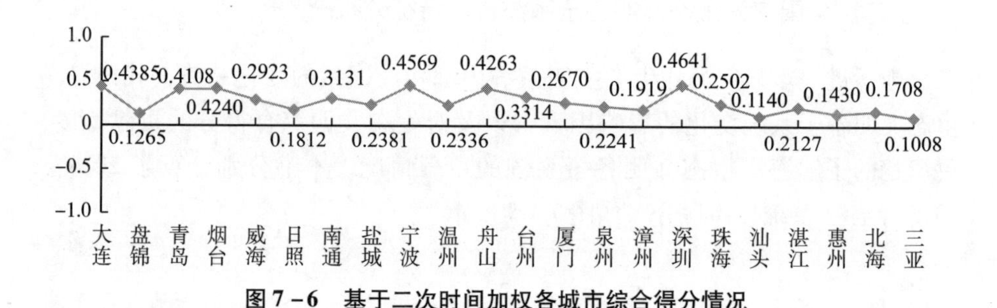

图 7－6　基于二次时间加权各城市综合得分情况

由图 7－6 和表 7－19 可以看出，在经过二次时间加权后的综合得分反映出各个城市之间仍然存在一定差距。其中得分最高的是深圳 0.4641，其次是一些老牌海洋城市：青岛、大连、烟台、宁波、舟山，得分均在 0.4 以上；最低的是三亚 0.1008，与排名靠前的几个城市相比存在较大差距。对比排名第一的深圳和排名最后的三亚，可以发现深圳无论是在经济实力、科技实力、文化发展等方面都具有强大优势，这些为海洋生态文明的发展奠定了坚实基础；而对于三亚，其最大优势就是旅游资源，滨海旅游业基本带动了整个城市其他产业的发展，而三亚市的海洋第一、二产业的发展并不尽如人意，海洋第三产业除了滨海旅游业外，也没有其他优势，在海洋科研能力、教育等

方面也比较落后。

表 7－19　二次加权后 22 个海洋生态文明示范区城市综合得分及排名

城市	二次加权得分	排名	城市	二次加权得分	排名
深圳	0.4641	1	盐城	0.2381	12
宁波	0.4569	2	温州	0.2336	13
大连	0.4385	3	泉州	0.2241	14
舟山	0.4263	4	湛江	0.2127	15
烟台	0.4240	5	漳州	0.1919	16
青岛	0.4108	6	日照	0.1812	17
台州	0.3314	7	北海	0.1708	18
南通	0.3131	8	惠州	0.1430	19
威海	0.2923	9	盘锦	0.1265	20
厦门	0.2670	10	汕头	0.1140	21
珠海	0.2502	11	三亚	0.1008	22

（二）22 个海洋生态文明示范区城市海洋生态文明各子系统得分特征分析

通过二次时间加权，本书计算出 22 个海洋生态文明示范城市各子系统得分情况，如图 7－7 所示。从图中可以发现 22 个海洋生态文明示范区城市海洋生态文明 3 个子系统中，海洋经济发展水平综合得分最高，其次是海洋环境资源得分，而海洋社会文明水平得分最低。与图 7－2 聚类分析结果类似，从图 7－7 中，可以看出深圳、宁波、大连、舟山、烟台和青岛作为聚类分析中第一类型城市，它们的 3 个子系统得分值都明显高于其他城市；台州、南通、威海和厦门作为聚类分析中第二类型城市，它们的 3 个子系统得分高于平均水平；珠海、盐城、温州、泉州、湛江、漳州、日照和北海作为聚类分析中第三类型城市，它们的 3 个子系统得分略低于平均水平；惠州、盘锦、汕头和三亚作为聚类分析中第四类型城市，它们的 3 个子系统得分明显低于其他城市。依据前文聚类结果，本书将 22 个海洋生态示范区城市划分为四类：海洋生态文明优势区、海洋生态文明良好区、海洋生态文明一般区和海洋生态文明发展区。这四类分别代表着：高水平、较高水平、中等水平和较低水平的海洋生态文明发展情况，如表 7 – 20 所示。

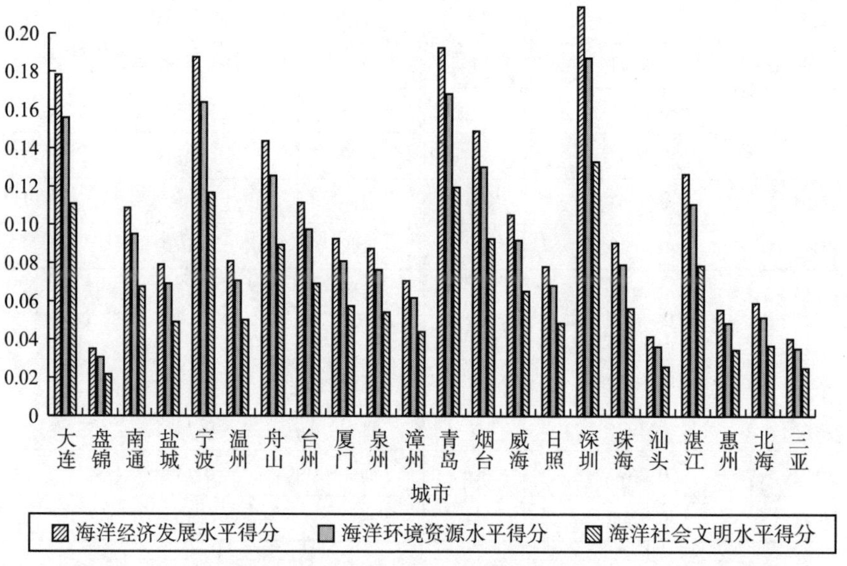

图 7 – 7　二次时间加权后 22 个海洋生态文明示范城市各子系统得分情况

表 7 – 20　　22 个海洋生态文明示范区城市类型划分

分类	城市
海洋生态文明优势区	深圳、宁波、大连、舟山、烟台、青岛
海洋生态文明良好区	台州、南通、威海、厦门
海洋生态文明一般区	珠海、盐城、温州、泉州、湛江、漳州、日照、北海
海洋生态文明发展区	惠州、盘锦、汕头、三亚

（三）22 个海洋生态文明示范区城市海洋生态文明发展动态分析

本书根据前文分析结果，将 22 个海洋生态文明示范区城市分为四个类别，探寻每类型城市海洋生态文明发展动态。

1. 海洋生态文明优势区

如图 7 – 8 所示，海洋生态文明优势区中 6 个城市的海洋生态文明综合得分虽然变动趋势不同，但历年得分基本都在0.4以上，表明此类别中各个城市海洋生态文明处于高水平阶段，其中深圳、青岛、宁波和大连的海洋生态文明综合得分呈现波动下降趋势，降幅分别为16.84%、16.12%、2.95%、3.15%而舟山和烟台的海洋生态文明综合得分呈现波动上升趋势，增幅分别为23%、14.59%。2015年6个城市的海洋生态文明综合得分都在0.40～0.45之间。

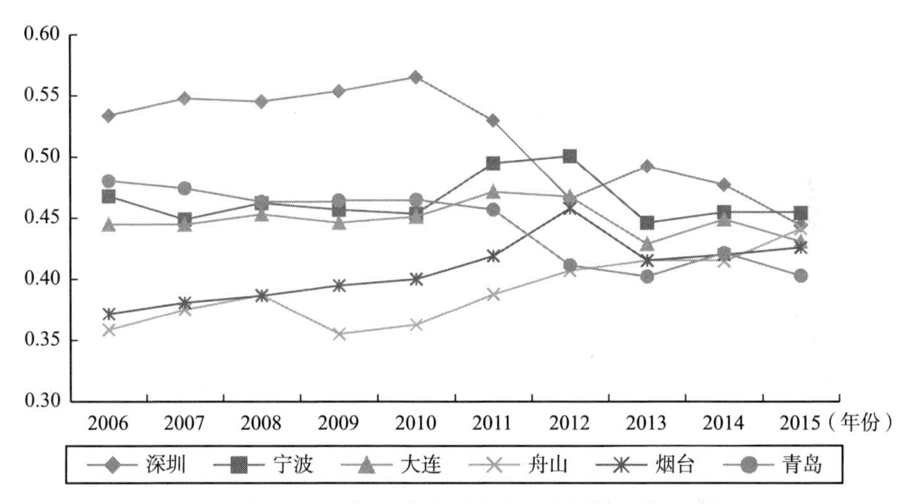

图7－8　2006～2015年海洋生态文明优势区城市动态

2. 海洋生态文明良好区

如图7－9所示，海洋生态文明良好区中台州、南通、威海和厦门这4个城市历年的海洋生态文明综合得分基本在0.25～0.40之间，且呈现波动上升趋势，说明这些城市海洋生态文明发展处于较高水平，4个城市海洋生态文明综合得分增幅分别为22.08%，10.38%、12.60%、12.91%。总体来看，4个城市海洋生态文明发展势头较好。

3. 海洋生态文明一般区

如图7－10所示，海洋生态文明一般区中各个城市海洋生态文明综合得分集中在0.17～0.25之间，说明这些城市的海洋生态文明发展处于中等水平。其中相比于2006年处于上升趋势的城市有盐城、温州、泉州、漳州、珠

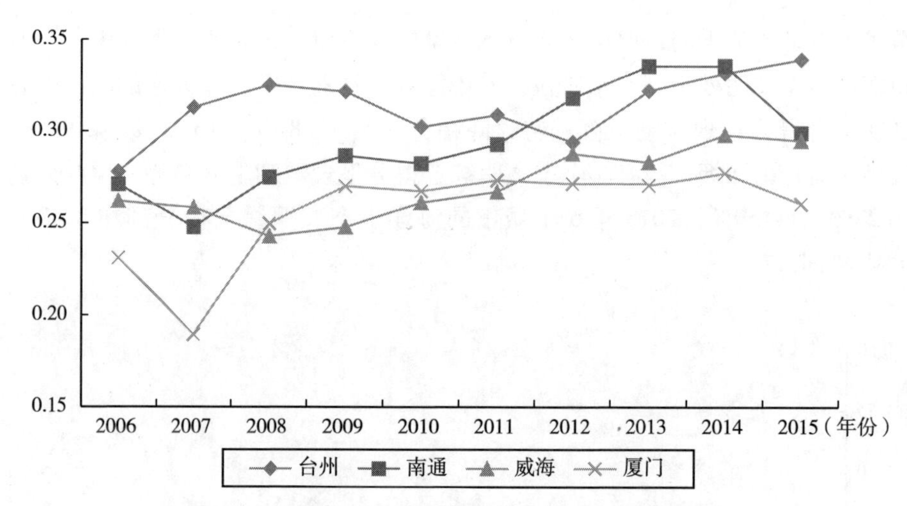

图7－9　2006～2015年海洋生态文明良好区城市动态

海、北海，增幅分别为41.5%、14.69%、1.10%、10.74%、9.21%、18.06%；出现下降趋势的城市为日照、湛江，降幅分别为9.31%、34.02%。除湛江市和盐城市，其他城市的发展状况较为平稳，属于正常波动范围。

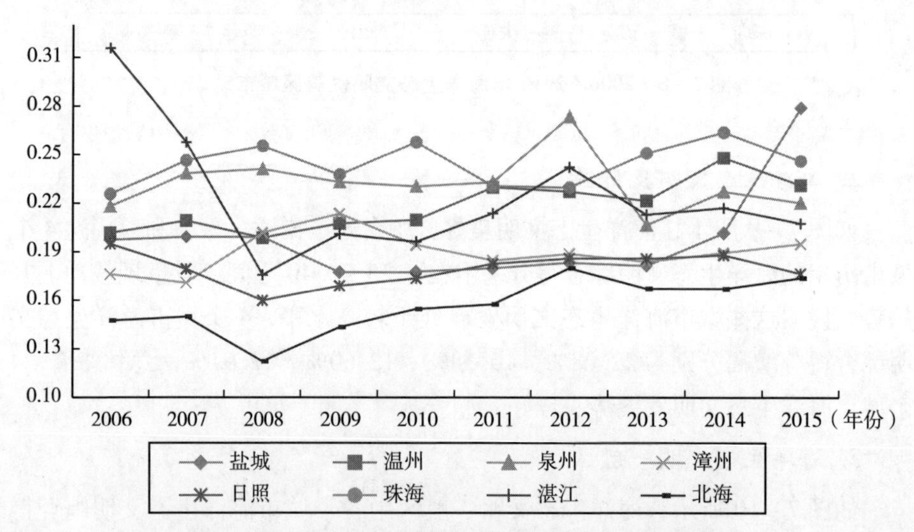

图7－10　2006～2015年海洋生态文明一般区城市动态

4. 海洋生态文明发展区

如图7－11所示，海洋生态文明发展区中各个城市海洋生态文明综合得分基本都在0.17以下，说明这些城市海洋生态文明发展处于较低水平。相对于前面三类城市而言，海洋生态文明发展区中惠州、盘锦、汕头和三亚这4个城市的海洋生态文明发展波动幅度明显，发展状态不平稳，盘锦、汕头呈现上升态势，涨幅分别为40.9%、13.4%；惠州和三亚波动幅度较大，且呈现略微下降态势，降幅分别为1.02%、2.61%。

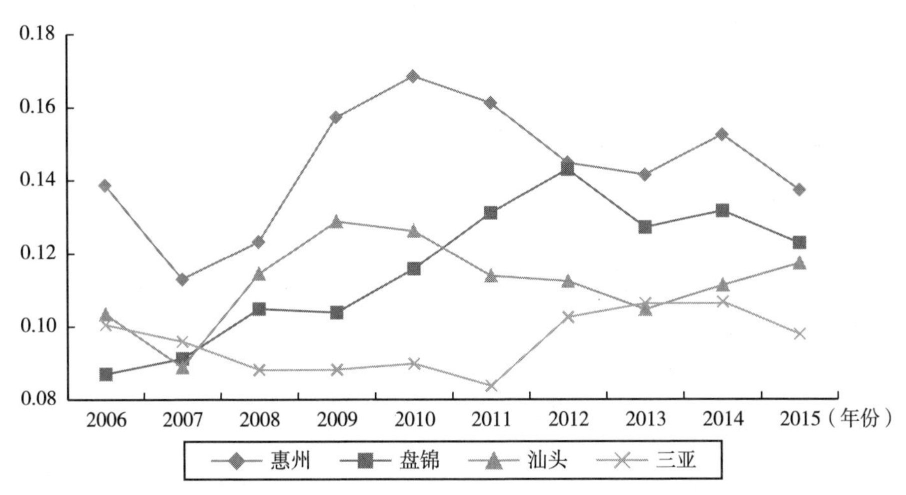

图7－11　2006～2015年海洋生态文明发展区城市动态

三、三大经济圈海洋生态文明水平特征分析

我国三大沿海经济圈为长三角地区、泛珠三角地区和环渤海地区，这三大经济区域基本代表了我国经济发展的最高水平。探究该三个区域的海洋生态文明发展水平，对于今后海洋生态的总体发展和协调可持续发展具有重要意义。22个海洋生态文明示范区城市分布如下：长三角地区含南通、盐城、宁波、温州、舟山和台州；泛珠三角地区含泉州、漳州、厦门、深圳、珠海、湛江、惠州和汕头、北海和三亚；环渤海地区含青岛、烟台、威海、日照、大连和盘锦。本节基于二次时间加权后得到的海洋生态文明综合水平数据进行三大区域的对比分析。

（一）三大经济圈海洋生态文明综合得分特征分析

图7-12从全国范围来看，海洋生态文明得分比较平稳，2006~2015年期间有升有降，波动幅度不大，整体处于上升态势。从三大经济圈层面来看，环渤海地区与长三角地区具有突出优势，且两地区“追赶”效应明显，泛珠三角地区优势不足，且三地区差距有扩大趋势，各地海洋生态文明发展协调统一性不足。

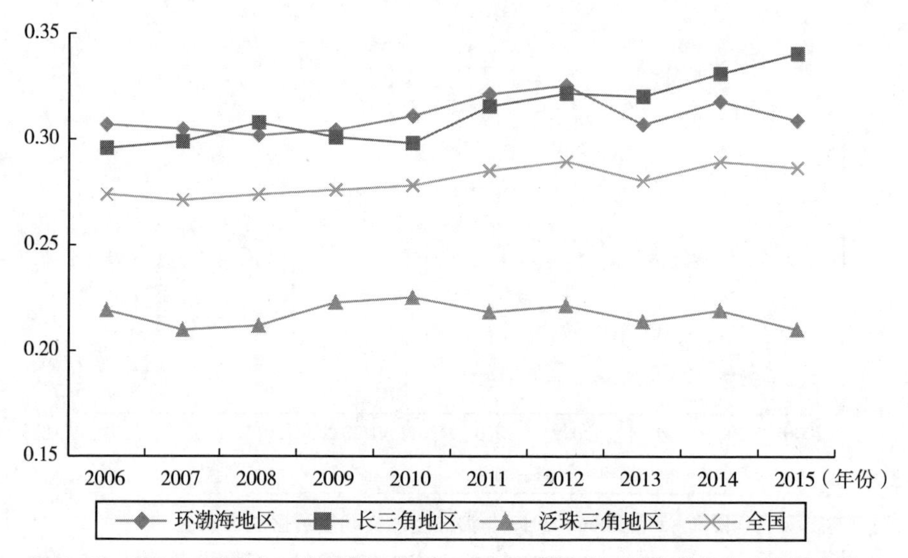

图7-12　2006~2015年二次时间加权后三大经济圈及全国的海洋生态文明得分情况

根据图7-13可以看出，三大区域都有“领头羊”角色，长三角地区的宁波、舟山，泛珠三角地区的深圳，环渤海地区的青岛、烟台、大连。长三角地区中，得分最高的宁波与得分最低的温州相差0.2233，温州的整体排名为第十三，其余各个城市的得分都处于中上水平，该区域海洋生态文明平均水平较高；环渤海地区虽然没有海洋生态文明“顶尖”城市，但是青岛、烟台、大连的排名都比较靠前，虽然有得分较低的城市，但是“拖后腿”的城市并不多，不至于拉低整体水平，通过区域间互帮互助，环渤海地区整体进步指日可待；泛珠三角地区与其他两区域不同，虽然拥有海洋强市深圳市冲锋在前，但是无奈泛珠三角地区海洋生态文明发展水平呈现两极分化状态，

"拖后腿"得分低的城市较多，不少城市都处于中下水平。三大区域海洋生态文明综合得分均值计算显示，长三角地区海洋生态文明水平最高，得分均值为0.3332，环渤海地区与之相差无几，得分均值为0.3122，泛珠三角地区水平最低，得分均值仅为0.3122。

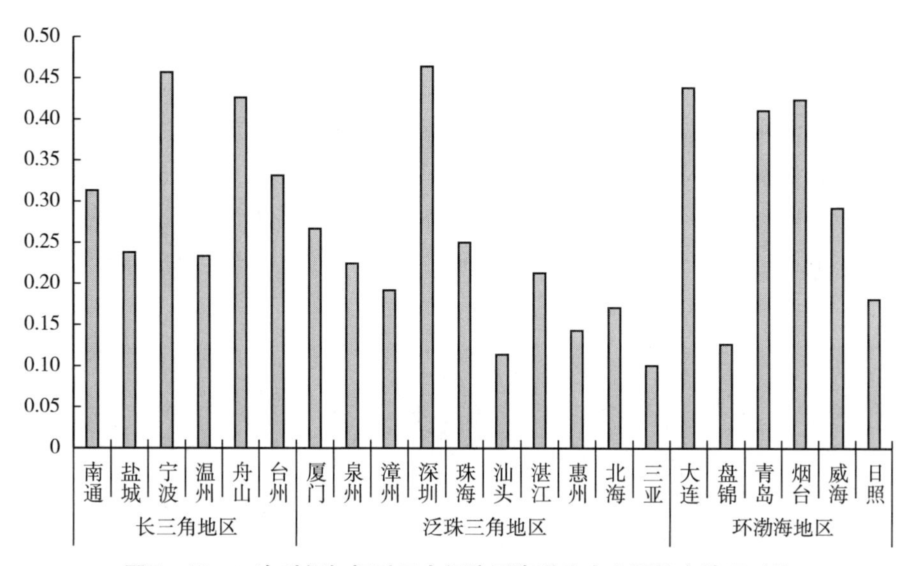

图7-13　二次时间加权后三大经济圈海洋生态文明综合情况对比

（二）三大经济圈海洋生态文明各子系统得分特征分析

本书对2006~2015年的数据进行分析整理，通过二次时间加权后得出三大经济圈各子系统得分，如图7-14所示。从海洋经济发展水平来看，长三角地区位居首位，泛珠三角地区排名最后，且两地区在海洋经济发展水平上差距明显，这主要是由于长三角地区有宁波等早期沿海城市合理利用海域、发展当地海洋资源的先进经验，并且较早实现对外开放口岸，以点带面促进整个地区协同发展；而泛珠三角地区虽然具有得天独厚的地理优势，但许多城市如惠州、汕头等滨海小城对于海洋资源的利用不够合理，创新性不足，使得海洋经济水平不高从而影响了整个区域的海洋经济发展。环渤海地区与之差距较小，在海洋经济发展方面，环渤海地区如山东近几年奋起直追，通过"海上山东"的建设，成立了山东蓝色半岛经济区，形成海洋产业链条，推动了海洋经济大发展。从海洋环境资源水平来看，长三角地区在海洋环境资源利用方面有鲜明优势，在早期就已经开始践行“经济发展与环境保护并重”的发展理念，且海洋资源丰富，具有得天独厚的地理优势，具有较高的海洋环境资源水平；环渤海地区的山东省建设山东蓝色半岛经济区，实现海陆统筹，在资源环境利用方面积极创新，加大科研投入；东北老工业基地也积极进行转型升级，开发旅游等资源，使得环渤海地区的海洋环境资源得以进一步提升；而泛珠三角地区虽有深圳等海洋强市的积极带领，但是许多滨海小城在资源开发利用方面不够合理有效，海洋捕捞等方式落后且缺乏合理性，导致海洋环境资源水平不高。从海洋社会文明来看，三大经济圈并未存在明显差距，相较于前 2 个子系统得分，海洋社会文明发展都存在明显滞后性。

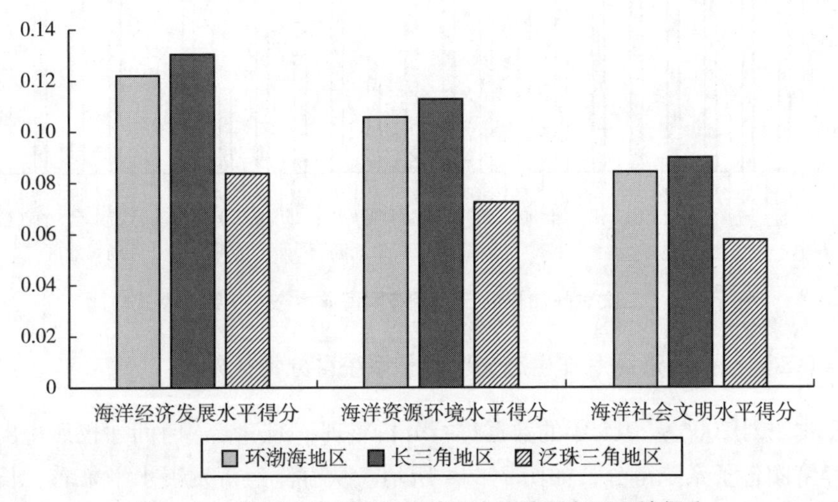

图 7-14 基于二次时间加权的三大经济圈各子系统得分

第五节 本章结论

本章在参考以往学者研究成果的基础上，构造了以海洋经济发展水平、海洋环境资源水平、海洋社会文明水平为 3 个二级指标，下分海洋经济总实力、海洋产业结构、海洋运载能力、人为影响因素、自然环境条件、居民生活状态和城市吸引力 7 个中间层，具体涵盖 19 个具体指标的海洋生态文明评价指标体系，基于熵值法和二次时间加权的时序综合评价法测算了 2006～2015 年 22 个海洋生态文明示范区城市的海洋生态文明综合得分和各子系统得分，并采用系统聚类法对 22 个城市进行聚类分析，根据其得分进行城市层次划分，从全国、城市和三大经济圈 3 个层面并分别对其时间演变和空间分异特征进行分析，依据实证结果，总结主要结论如下。

（1）全国海洋生态文明总体水平稳步提升。从综合得分情况来看，我国海洋生态文明整体是呈现出稳定上升的态势但增速较缓；从子系统得分情况来看，虽然我国在强调蓝色经济的同时也在注重于环境资源的保护、生态文明意识的提升和科研创新能力的提高，但不可否认的是，在海洋经济发展水平、海洋环境资源水平和海洋社会文明水平 3 个子系统中，贡献率最大的仍为海洋经济发展水平，其次是海洋环境资源水平，最后为海洋社会文明水平。但值得一提的是，海洋经济虽有所下降，另外两者则呈现上升趋势。这也侧面反映了“以 GDP 论英雄”的时代已经逐渐发生变化，只看经济发展而忽略可持续理念的思想也将不复存在，在强调海洋经济发展的同时，政府和人民也在寻求积极有效的对策来加强海洋的环境资源可持续、推动居民生活水平的逐步提高和促进新型海洋产业的研发升级。海洋经济发展、海洋环境资源和海洋社会文明 3 个子系统的发展正在逐步趋于协调统一。

（2）22 个城市海洋生态文明水平发展存在差距。2006～2015 年各城市之间虽然一直存在差距但是差距也并未拉大，总体来说是呈现齐头并进的发展趋势。海洋生态文明优势区、海洋生态文明良好区、海洋生态文明一般区和海洋生态文明发展区四个梯队内部城市差距不大，但梯队之间存在较明显差距。观察 2006～2015 年各城市的具体得分情况可以发现，“拖后腿”城市较为固定，在 2006～2015 年中没有得到较好发展，而“领头羊”城市则是在更新演变中，“冠军”位置竞争激烈，排名前几位的城市都跃跃欲试，反映了“基础越好发展越快、基础越差发展不动”的现象。海洋生态文明得分前三位的城市在 2006～2015 年出现多次变化，影响得分的主要因素随之变化，在“十一五”期间即 2006 年前后，海洋生态文明得分的主要影响因素为海洋经济发展水平这一子系统得分，到了“十三五”期间即 2015 年前后，单纯的海洋经济发展水平高的城市很难跻身前列，而那些海洋环境资源方面表现突出、海洋社会文明程度高的城市得到“逆袭”，这说明越是产业结构趋于合理、越是积极创新挖掘新型产业的城市在海洋生态文明的整体发展中越占据有利位置。

（3）三大经济圈的海洋生态文明水平的提升需内部协调发展。从我国三大沿海经济圈，即长三角地区、泛珠三角地区和环渤海地区层面来看，长三角地区占有明显优势，其次是环渤海地区，最后是泛珠三角地区。且泛珠三角地区的沿海城市海洋生态文明整体水平明显与长三角地区和环渤海地区存在一定差距，即使泛珠三角地区的深圳市海洋生态文明程度在全国拔得头筹，但是由于整个地区“拖后腿”城市较多，导致地区总体水平不高；长三角地区和环渤海地区，除了“领头羊”城市外，其他城市的发展较为均衡，没有出现明显“拖后腿”城市。

| 第八章 |

对策建议

根据本书的实证分析结果，结合最新通过的“十四五”规划与“2035 年远景目标”中的相关政策，基于我国海洋绿色经济发展现状，针对我国海洋绿色经济发展进程中存在的问题，本书提出以下政策建议，希望有助于我国的海洋经济绿色发展水平整体提高，早日实现由“海洋大国”到“海洋强国”的转变。

一、优化、升级海洋产业结构

我国沿海省份的海洋经济规模虽然较大，但海洋经济发展质量相对较差。因此，沿海各省份在追求海洋经济规模的同时，更应关注海洋经济发展的质量，优化产业结构，降低能源消耗，提高海洋经济绿色发展效率。沿海省份的海洋第二产业和第三产业的占比均达到 90% 以上，第二产业大多是科技含量较低的传统产业，海洋电力、海水利用等海洋新兴产业规模小、水平低，从而导致第二产业整体的能源消耗严重、经济效益低，因此沿海省份应当着力于海洋第二产业的转型升级，淘汰高能耗和重污染的产业，降低生产中的能源消耗；注重培育和发展科技含量较高的海洋新兴产业，增强海洋新兴产业的实力，从而推动海洋第二产业整体绿色发展的质量。同时，海洋第三产业的占比越大，海洋经济绿色发展水平程度越高，因此沿海省份应结合自身资源的优势，因地制宜，大力推动海洋第三产业的发展，发展优势产业，如滨海旅游业、海洋交通运输等低能耗高效益的海洋服务业，形成独具竞争力的海洋优势产业。沿海省份应充分发挥自身的资源优势、经济优势等长处，推动产业优化和结构升级，大力发展低能耗高效益的环保型海洋产业和科技含量高的精尖端型海洋产业，使海洋绿色产业成为海洋经济的增长极。

第三产业占海洋地区生产总值的比重对我国沿海省份的海洋绿色经济效率有显著促进作用。因此，各省区应该从财政税收、政策倾斜等方面扩大海洋第三产业的发展规模，积极发展海洋交通、海洋旅游业和海洋科技服务业，充分发挥这些低污染高效益的第三产业对海洋绿色经济效率的拉动。另一方面，各省区还应该改善第二产业内部结构，淘汰落后的高耗能、高污染产业，提高海洋资源的利用效率，着重发展高新技术产业和高端制造业，从产业的源头解决环境污染问题。另外，由于我国沿海邻近省区之间的海洋产业结构相似度还比较高，各省区应该根据自身的海洋经济优势和区位优势，扩大海洋战略性新兴产业的发展，加快产业结构升级的步伐，使得低耗能环保型产业成为海洋经济发展新的增长点，从而达到各自省区的海洋绿色经济效率目标。

对于一个地区而言，如果海洋资源有限，优先发展海洋第三产业对海洋经济的增长能起到较为明显的作用，因此应该优先选择发展海洋第三产业。而对于整体沿海地区的海洋政策规划而言，也有必要向海洋第三产业倾斜，积极发展海洋交通运输业、海洋旅游业等海洋服务业。同时可以借助“一带一路”政策优势，拓宽海洋第三产业融资渠道，需要鼓励金融机构参与海洋经济的发展，这样才能引入资金以改善海洋第三产业的基础设施；鼓励国家开发银行与海洋经济试点省区关于重大项目建设开展合作；鼓励涉海企业开展多层次资本市场融资。地区如果希望进一步发展海洋第二产业，需要提高其产业竞争力，大力发展海洋高新技术产业，努力提高产品技术含量，增大研发投入。海洋经济的发展更应重视科技创新的引领和驱动，只有充分利用了科技进步的溢出效应，才能使得海洋经济获得进一步发展。具体来看，首先政府应完善海洋科技发展战略与计划，逐步深化海洋科技体制改革，优化海洋科技资源配置；其次，加大对海洋科技的资金投入利于改善研发条件，提高海洋科技的创新能力；最后，加快海洋科技成果产业化进程。

虽然我国新兴海洋产业占海洋产业总产值的比重已超越传统海洋产业占海洋产业生产总值，但还未完全占据主导地位，我国海洋经济仍需依赖传统海洋产业拉动。因此，需要重视海洋科技创新，大力发展海洋战略性新兴产业。与传统海洋产业相比，海洋战略性新兴产业以高新技术为依托，具备对资源消耗低、综合效益高、发展前景广阔等优点，因此发展战略性新兴产业有利于转变海洋经济发展模式，增强海洋产业核心竞争力。海洋战略性新兴产业发展的关键在于海洋科技，在致力建设海洋强国的现阶段，必须实施科技兴海战略，加速海洋高新技术成果转化和产业化水平，以科技创新作为海洋经济发展的驱动力，培养壮大海洋战略性新兴产业，形成国际海洋竞争新优势。在发展海洋新兴产业的同时，要协调好海洋新兴产业与传统产业的关系，海洋新兴产业的发展要结合海洋传统产业的改造升级，借助新兴技术为传统海洋产业注入新活力，提高海洋产品的附加值和内在技术含量，增强产业竞争力。

我国整体海洋三次产业结构以及大部分沿海省份海洋三次产业结构已经转变为“三、二、一”模式，但仍有部分省份未成功转型，同时，还存在海洋产业结构需要优化配置的问题。合理的产业结构是保持经济增长的前提条件，因此要优化升级海洋产业结构确保经济又好又快增长，而产业结构高级化其实质是“一、二、三”产业模式转化为“三、二、一”产业模式，改变海洋经济依赖第一产业的格局，以海洋第二、三产业拉动海洋经济增长。对于第一产业中高消耗、低收益的海洋产业，应采取有效的整治措施，对其进行升级改造；对于第二产业中的新兴海洋产业如海洋船舶建造业、海洋油气业、海洋矿业等，要加大政策扶持和财政投入力度，提高新兴海洋产业对经济的贡献率；对于海洋第三产业，政府要积极支持海洋服务业、滨海交通运输、科研教育等的发展，确保第三产业“稳定器”的功能发挥良好。合理的三次产业结构有助于实现产业协调发展，提高整体海洋经济增长质量。

二、加强区域间交流与合作，促进海洋经济全面协调绿色发展

我国各沿海省份在自然资源、人才资源、科技实力等方面分布不均。针

对资源、人力等生产要素不均衡问题，各地区应在发展海洋新兴产业过程中，结合自身实际情况选择优势产业作为主要发展方向，精确瞄准自己的优势，避免区域间出现同质性竞争或产能过剩等问题；同时，地区间可以开展区域合作以及全国协作创新，不仅可以促进产业空间布局呈现均衡化，也可以实现规模化生产降低单位成本，进而增强我国海洋产业竞争力。依据地区的不同特征，制定相宜的发展政策，充分发挥各地区的资源和区位比较优势，积极引导产业空间布局优化升级，对海洋强国建设具有重要意义。

由于海洋的流动性和海洋污染的扩散性，沿海省份在注重本身海洋经济绿色发展的同时，应关注区域内及区域间其他省份的海洋绿色发展进程，避免故步自封。区域间的技术交流和信息共享，能极大程度上促进海洋经济共同发展。一方面，打破省际层面的壁垒，建立海洋信息共享机制，构建海洋信息共享平台，加快海洋环保、先进技术等信息在区域内和区域间的流动速度，同时鼓励省际的科研人才和科研机构交流互动。另一方面，统筹区域资源，发挥海洋经济强省的辐射作用，带动区域内省份共同发展。三大经济圈均存在着区域内的海洋经济强省，如上海、广东、山东等，以海洋强省为核心，依托于其先进的技术和资源优势，辐射到周围的沿海省份，促进省际及区域间的成果共享和合作。以强省带动弱省，以区域发展带动全国层面海洋经济发展，缩小区域差异，形成优势互补、共同发展的"多赢"发展格局。

基于海洋产业特有的开放性和环境污染的全面性，加快实现海洋环境信息共享和区域间交流与合作显得尤为重要。一方面，倡导全民参与，丰富海洋信息资源，加快构建我国海洋信息共享平台的步伐，进一步完善海洋环境公开制度，有利于提高政府、企业和公民的环保和监督意识。另一方面，三大海洋经济区应在保持自身优势产业和加强环境保护的基础上，更加应注重空间溢出效应，加快打破省区之间的行政壁垒和保护主义措施，促进省区间创新技术、先进的管理方法和环境保护措施的交流，加快海洋资本和科技人才等生产要素在区域间的流通，从而加强区域间的交流与合作，促进我国发达地区的海洋绿色经济效率的空间"涓滴效应"的增强，充分发挥海洋绿色经济效率较高的邻近地区对效率较低的后发地区的带动作用，缩小我国各省份间海洋绿色发展上的差距。

三、加强海洋科技人才培养，加大海洋科研投入

人才和科技作为海洋产业竞争力的核心部分，在很大程度上影响着地区海洋产业竞争力的高低，如上海就依靠显著的科技优势弥补了自身资源禀赋上的局限。人才是科技创新的根本保证，也是增强海洋产业竞争力的核心因素。首先，各地区要健全人才培育、引入和激励机制，以优渥的政策待遇吸引海洋科技人才，在海洋人才的培养方面，依托海洋高等教育机构、科研院所，培养适合本地区海洋产业发展需求的专业人才；在引入人才方面，建立专项人才引进资金项目和激励机制，吸引国内外海洋高层次、专业性人才。其次，海洋科技创新的具有前期投入大、周期长、风险高等特点，政府需加大对海洋科研机构、涉海企业的财政投入，此外，政府还能以政策支持引导涉海企业发展方向偏向地区优势产业。最后，抓紧建设海洋领域“产学研”机制，兼顾海洋科技的理论研究和应用研究，在鼓励科技创新的同时要结合其可用性，推动海洋科研机构以市场需求为主导，以获取效益为中心，取得具有前沿性、实用性的科研成果，提高海洋科技成果转化和产业化水平。

为了更好的发展海洋高新技术产业，需要做好人才储备。各沿海省份应该大力发展海洋高新科技的“产学研”模式，推动海洋教育的发展，提高人才的素质和层次要求，优化人才队伍的整体结构；加强学科带头人和创新性人才的培养，开展与跨国公司的合作，联合设计、制造；完善人才吸引机制，形成能够吸引高层次海洋科技人才科研环境，挖掘科研潜力；同时还要多鼓励高等院校、职业教育等开设涉海相关专业，创新培养模式，提高人才培养的针对性，强化“订单”合作的长效性。同时有针对性地对一些技术领域加大科研投入，比如：海水能源技术以及海水化学资源提取技术等。

沿海各省区应积极落实海洋科技的“产学研”合作模式，探索有效的海洋专业人才培养模式，特别是海洋清洁技术人员的培养；完善海洋技术人员引进制度，提高科研资金和先进设备的投入，吸引高层次的海洋科研人才加入，改善海洋产业的人才结构，提高海洋产业的科技创新能力。另外，在当前的大数据时代背景下，利用高层次海洋人才对市场的敏感性还可以有效解决海洋信息的获取、处理、管理、共享、可视化表达以及应用服务等方面的关键问题，从而加快海洋信息技术在海洋经济中的应用。在保持沿海省份高

开放水平的基础上，在引进先进技术和管理方式的同时，各省区应该加强技术消化吸收能力，特别是创新环保的技术，切实改善高污染高耗能的产业发展现状，促进海洋绿色经济效率的可持续发展。

四、整合科研力量，建设科研成果转化平台

海洋科研实力的差异是直接造成各省份海洋社会发展差距的主要原因，上海等海洋科研实雄厚的地区与河北、广西等海洋科研实力薄弱的地区拉开较大的差异，海洋科研实力两极分化严重。海洋科研实力不仅影响海洋社会发展水平，同时也会很大限度地影响海洋生态环境治理水平。基于前文的分析可以发现，我国海洋科研的投入力度不断增大，海洋科研实力逐年增强，但海洋生态环境却没得到较大的改善，甚至有所恶化，这与我国海洋科研的成果转换效率较低有关。因此沿海省份一方面应当推动海洋科研的建设，另一方面也要关注海洋科研成果的转化效率。

目前我国大多数沿海省份的海洋科研实力相对较为薄弱，且海洋科研对于海洋经济发展和海洋生态环境治理的支持力度较小，因此沿海省份应重视海洋科研的发展，促进海洋科研相关制度的完善，探索海洋科研人才培养制度，积极引进高水平高素养人才，增强海洋科研软实力；同时加大海洋科研投入力度，引进高尖端海洋科研设备，增强海洋科研硬实力。其次，整合海洋科研力量，鼓励攻克关键核心技术，致力解决实际中急需的重大海洋科技创新，尤其是海洋环保技术创新。另外，积极建设海洋科研成果转换平台，推进“产学研”结合，促进科研理论和科研成果落于实地，提高海洋科研成果转换效率，促进海洋经济的可持续发展和海洋生态环境治理与保护。

五、优化海洋经济投资结构，完善环保监督机制

我国政府的环境污染治理投资总额逐年递增，但是相对于经济产出的比例却逐年下降，跟不上经济发展的速度，整体上而言海洋环境污染治理的力度有待于更进一步的加强。另一方面，虽然在环境治理方面不断投入资金，但是整体海洋生态环境没有得到显著的改善，这反映了政府治理在海洋环境中没有发挥应有的作用。因此，政府应当关注海洋环境投资效果，同时加大

对海洋环境的监控和整治力度，发挥政府的引导者和监督者作用。

沿海省份应当在保证环境治理投资力度的同时，尽可能优化投资结构，切实地将资金投资到海洋环境相关的重大关键项目，提高海洋环境治理的投资效率；积极跟进投资项目的进度和项目实施情况，对环境投资的效果进行评估，防止出现环境投资的“烂尾工程”和“豆腐渣工程”。其次，环境监管部门应加大对海洋环境污染的监管，海洋环境污染物一方面来自陆源污染直接排放入海，另一方面来自海域污染。监管部门不仅要加强对海洋生态环境的监测，还应加大对污染源排放的监管，严格把关，在执法的范围内最大程度降低海洋环境污染的程度。另外，各级政府应充分发挥政府引导者和监督者的作用，健全海洋环境监测机制和污染防治机制，完善海洋环境治理措施，密切跟进海洋环境政策的实施情况；同时，积极开展海洋环保相关的宣传教育，普及海洋相关知识，引导全民参与海洋环境保护，促进海洋环境绿色发展。

各沿海省区应在保证污染治理财政投入持续性的同时，优化污染治理投资结构，杜绝“面子工程”建设，切实将资金投入到高效的环境污染治理项目中。此外，政府作为海洋经济绿色发展的引导者和监督者，不仅应审视自身的环境治理措施，密切关注环境管制政策的执行情况，更应该分区域建立环境监测平台，完善污染治理的监督机制，督促海洋企业往绿色经济和循环经济的方向发展，从而起到正向影响海洋绿色经济效率的目的。

六、加强金融支持，充分发挥市场机制的作用

金融对海洋经济的推动是显而易见的。各省区应建立适应海洋产业绿色发展的金融环境，为战略性新兴产业给予有效的支持，也应扩大海洋经济的股票市场和债券市场规模，积极发展绿色信贷和绿色债券。在这其中，各省区政府应适当减弱自身在海洋经济发展中的主导作用，实现从“管理者”到“服务者”的位置转变，不过分干预市场，充分发挥市场机制作用，鼓励高科技含量、低能耗、低污染的海洋企业在区域海洋经济绿色发展中发挥引领作用，并为其创造良好的融资环境，从而提高海洋企业的经济效率，促进海洋绿色经济效率的提高。

七、加强海陆经济协同发展

应当转变发展观念，由陆域为主的发展模式转变为海陆统筹、海陆联动，充分考虑海洋子系统与陆域子系统各自的特性和发展优势，从全国经济社会发展规划的高度开展海陆统筹发展规划的顶层设计，推动海陆产业协同建设，加强海陆生态系统的统筹保护，实现海陆资源的统筹利用。大力发展海洋经济的前提是统筹考虑对陆地与海洋资源的开发、保护。当前，由于不合理的经济结构、产业布局，导致海洋生态环境系统受到严峻考验，这限制了海洋经济的进一步深入发展，因此海洋强国目标的实现，必须考虑陆地与海洋的统筹兼顾、可持续发展。首先，国家要从整体发展角度统筹区域间协调发展，各沿海地区也要统筹海洋与陆地资源开发，健全海域使用管理市场机制，合理规划海岸线和海岛的开发使用，注重近海和远海的综合利用。其次，完善海陆协同的环境监管机制，落实海洋生态环保责任，严格把控陆域污染排放，并对被破坏和退化的海洋环境进行政治修复。根据海洋优先的原则编制海陆复合系统发展规划，推动海洋经济发展规划与区域发展战略相衔接，按需求将资金、技术、人才等资源向海洋子系统倾斜，加速海洋经济的建设，实现海陆协同发展。

八、加强海上多方合作，打造海洋命运共同体

我国作为世界大国，有责任也有义务为维护全球的海洋生态文明的可持续发展贡献力量。在推动海洋建设的道路上，我们也要积极发展蓝色伙伴关系，在海运、旅游、文化等方面扩大交友范围，进一步提升海上合作国家的数量和质量，积极推动构建海洋命运共同体，使得各国的海洋发展紧密相连，任何一个国家都不是一座孤岛，要积极参与海上合作中来，从而形成发展的良性循环。与此同时我们也要积极推动建设“冰上丝绸之路”，架起连接各国贸易和文化交流的桥梁，冲破北极圈的地理阻碍，将美洲、亚洲和欧洲通过这一纽带紧密相连，建立国际合作的新场景，从而进一步实现我国国内国际双循环的发展格局，加快建设海洋强国的步伐。

参考文献

[1] 白福臣，周景楠．基于主成分和聚类分析的区域海洋产业竞争力评价[J]．科技管理研究，2016（3）：41－44.

[2] 边启明，申友利，陈旭阳，魏春雷，张春华．海洋生态文明示范区建设指标体系示范应用研究与思考：以广西北海市为例[J]．海洋开发与管理，2017，34（7）：9－12.

[3] 曹英志．海洋生态文明示范创建问题分析与政策建议[J]．生态经济，2016，32（1）：207－211.

[4] 常浩娟，王永静．产业结构变动对我国经济增长影响的实证分析[J]．科技管理研究，2014，34（7）：110－114.

[5] 常玉苗，蔡柏良．陆海统筹视野下的江苏海洋产业竞争力评价[J]．海洋经济，2012（6）：35－40.

[6] 常玉苗．江苏海洋经济演进历程及制约因素分析[J]．国土与自然资源研究，2012（2）：58－60.

[7] 陈朝泰．江苏经济增长的偏离份额分析法[J]．系统工程理论与实践，1996（5）：72－77.

[8] 陈凤桂，王金坑，方婧，等．海洋生态文明区评估方法与实证研究[J]．海洋开发与管理，2017，34（6）：33－39.

[9] 陈凤桂，王金坑，蒋金龙．海洋生态文明探析[J]．海洋开发与管理，2014，31（11）：70－76.

[10] 陈建华，周余良．产业国际竞争力理论评述[J]．新西部（下半月），

2009 (4): 23 -24.
[11] 陈可文. 中国海洋经济学 [M]. 北京: 海洋出版社, 2003.
[12] 陈万灵. 关于海洋经济的理论界定 [J]. 海洋开发与管理, 1998, 15 (3): 30 -34.
[13] 陈艳丽, 王波, 王峥, 等. 在环境约束下海洋经济全要素生产率的研究 [J]. 海洋开发与管理, 2016, 33 (1): 21 -26.
[14] 储永萍, 蒙少东. 发达国家海洋经济发展战略及对中国的启示 [J]. 湖南农业科学, 2009 (8): 154 -157.
[15] 戴彬, 金刚, 韩明芳. 中国沿海地区海洋科技全要素生产率时空格局演变及影响因素 [J]. 地理研究, 2015, 34 (2): 328 -340.
[16] 狄昂照, 等. 国际竞争力 [M]. 北京: 改革出版社, 1991.
[17] 狄乾斌, 韩雨汐. 熵视角下的中国海洋生态系统可持续发展能力分析 [J]. 地理科学, 2014, 34 (6): 664 -671.
[18] 狄乾斌, 韩增林, 孙迎. 海洋经济可持续发展能力评价及其在辽宁省的应用 [J]. 资源科学, 2009, 31 (2): 288 -294.
[19] 狄乾斌, 梁倩颖. 中国海洋生态效率时空分异及其与海洋产业结构响应关系识别 [J]. 地理科学, 2018, 38 (10): 1606 -1615.
[20] 狄乾斌, 刘欣欣, 王萌. 我国海洋产业结构变动对海洋经济增长贡献的时空差异研究 [J]. 经济地理, 2014, 34 (10): 98 -103.
[21] 丁焕峰. 技术扩散与产业结构优化的理论关系分析 [J]. 工业技术经济, 2006 (5): 95 -98.
[22] 丁黎黎, 郑海红, 王伟. 基于改进 RAM-Undesirable 模型的我国海洋经济生产率的测度及分析 [J]. 中央财经大学学报, 2017 (9): 121 -130.
[23] 丁黎黎, 朱琳, 何广顺. 中国海洋经济绿色全要素生产率测度及影响因素 [J]. 中国科技论坛, 2015 (2): 72 -78.
[24] 丁黎黎, 朱琳, 刘新民. 沿海地区蓝绿指数的构建及差异性分析 [J]. 软科学, 2015 (8): 140 -144.
[25] 丁攀. 上海市海洋产业竞争力评估 [D]. 上海: 上海海洋大学, 2015.
[26] 杜岩, 秦伟山. 国家级海洋生态文明建设示范区建设水平评价 [J]. 海洋开发与管理, 2019, 36 (6): 7 -13.

[27] 法约尔. 工业管理与一般管理 [M]. 迟力耕, 等译. 北京: 机械工业出版社, 2013.
[28] 樊纲. 公有制宏观经济理论大纲 [M]. 上海: 上海三联书店, 1990.
[29] 范斐, 孙才志. 辽宁省海洋经济与陆域经济协同发展研究 [J]. 地域研究与开发, 2011, 30 (2): 59-63.
[30] 范斐, 孙才志, 张耀光. 环渤海经济圈沿海城市海洋经济效率的实证研究 [J]. 统计与决策, 2011 (6): 119-123.
[31] 方春洪, 梁湘波, 刘容子. 基于海湾空间的海洋经济差异分析: 以辽东湾、渤海湾、莱州湾为例 [J]. 中国人口·资源与环境, 2012, 22 (2): 170-174.
[32] 冯瑞敏, 杜军, 鄢波. 广东省海洋产业竞争力评价与提升对策研究: 基于海洋经济综合试验区建设视角 [J]. 生态经济 (中文版), 2016, 32 (12): 104-109.
[33] 福建省"十三五"专项规划数据摘要 [J]. 领导决策信息, 2016 (48): 28-31.
[34] 付凌晖. 我国产业结构高级化与经济增长关系的实证研究 [J]. 统计研究, 2010, 27 (8): 79-81.
[35] 傅翠晓, 全利平. 集成电路装备产业的全球竞争格局与我国竞争态势分析 [J]. 世界科技研究与发展, 2017, 39 (6): 479-502.
[36] 傅远佳. 海洋产业集聚与经济增长的耦合关系实证研究 [J]. 生态经济, 2011 (9): 126-129.
[37] 盖美, 刘丹丹, 曲本亮. 中国沿海地区海洋绿色经济效率时空差异及影响因素分析 [J]. 生态经济, 2016, 32 (12): 97-103.
[38] 盖美, 展亚荣. 辽宁沿海经济带海陆经济效率与协调性研究: 基于DEA-Malmquist模型 [J]. 资源开发与市场, 2017, 33 (6): 688-694.
[39] 盖美, 朱静敏, 孙才志. 中国沿海地区海洋经济效率时空演化及影响因素分析 [J]. 资源科学, 2018, 40 (10): 68-81.
[40] 干春晖, 郑若谷, 余典范. 中国产业结构变迁对经济增长和波动的影响 [J]. 经济研究, 2011, 46 (5): 4-16, 31.
[41] 高乐华, 高强. 中国海洋生态经济系统协调发展预警机制研究 [J]. 山

东社会科学，2018（2）：123－128.

[42] 高乐华，史磊，高强．我国海洋生态经济系统发展状态评价及时空差异分析［J］．国土与自然资源研究，2013（2）：51－55.

[43] 高延鹏．探索海洋生态文明示范区建设的新途径：评刘勇教授等新著《山东半岛蓝色经济区建设的关键问题研究》［J］．潍坊学院学报，2015，15（1）：116－117.

[44] 桂迎宝．加快构建海洋生态文明新格局［N］．中国海洋报，2018－07－04（002）.

[45] 郭大川．环南海国家和地区间主要海洋产业竞争力比较研究［D］．海口：海南大学，2014.

[46] 郭皓月，樊重俊，李君昌，等．考虑内外因素的电子商务产业与大数据产业协同演化研究［J］．运筹与管理，2019，28（3）：191－199.

[47] 郭建科，邓昭，许妍，等．我国三大经济圈海洋产业发展轨迹比较［J］．统计与决策，2019，35（2）：121－125.

[48] 郭玲玲，卢小丽，武春友，等．中国绿色增长评价指标体系构建研究［J］．科研管理，2016，37（6）：141－150.

[49] 郭孝伟．我国沿海省市海洋产业竞争力评价及比较分析［J］．现代经济信息，2012（2）：391－392.

[50] 郭亚军，姚远，易平涛．一种动态综合评价方法及应用［J］．系统工程理论与实践，2007（10）：154－158.

[51] 郭亚军，易平涛．线性无量纲化方法的性质分析［J］．统计研究，2008，25（2）：93－100.

[52] 郭亚军．综合评价结果的敏感性问题及其实证分析［J］．管理科学学报，1998（3）：28－35.

[53] 国家海洋局科技司，辽宁省海洋局《海洋大辞典》编辑委员会．海洋大辞典［M］．沈阳：辽宁人民出版社，1998.

[54] 国家统计局．海洋经济统计分类与代码［S］．中华人民共和国海洋行业标准 HY/T 052—1999.

[55] 国家统计局浦东调查队和上海市海洋局联合课题组，张俊民，黄曙骏，等．上海海洋经济统计监测指标体系研究［J］．统计科学与实践，2012（12）：24－26.

[56] 韩增林，狄乾斌，刘锴．海域承载力的理论与评价方法 [J]．地域研究与开发，2006 (1)：1-5.

[57] 韩增林，胡伟，李彬，等．中国海洋产业研究进展与展望 [J]．经济地理，2016，36 (1)：89-96.

[58] 韩增林，刘桂春．海洋经济可持续发展的定量分析 [J]．地域研究与开发，2003 (3)：1-4.

[59] 韩增林，王茂军，张学霞．中国海洋产业发展的地区差距变动及空间集聚分析 [J]．地理研究，2003，22 (3)：289-296.

[60] 韩增林，许旭．中国海洋经济地域差异及演化过程分析 [J]．地理研究，2008 (3)：613-622.

[61] 郝华，林秀梅．WEF 与 IMD 国际竞争力评价比较研究 [J]．经济视角（中旬），2012 (4)：79-80.

[62] 何广顺．海洋经济在新常态下缓中趋稳：解读《2016 年中国海洋经济统计公报》[J]．海洋经济，2017，7 (2)：3-8.

[63] 贺武．海陆一体化视角的海洋产业发展 [N]．光明日报，2012-09-14 (15).

[64] 侯兵，周晓倩，卢晓旭，等．城市文化旅游竞争力评价体系的构建与实证分析：以长三角地区城市群为例 [J]．世界地理研究，2016，25 (6)：166-176.

[65] 胡鞍钢．中国绿色发展的重要途径 [N]．中国环境报，2004-10-28.

[66] 胡雷芳．五种常用系统聚类分析方法及其比较 [J]．浙江统计，2007 (4)：11-13.

[67] 胡永宏．对 TOPSIS 法用于综合评价的改进 [J]．数学的实践与认识，2002，32 (4)：572-575.

[68] 胡永宏．对统计综合评价中几个问题的认识与探讨 [J]．统计研究，2016，29 (1)：26-30.

[69] 扈丹平．我国海洋新兴产业国际竞争力研究 [D]．黑龙江：哈尔滨工程大学，2010.

[70] 纪建悦，王奇．基于随机前沿分析模型的我国海洋经济效率测度及其影响因素研究 [J]．中国海洋大学学报（社会科学版），2018 (1)：43-49.

[71] 姜秉国，韩立民．海洋战略性新兴产业的概念内涵与发展趋势分析

[J]. 太平洋学报，2011，19 (5)：76 – 82.
[72] 姜旭朝，张继华，林强. 蓝色经济研究动态 [J]. 山东社会科学，2010 (1)：105 – 109.
[73] 蒋南平，向仁康. 中国经济绿色发展的若干问题 [J]. 当代经济研究，2013 (2)：50 – 54.
[74] 金碚. 中国工业国际竞争力——理论、方法与实证研究 [M]. 北京：经济管理出版社，1997.
[75] 康培元. 海洋产业竞争力分析 [J]. 青海金融，2014 (9)：8 – 12.
[76] 孔红梅，赵景柱，马克明，等. 生态系统健康评价方法初探 [J]. 应用生态学报，2002 (4)：486 – 490.
[77] 李彬，杨鸣，戴桂林，等. 基于三阶段 DEA 模型的我国区域海洋科技创新效率分析 [J]. 海洋经济，2016，6 (2)：47 – 53.
[78] 李博，韩增林. 沿海城市人地关系地域系统脆弱性研究：以大连市为例 [J]. 经济地理，2010，30 (10)：1722 – 1728.
[79] 李春生，张连城. 我国经济增长与产业结构的互动关系研究：基于 VAR 模型的实证分析 [J]. 工业技术经济，2015，34 (6)：28 – 35.
[80] 李健，滕欣. 天津市海陆产业系统耦合协调发展研究 [J]. 干旱区资源与环境，2014，28 (2)：1 – 6.
[81] 李军. 山东半岛蓝色经济区海陆资源开发战略研究 [J]. 中国人口·资源与环境，2010 (12)：153 – 158.
[82] 李玲玉，郭亚军，易平涛. 无量纲化方法的选取原则 [J]. 系统管理学报，2016 (6)：1040 – 1045.
[83] 李小军. 论海权对中国石油安全的影响 [J]. 国际论坛，2004 (4)：16 – 20.
[84] 李晓峰，刘宗鑫，等. TOPSIS 模型的改进算法及其在河流健康评价中的应用 [J]. 四川大学学报，2011 (2)：14 – 21.
[85] 李晓光，崔占峰. 蓝色经济区城市海洋产业竞争力评价研究 [J]. 山东社会科学，2012 (2)：60 – 64.
[86] 李晓钟，黄蓉. 工业 4.0 背景下我国纺织产业竞争力提升研究：基于纺织产业与电子信息产业融合视角 [J]. 中国软科学，2018 (2)：21 – 31.
[87] 李义虎. 从海陆二分到海陆统筹：对中国海陆关系的再审视 [J]. 现代

国际关系，2007（8）：1－7.
[88] 厉丞烜，张朝晖，王保栋，等．海洋生态文明建设关键技术探究［J］．海洋开发与管理，2013，30（10）：51－58.
[89] 梁超．海洋开发对沿海地区城市化进程的影响分析［D］．青岛：中国海洋大学，2010.
[90] 林琼．浙江与沿海省份海洋渔业产业效率比较研究［J］．特区经济，2016（12）：45－47.
[91] 吝涛，薛雄志，林剑艺．海岸带生态安全响应力评估与案例分析［J］．海洋环境科学，2009，28（5）：578－583.
[92] 刘朝阳．经济全球化背景下提升我国企业竞争力的政策探索［J］．兰州大学学报（社会科学版），2008（3）：128－131.
[93] 刘大海，陈烨，邵桂兰，等．区域海洋产业竞争力评估理论与实证研究［J］．海洋开发与管理，2011，28（7）：90－94.
[94] 刘慧．我国海洋渔业对海洋经济贡献度的测度研究［J］．中国渔业经济，2016，34（2）：72－78.
[95] 刘康，姜国建．海洋产业界定与海洋经济统计分析［J］．中国海洋大学学报（社会科学版），2006（3）：1－5.
[96] 刘美平，吴良平．“拟市场化”主导的产业结构升级动力研究［J］．当代财经，2008（12）：87－90.
[97] 刘明．影响我国海洋经济可持续发展的重大问题分析［J］．宏观经济研究，2010，9（5）：34－38.
[98] 刘明．中国沿海地区海洋经济综合竞争力的评价［J］．统计与决策，2017（15）：120－124.
[99] 刘曙光．海洋产业经济国际研究进展［J］．产业经济评论，2007，6（1）：170－190.
[100] 刘思华．绿色经济论［M］．北京：中国财政经济出版社，2001.
[101] 刘伟光，盖美．耗散结构视角下我国海陆经济一体化发展研究［J］．资源开发与市场，2013，29（4）：385－389.
[102] 刘文龙．环渤海地区海洋产业结构及竞争力评价研究［D］．天津：天津大学，2016.
[103] 刘小铁．产业竞争力因素分析［D］．南昌：江西财经大学，2004.

[104] 刘新民，刘广东，丁黎黎．我国海洋低碳经济效率地区差异与收敛分析 [J]．工业技术经济，2015，34 (9)：37 – 46.
[105] 刘艳，曹伟，王晏晏．“一带一路”内陆节点城市物流业竞争力评价：基于熵权 TOPSIS 组合模型 [J]．技术经济，2016，35 (11)：68 – 72，104.
[106] 刘洋，丰爱平，刘大海，等．基于聚类分析的山东半岛沿海城市海洋产业竞争力研究 [J]．海洋开发与管理，2008，25 (1)：71 – 76.
[107] 刘洋，裴兆斌，姜义颖．辽宁省海洋生态文明建设中的供给侧改革路径研究 [J]．海洋经济，2016，6 (6)：3 – 9.
[108] 刘友金．产业集群竞争力评价量化模型研究：GEM 模型解析与 GEMN 模型构建 [J]．中国软科学，2007 (9)：104 – 110，124.
[109] 楼东，谷树忠，钟赛香．中国海洋资源现状及海洋产业发展趋势分析 [J]．资源科学，2005，27 (5)：20 – 26.
[110] 卢宁．山东省海陆一体化发展战略研究 [D]．青岛：中国海洋大学，2009.
[111] 卢志滨．区域物流 – 经济 – 环境系统耦合发展研究 [D]．黑龙江：哈尔滨工业大学，2016.
[112] 吕明元，陈维宣．天津滨海新区构建生态型产业结构的问题与对策 [J]．天津经济，2014 (11)：5 – 8.
[113] 吕铁，周叔莲．中国的产业结构升级与经济增长方式转变 [J]．管理世界，1999 (1)：113 – 125.
[114] 罗必良．新制度经济学 [M]．太原：山西出版社，2005.
[115] 马彩华，赵志远，游奎．略论海洋生态文明建设与公众参与 [J]．中国软科学，2010 (S1)：172 – 177.
[116] 马仁锋，李加林，庄佩君，等．长江三角洲地区海洋产业竞争力评价 [J]．长江流域资源与环境，2012，21 (8)：918 – 926.
[117] 马铁成．区域金融发展对海洋经济增长的影响机制研究 [J]．华东经济管理，2017，31 (8)：60 – 64.
[118] 马英杰，尚玉洁，刘兰．我国海洋生态文明建设的立法保障 [J]．东岳论丛，2015，36 (4)：176 – 179.
[119] 毛伟，居占杰．中国战略性新兴海洋产业国际化发展评价 [J]．生态

经济，2018，34（9）：99－103.

［120］孟伟庆，胡蓓蓓，刘百桥，等．基于生态系统的海洋管理：概念、原则、框架与实践途径［J］．地球科学进展，2016，31（5）：461－470.

［121］宓泽锋，曾刚，尚勇敏，等．中国省域生态文明建设评价方法及空间格局演变［J］．经济地理，2016，36（4）：15－21.

［122］苗欣茹，王少鹏，席增雷．中国海洋生态文明进程的综合评价与测度［J］．海洋开发与管理，2020，37（1）：83－91.

［123］缪小明，王玉梅，辛晓华．产业政策与产业竞争力的关系：以中国集成电路产业为例［J］．中国科技论坛，2019（2）：54－63.

［124］庞娟．广西产业竞争力综合评价与对策研究［J］．改革与战略，2005（7）：20－23.

［125］裴长洪．利用外资与产业竞争力［M］．北京：社会科学文献出版社，1998.

［126］彭飞，韩增林，杨俊，等．基于 BP 神经网络的中国沿海地区海洋经济系统脆弱性时空分异研究［J］．资源科学，2015（12）：2441－2450.

［127］彭飞，孙才志，刘天宝，等．中国沿海地区海洋生态经济系统脆弱性与协调性时空演变［J］．经济地理，2018，38（3）：165－174.

［128］彭宇飞，马全党．中国海洋经济发展差异及影响因素分析［J］．统计与决策，2017（15）：144－147.

［129］钱争鸣，刘晓晨．中国绿色经济效率的区域差异与影响因素分析［J］．中国人口·资源与环境，2013，23（7）：104－109.

［130］乔俊果，朱坚真．政府海洋科技投入与海洋经济增长：基于面板数据的实证研究［J］．科技管理研究，2012，32（4）：37－40.

［131］乔延龙，殷小亚，孙艺，等．天津市海洋生态文明建设研究［J］．海洋开发与管理，2018，35（6）：71－75.

［132］秦伟山，杨浩东，李晶娜，等．环渤海海洋生态文明城市建设的评价体系与水平测度［J］．科技导报，2016，34（21）：58－63.

［133］曲金良．海洋文明强国：理念、内涵与路径［N］．中国社会科学报，2013－08－28（B05）.

［134］权锡鉴．海洋经济学初探［J］．东岳论丛，1986（4）：20－25.

[135] 任若恩，王惠文．多元统计数据分析——理论、方法、实例 [M]．北京：国防工业出版社，1997.

[136] 沈忱，李桂华，顾杰，等．产业集群品牌竞争力评价指标体系构建分析 [J]．科学学与科学技术管理，2015，36（1）：88－98.

[137] 沈金生，郁威．环渤海地区主要港口经济效率研究 [J]．华东经济管理，2014，28（10）：72－76.

[138] 沈满洪，毛狄．习近平海洋生态文明建设重要论述及实践研究 [J]．社会科学辑刊，2020（2）：109－115，2.

[139] 盛世豪．知识经济与工业经济的知识化过程（上）[J]．中国软科学，1998（12）：12－15.

[140] 石震，李战江，刘丹．基于灰关联－秩相关的绿色经济评价指标体系构建 [J]．统计与决策，2018，34（11）：28－32.

[141] 宋泽明，宁凌．基于 DPSIR-TOPSIS 模型的我国沿海省份海洋资源环境承载力评价及障碍因素研究 [J]．生态经济，2020，36（8）：154－160，212.

[142] 苏为华，王龙，李伟．中国海洋经济全要素生产率影响因素研究：基于空间面板数据模型 [J]．财经论丛，2013（3）：9－13.

[143] 孙才志，韩建．基于 AHP-NRC 模型的中国海洋产业竞争力评价 [J]．地域研究与开发，2014（4）：1－7.

[144] 孙才志，覃雄合，李博，等．基于 WSBM 模型的环渤海地区海洋经济脆弱性研究 [J]．地理科学，2016，36（5）：705－714.

[145] 孙加韬．中国海陆一体化发展的产业政策研究 [D]．上海：复旦大学，2011.

[146] 孙剑锋，秦伟山，孙海燕，等．中国沿海城市海洋生态文明建设评价体系与水平测度 [J]．经济地理，2018，38（8）：19－28.

[147] 孙军．需求因素、技术创新与产业结构演变 [J]．南开经济研究，2008（5）：58－71.

[148] 孙林林，李同昇，吴涛．我国沿海地区海洋产业结构及其竞争力的偏离份额分析 [J]．科技情报开发与经济，2013，23（5）：137－139，160.

[149] 孙鹏，陈钰芬．中国产业结构变迁与经济增长关系 [J]．首都经济贸

易大学学报，2014，16（5）：68-76.

[150] 孙倩，张冲，官云飞. 基于指标权重分析的海洋生态文明绩效考核评价研究 [J]. 海洋开发与管理，2018，35（7）：42-47.

[151] 谭映宇. 海洋资源、生态和环境承载力研究及其在渤海湾的应用 [D]. 青岛：中国海洋大学，2010.

[152] 唐啸. 绿色经济理论最新发展述评 [J]. 国外理论动态，2014（1）：125-132.

[153] 王波，韩立民. 中国海洋产业结构变动对海洋经济增长的影响：基于沿海11省市的面板门槛效应回归分析 [J]. 资源科学，2017，39（6）：1182-1193.

[154] 王恒，李悦铮，邢娟娟. 国外国家海洋公园研究进展与启示 [J]. 经济地理，2011，31（4）：673-679.

[155] 王珂，郭晓曦，李梅香. 长三角大湾区城市群生态文明绩效评价：基于因子分析与熵值法的结合分析 [J]. 生态经济，2020，36（4）：213-218.

[156] 王玲玲，张艳国. "绿色发展"内涵探微 [J]. 社会主义研究，2012（5）：143-146.

[157] 王龙. 中国汽车产业国际竞争力研究 [D]. 武汉：武汉理工大学，2006.

[158] 王圣，张燕歌. 山东海洋产业竞争力评估体系的构建 [J]. 海洋开发与管理，2011（7）：109-113.

[159] 王书明，李娇娜. 环渤海地区海陆统筹应对环境危机研究：以大连漏油危机为例 [J]. 科学与管理，2012（2）：5-10.

[160] 王双. 我国主要海洋经济区的海洋经济竞争力比较研究 [J]. 华东经济管理，2013，27（3）：70-75.

[161] 王先甲，汪磊. 基于马氏距离的改进TOPSIS在供应商选择中的应用 [J]. 控制与决策，2012，27（10）：1566-1570.

[162] 王泽宇，卢雪凤，韩增林. 海洋资源约束与中国海洋经济增长——基于海洋资源"尾效"的计量检验 [J]. 地理科学，2017，37（10）：1497-1506.

[163] 王泽宇，卢雪凤，孙才志，等. 中国海洋经济重心演变及影响因素

[J]. 经济地理, 2017, 37 (5): 12-19.
[164] 卫平, 余奕杉. 产业结构变迁对城市经济效率的影响: 以中国285个城市为例 [J]. 城市问题, 2018 (11): 4-11.
[165] 邬晓霞, 张双悦. "绿色发展"理念的形成及未来走势 [J]. 经济问题, 2017 (2): 30-34.
[166] 巫克帆. 基于主成分分析——TOPSIS法的广东海洋产业竞争力评价 [D]. 广州: 广东省社会科学院, 2014.
[167] 吴次芳, 鲍海君, 徐保根. 我国沿海城市的生态危机与调控机制: 以长江三角洲城市群为例 [J]. 中国人口·资源与环境, 2005 (3): 32-37.
[168] 吴姗姗, 张凤成, 曹可. 基于集对分析和主成分分析的中国沿海省海洋产业竞争力评价 [J]. 资源科学, 2014, 36 (11): 2386-2391.
[169] 吴淑娟, 肖健华. 我国海洋经济运作效率的测量: 基于混合型网络DEA模型 [J]. 科技管理研究, 2015, 35 (10): 64-68.
[170] 吴珍, 陈睿山. 上海海洋生态系统健康评价方法的比较分析 [J]. 华东师范大学学报 (自然科学版), 2019 (4): 174-187.
[171] 伍业锋. 中国海洋经济区域竞争力测度指标体系研究 [J]. 统计研究, 2014, 31 (11): 29-34.
[172] 武京军, 刘晓雯. 中国海洋产业结构分析及分区优化 [J]. 中国人口·资源与环境, 2010, 20 (S1): 21-25.
[173] 武静. 广东省海洋生态文明建设绩效评价及对策研究 [D]. 广州: 广东海洋大学, 2017.
[174] 夏绍玮, 等. 系统工程概论 [M]. 北京: 清华大学出版社, 1995.
[175] 向书坚, 郑瑞坤. 中国绿色经济发展指数研究 [J]. 统计研究, 2013, 30 (3): 72-77.
[176] 徐丛春, 宋维玲, 李双建. 基于波士顿矩阵的广东省海洋产业竞争力评价研究 [J]. 特区经济, 2011 (2): 35-37.
[177] 徐健, 夏雪瑾, 冯文静, 等. 上海市海洋生态文明示范区建设对策建议 [J]. 上海水务, 2017, 33 (2): 1-3.
[178] 徐舒静, 于慎澄. 海陆统筹视角下的海洋文化产业发展 [J]. 东岳论丛, 2012 (10): 47-50.
[179] 徐质斌. 广东省海洋经济重大问题研究 [M]. 北京: 海洋出版社,

2006.
[180] 许嫣妮．摸清海洋经济“家底”[N]．福建日报，2017-06-01 (004).
[181] 薛永武．海洋生态视域下的海陆统筹发展战略[J]．山东师范大学学报（人文社会科学版），2015，60 (5)：111-121.
[182] 严筱．我国海洋产业竞争力评价研究[D]．北京：中国地质大学，2013.
[183] 阎欣，尹秋怡，王慧，等．基于协同学理论的厦漳泉都市圈发展策略[J]．规划师，2013，29 (12)：34-40.
[184] 杨建强，崔文林，张洪亮，等．莱州湾西部海域海洋生态系统健康评价的结构功能指标法[J]．海洋通报，2003 (5)：58-63.
[185] 杨金森．发展海洋经济必须实行统筹兼顾的方针：中国海洋经济研究[M]．北京：海洋出版社，1984.
[186] 杨龙，胡晓珍．基于DEA的中国绿色经济效率地区差异与收敛分析[J]．经济学家，2010 (2)：46-54.
[187] 姚娜，陈方，甘升伟，等．协同学在水资源可持续利用评价中的应用研究[J]．水文，2017，37 (6)：29-34.
[188] 姚晴晴．山东省海洋产业竞争力研究[D]．青岛：中国海洋大学，2014.
[189] 叶蜀君，包许航，温雪．广西北部湾经济区海洋产业竞争力测度与经济效应评价[J]．广西民族大学学报，2019 (5)：145-152.
[190] 叶宗裕．关于多指标综合评价中指标正向化和无量纲化方法的选择[J]．浙江统计，2003 (4)：25-26.
[191] 殷克东，高文晶，徐华林．我国海洋经济景气指数及波动特征研究[J]．中国渔业经济，2013，31 (4)：42-49.
[192] 殷克东，金雪，李雪梅，等．基于混频MF-VAR模型的中国海洋经济增长研究[J]．资源科学，2016，38 (10)：1821-1831.
[193] 殷克东，王晓玲．中国海洋产业竞争力评价的联合决策测度模型[J]．经济研究参考，2010 (28)：27-39.
[194] 于春艳，兰冬东，许妍，等．海洋生态文明考核指标体系研究[J]．海洋开发与管理，2018，35 (8)：36-40.
[195] 于大涛，孙倩，姜恒志，等．大连市旅顺口区海洋生态文明绩效评价

与思考 [J]. 环境与可持续发展, 2019, 44 (1): 30-33.
[196] 于谨凯, 李姗姗. 产业链视角下山东半岛蓝色经济区海陆统筹研究 [J]. 海洋经济, 2015, 5 (2): 33-39.
[197] 余丹林, 毛汉英, 高群. 状态空间衡量区域承载状况初探: 以环渤海地区为例 [J]. 地理研究, 2003 (2): 201-210.
[198] 余亭, 刘强. 基于偏离-份额分析法的粤鲁浙三省海洋经济增长效应分析 [J]. 海洋开发与管理, 2012, 29 (7): 120-123.
[199] 余文珍, 梁显富. 中国金融结构对海洋经济的影响分析 [J]. 科技经济市场, 2012 (7): 26-28.
[200] 俞立平, 万崇丹. 我国区域海洋经济竞争力评价研究 [J]. 科技与管理, 2012, 14 (3): 11-14.
[201] 袁文华, 李建春, 刘呈庆, 等. 城市绿色发展评价体系及空间效应研究: 基于山东省17地市时空面板数据的实证分析 [J]. 华东经济管理, 2017, 31 (5): 19-27.
[202] 袁云涛, 王峰虎. 分工、剩余控制权配置与经济效率: 经济效率的制度解析 [J]. 郑州大学学报 (哲学社会科学版), 2003 (3): 90-94.
[203] 詹长根, 王佳利, 蔡春美. 沿海地区海洋经济效率及驱动机理研究 [J]. 工业技术经济, 2016, 35 (7): 51-58.
[204] 詹玉萍, 于淑艳. 大连产业结构转换能力与转换速度分析 [J]. 科技管理研究, 2007 (1): 84-87.
[205] 张红智, 张静. 论我国的海洋产业结构及其优化 [J]. 海洋科学进展, 2005 (2): 243-247.
[206] 张焕焕. 我国海洋产业国际竞争力研究 [D]. 哈尔滨: 哈尔滨工程大学, 2013.
[207] 张剑, 许鑫, 隋艳晖. 海洋经济驱动下的海岸带土地利用景观格局演变研究: 基于CA-Markov模型的模拟预测 [J]. 经济问题, 2020 (3): 100-104, 129.
[208] 张金昌. 国际竞争力评价的理论和方法 [M]. 北京: 经济科学出版社, 2002.
[209] 张竞文, 王晓梅, 李想, 等. 我国东中西部三大产业R&D经费分配的优化分析 [J]. 研究与发展管理, 2017, 29 (6): 49-58.

[210] 张静，韩立民．试论海洋产业结构的演进规律 [J]．中国海洋大学学报（社会科学版），2006 (6)：1-3.

[211] 张莉，何春林，乔俊果．广东省绿色海洋经济发展的效益评价 [J]．太平洋学报，2008 (8)：78-87.

[212] 张立军，袁能文．线性综合评价模型中指标标准化方法的比较与选择 [J]．统计与信息论坛，2010，25 (8)：10-15.

[213] 张恋．我国海洋经济区海洋产业结构及竞争力评价研究 [D]．沈阳：辽宁师范大学，2014.

[214] 张秋萍，吴小玲．广西北部湾经济区构建海洋生态文明示范区的思考 [J]．东南亚纵横，2015 (9)：62-67.

[215] 张士华．基于协同学理论的跨境电商协同网络和演化路径探究 [J]．商业经济研究，2018 (3)：84-87.

[216] 张卫华，赵铭军．指标无量纲化方法对综合评价结果可靠性的影响及其实证分析 [J]．统计与信息论坛，2005 (3)：33-36.

[217] 张伟．现代产业体系绿色低碳化的实现途径及影响因素 [J]．科研管理，2016 (S1)：426-432.

[218] 张晓臣．中国梦视域下的海洋生态文明建设 [J]．中国水运，2017 (9)：20-21.

[219] 张晓浩，吴玲玲，石萍，等．粤港澳大湾区蓝色经济绿色发展对策研究 [J]．生态经济，2021，37 (1)：59-63.

[220] 张旭．绿色增长内涵及实现路径研究述评 [J]．科研管理，2016，37 (8)：85-93.

[221] 张耀光，王国力，刘锴，等．中国区域海洋经济差异特征及海洋经济类型区划分 [J]．经济地理，2015，35 (9)：87-95.

[222] 张耀光，魏东岚，王国力，等．中国海洋经济省际空间差异与海洋经济强省建设 [J]．地理研究，2005 (1)：46-56.

[223] 张一．海洋生态文明示范区建设：内涵、问题及优化路径 [J]．中国海洋社会学研究，2017 (5)：50-62.

[224] 赵梁．我国沿海省市海陆产业协调度分析 [J]．合作经济与科技，2018 (4)：38-39.

[225] 赵林，张宇硕，焦新颖，等．基于 SBM 和 Malmquist 生产率指数的中

国海洋经济效率评价研究 [J]. 资源科学, 2016, 38 (3): 461-475.
[226] 赵林, 张宇硕, 吴迪, 等. 考虑非期望产出的中国省际海洋经济效率测度及时空特征 [J]. 地理科学, 2016, 36 (5): 671-680.
[227] 赵冉, 张特特. 浙江省海洋产业竞争力形成机理的动态仿真研究 [J]. 中国渔业经济, 2014 (6): 81-87.
[228] 赵细康, 吴大磊, 曾云敏. 基于区域发展阶段特征的绿色发展评价研究: 以广东21地市为例 [J]. 南方经济, 2018 (3): 42-54.
[229] 赵昕, 郭恺莹. 基于GRA-DEA混合模型的沿海地区海洋经济效率分析与评价 [J]. 海洋经济, 2012, 2 (5): 5-10.
[230] 赵昕, 马洪芹, 李秀光. 试论我国海洋产业结构合理化 [J]. 时代金融, 2006 (12): 104-105.
[231] 赵昕, 南旭, 袁顺. 巨系统视角下的海陆耦合协调机制研究 [J]. 生态经济, 2016 (8): 25-28.
[232] 赵昕, 朱连磊, 丁黎黎. 创新驱动发展战略下海洋生态文明建设的实现路径 [J]. 海洋经济, 2017, 7 (1): 46-54.
[233] 赵彦云, 等. 中国产业竞争力研究 [M]. 北京: 经济科学出版社, 2009.
[234] 赵珍. 海洋经济竞争力影响因素及评价模型研究 [J]. 海洋开发与管理, 2013 (11): 79-83.
[235] 郑乐凯, 王思语. 中国产业国际竞争力的动态变化分析: 基于贸易增加值前向分解法 [J]. 数量经济技术经济研究, 2017, 34 (12): 110-126.
[236] 郑若谷, 干春晖, 余典范. 转型期中国经济增长的产业结构和制度效应: 基于一个随机前沿模型的研究 [J]. 中国工业经济, 2010 (2): 58-67.
[237] 周洪军, 何广顺, 王晓惠, 等. 我国海洋产业结构分析及产业优化对策 [J]. 海洋通报, 2005 (2): 46-51.
[238] 朱春奎, 朱立奎. 产业竞争力的形成机理与发展阶段 [J]. 科技进步与对策, 2003 (4): 174-175.
[239] 朱海玲. 绿色经济评价指标体系的构建 [J]. 统计与决策, 2017 (5): 29-32.

[240] 朱坚真. 海洋经济学 [M]. 北京: 高等教育出版社, 2010.
[241] 朱喜安, 魏国栋. 熵值法中无量纲化方法优良标准的探讨 [J]. 统计与决策, 2015 (2): 12 - 15.
[242] 祝敏. 海洋环境规制对我国海洋产业竞争力的影响研究 [D]. 沈阳: 辽宁大学, 2019.
[243] 邹巅, 廖小平. 绿色发展概念认知的再认知: 兼谈习近平的绿色发展思想 [J]. 湖南社会科学, 2017 (2): 119 - 127.
[244] 邹玮, 孙才志, 覃雄合. 基于 Bootstrap-DEA 模型环渤海地区海洋经济效率空间演化与影响因素分析 [J]. 地理科学, 2017, 37 (6): 859 - 867.
[245] Ahmed E M. Green TFP Intensity Impact on Sustainable East Asian Productivity Growth [J]. Economic Analysis and Policy, 2012, 42 (1): 67 - 78.
[246] Alan M R, Joseph R D. The Double Diamond Model of International Competitiveness: The Canadian Experience [J]. Management International Review, 1993, 33: 17 - 39.
[247] Albotoush R, Shau-Hwai A T. Evaluating Integrated Coastal Zone Management Efforts in Penang Malaysia [J]. Ocean and Coastal Management, 2019, 181.
[248] Anselin L. Spatial Econometrics: Methods and Models [M]. Boston: Kluwer Academic Publishers, 1988.
[249] Barros C P, Athanassiou M. Efficiency in European Seaports with DEA: Evidence from Greece and Portugal [J]. Maritime Economics & Logistics, 2004, 6 (2): 122 - 140.
[250] Benito G R G , Berger E , Forest M D L , et al. A Cluster Analysis of the Maritime Sector in Norway [J]. International Journal of Transport Management, 2003, 1 (4): 203 - 215.
[251] Briggs H, Townsend R, Wilson J. An Input-Output Analysis of Marine's Fisheries [J]. Marine Fisheries Review, 1982, 44 (1): 1 - 7.
[252] Brown K, Adger W N, Tompkins E, et al. Trade-Off Analysis for Marine Protected Area Management [J]. Ecological Economics, 2001, 37 (3):

417 –434.
[253] Brundtland G H . World Commission on Environment and Development [J]. Environmental Policy & Law, 1987, 14 (1): 26 –30.
[254] Cho D S. A Dynamic Approach to International Competitiveness: The Case of Korea [J]. Asia Pacific Business Review, 1994 (1): 17 –36.
[255] Clausen R , York R . Economic Growth and Marine Biodiversity: Influence of Human Social Structure on Decline of Marine Trophic Levels [J]. Conservation Biology, 2010, 22 (2): 458 –466.
[256] Colgan C S . The Ocean Economy of the United States: Measurement, Distribution, & Trends [J]. Ocean & Coastal Management, 2013, 71 (JAN.): 334 –343.
[257] Cullinane K, Song D W, Wang T F. The Application of Mathematical Programming Approaches to Estimating Container Port Production Efficiency [J]. Journal of Productivity Analysis, 2005, 24 (1): 73 –92.
[258] David P. Blueprint for a Green Economy: A Report [M]. London: Earthscan Publications Ltd, 1989.
[259] Day V, Paxinos R, Emmett J, et al. The Marine Planning Framework for South Australia: A New Ecosystem-Based Zoning Policy for Marine Management [J]. Marine Policy, 2008, 32 (4): 535 –543.
[260] De Langen P W, Nijdam M. Leader Firms in the Dutch Maritime Cluster [C]. European Regional Science Association Conference, 2003: 395.
[261] Dietrich A . Does Growth Cause Structural Change, or is It the Other Way Around? A Dynamic Panel Data Analysis for Seven OECD Countries [J]. Empirical Economics, 2012, 43 (3): 915 –944.
[262] Dunning J H. Internationalizing Porter's Diamond [J]. Management International Review, 1993, 33 (2): 8 –15.
[263] Eichengreen B , Park D , Shin K , et al. When Fast-Growing Economies Slow Down: International Evidence and Implications for China [J]. Asian Economic Papers, 2012, 11 (1): 42 –87.
[264] Ferianto S SI, Berliandldo M SE. Mapping of Management Strategic in Improving Herbal Medicine Industry Competitiveness [J]. International Jour-

nal of Business Management & Research. 2019, 9 (1): 31 -37.

[265] Fernandez-Macho J , Murillas A , Ansuategi A , et al. Measuring the Maritime Economy: Spain in the European Atlantic Arc [J]. Marine Policy, 2015, 60 (oct): 49 -61.

[266] Finnoff D, Tschirhart J. Linking Dynamic Economic and Ecological General Equilibrium Models [J]. Resource and Energy Economics, 2008, 30 (2): 91 -114.

[267] Forst M F. The Convergence of Integrated Coastal Zone Management and the Ecosystems Approach [J]. Ocean & Coastal Management, 2009, 52 (6): 294 -306.

[268] Glass M R . Innovation and Interdependencies in the New Zealand Custom Boat-Building Industry [J]. International Journal of Urban and Regional Research, 2010, 25 (3): 571 -592.

[269] Gogoberidze G. Tools For Comprehensive Estimate of Coastal Region Marine Economy Potential and Its Use For Coastal Planning [J]. Journal of Coastal Conservation, 2012, 16 (3): 251 -260.

[270] Grealis E , Hynes S , O'Donoghue C , et al. The Economic Impact of Aquaculture Expansion: An Input-Output Approach [J]. Marine Policy, 2017, 81: 29 -36.

[271] Hoagland P, Jin D. Accounting For Marine Economic Activities in Large Marine Ecosystems [J]. Ocean and Coastal Management, 2008, 51 (3): 246 -258.

[272] Hoagland P, Jin D, Thunberg E, et al. 7-Economic Activity Associated with the Northeast Shelf Large Marine Ecosystem: Application of an Input-Output Approach [J]. Large Marine Ecosystems, 2005, 13 (5): 157 -179.

[273] Holland D S, Lee S T. Impacts of Random Noise and Specification on Estimates of Capacity Derived from Data Envelopment Analysis [J]. European Journal of Operational Research, 2002, 137 (1): 10 -21.

[274] Hong A M, Cheng C C. The Study on Affecting Factors of Regional Marine Industrial Structure Upgrading [J]. International Journal of System Assur-

ance Engineering and Management, 2016 (7): 213 -219.

[275] Jamnia A R , Mazloumzadeh S M , Keikha A A . Estimate the Technical Efficiency of Fishing Vessels Operating in Chabahar Region, Southern Iran [J]. Journal of the Saudi Society of Agricultural Sciences, 2013, 14 (1): 26 -32.

[276] Jin D, Hoagland P, Dalton T M. Linking Economic and Ecological Models For A Marine Ecosystem [J]. Ecological Economics, 2003, 46 (3): 367 -385.

[277] Jin D, Kite-Powell H L, Thunberg E, et al. A Model of Fishing Vessel Accident Probability [J]. Journal of Safety Research, 2002, 33 (4): 497 -510.

[278] Karyn, Morrissey. Using Secondary Data to Examine Economic Trends in a Subset of Sectors in the English Marine Economy: 2003—2011 [J]. Marine Policy, 2014, 50: 135 -141.

[279] Kearney J, Berkes F, Charles A, et al. The Role of Participatory Governance and Community-Based Management in Integrated Coastal and Ocean Management in Canada [J]. Coastal Management, 2007, 35 (1): 79 -104.

[280] Kildow J T, Mcilgorm A. The Importance of Estimating the Contribution of the Oceans to National Economies [J]. Marine Policy, 2010, 34 (3): 367 -374.

[281] Kwak S J, Yoo S H, Chang J I. The Role of the Maritime Industry in the Korean National Economy: An Input-Output Analysis [J]. Marine Policy, 2005, 29 (4): 371 -383.

[282] Kyle K R . Technological Change and the Production of Ocean Shipping Services [J]. Review of Industrial Organization, 1997 (12): 733 -750.

[283] Lam M . Consideration of Customary Marine Tenure System in the Establishment of Marine Protected Areas in the South Pacific [J]. Ocean & Coastal Management, 1998, 39 (1): 97 -104.

[284] Lewis A . Economic Development with Unlimited Supplies of Labour [J]. The Manchester School of Economic and Social Studies, 1954, 22 (2):

139 – 191.

[285] Linton D M, Warner G F. Biological Indicators in the Caribbean Coastal Zone and Their Role in Integrated Coastal Management [J]. Ocean & Coastal Management, 2003, 46 (3): 261 – 276.

[286] Luh Y H, Jiang W J, Huang S C. Trade-Related Spillovers and Industrial Competitiveness: Exploring the Linkages for OECD Countries [J]. Economic Modelling, 2016, 54 (apr.): 309 – 325.

[287] Lvdal N, Neumann F. Internationalization as a Strategy to Overcome Industry Barriers—An Assessment of the Marine Energy Industry [J]. Energy Policy, 2011, 39 (3): 1093 – 1100.

[288] Makkonen T, Inkinen T, Saarni J. Innovation Types in the Finnish Maritime Cluster [J]. WMU Journal of Maritime Affairs, 2013, 12 (1): 1 – 15.

[289] Managi S, Opaluch J J et al. Stochastic Frontier Analysis of Total Factor Productivity in the Offshore Oil and Gas Industry [J]. Ecological Economics, 2006, 60 (1): 204 – 215.

[290] Maravelias C D, Tsitsika E V. Economic Efficiency Analysis and Fleet Capacity Assessment in Mediterranean Fisheries [J]. Fisheries Research, 2008, 93 (1 – 2): 85 – 91.

[291] Masalu D C P. Coastal and Marine Resource Use Conflicts and Sustainable Development in Tanzania [J]. Ocean & Coastal Management, 2000, 43 (6): 475 – 494.

[292] Mcdonald G W, Patterson M G. Ecological Footprints and Interdependencies of New Zealand Regions [J]. Ecological Economics, 2004, 50 (1 – 2): 49 – 67.

[293] Mcfadden, Loraine. Governing Coastal Spaces: The Case of Disappearing Science in Integrated Coastal Zone Management [J]. Coastal Management, 2007, 35 (4): 429 – 443.

[294] Mcgoodwin J R. Effects of Climatic Variability on Three Fishing Economies in High-Latitude Regions: Implications for Fisheries Policies [J]. Marine Policy, 2007, 31 (1): 40 – 55.

[295] Merino G, Barange M, Fernandes J A, et al. Estimating the Economic Loss of Recent North Atlantic Fisheries Management [J]. Progress in Oceanography, 2014, 129: 314-323.

[296] Merrie A, Olsson P. An Innovation and Agency Perspective on the Emergence and Spread of Marine Spatial Planning [J]. Marine Policy, 2014, 44: 366-374.

[297] Miles, Edward L. The Concept of Ocean Governance: Evolution Toward the 21st Century and the Principle of Sustainable Ocean Use [J]. Coastal Management, 1999, 27 (1): 1-30.

[298] Moller R M, Fitz J. Economic Assessment of Ocean Dependent Activities [M]. California Research Bureau, 1994.

[299] Momaya K S , Bhat S , Lalwani L . Institutional Growth and Industrial Competitiveness: Exploring the Role of Strategic Flexibility Taking the Case of Select Institutes in India [J]. Global Journal of Flexible Systems Management, 2017, 18 (2): 1-12.

[300] Morrissey K , O'Donoghue C. The Irish Marine Economy and Regional Development [J]. Marine Policy, 2012, 36 (2): 358-364.

[301] Mumby P J, Raines P S, Gray D A , et al. Geographic Information Systems: A Tool for Integrated Coastal Zone Management in Belize [J]. Coastal Management, 1995, 23 (2): 111-121.

[302] Murmann J P. Knowledge and Competitive Advantage: The Coevolution of Firms, Technology, and National Institutions [M]. Cambridge U K: Cambridge University Press, 2003.

[303] Ntona M, Morgera E. Connecting SDG 14 wtih the Other Sustainable Development Goals Through Marine Spatial Planning [J]. Marine Policy, 2018, 93: 214-222.

[304] Peneder M. Industrial Structure and Aggregate Growth [J]. Structural Change and Economic Dynamics, 2003 (14): 427-448.

[305] Pickaver A H, Gilbert C, Breton F. An Indicator Set to Measure the Progress in the Implementation of Integrated Coastal Zone Management in Europe [J]. Ocean & Coastal Management, 2004, 47 (9-10): 449-

462.

[306] Pirrone N, Trombino G, Cinnirella S, et al. The Driver-Pressure-State-Impact-Response (DPSIR) Approach For Integrated Catchment-Coastal Zone Management: Preliminary Application to the Po Catchment-Adriatic Sea Coastal Zone System [J]. Regional Environmental Change, 2005, 5 (2-3): 111-137.

[307] Pontecorvo G. Contribution of the Ocean Sector to the United States Economy [J]. Marine Technology Society Journal, 1989, 23 (2): 7-14.

[308] Pureza J M. International Law and Ocean Governance: Audacity and Modesty [J]. Review of European Community and International Environmental Law, 2010, 8 (1): 73-77.

[309] Rapport D J, Turner J E. Economic Models in Ecology [J]. Science, 1977, 195 (4276): 367-373.

[310] Rees S E, Rodwell L D, Attrill M J, et al. The Value of Marine Biodiversity to the Leisure and Recreation Industry and Its Application to Marine Spatial Planning [J]. Marine Policy, 2010, 34 (5): 868-875.

[311] Rorholm N. Economic Impact of Marine-Oriented Activities: A Study of the Southern New England Marine Region [R]. University of Rhode Island, Dept of Food and Resource Economics, 1967: 132.

[312] Sharma S, Singh D N. Characterization of Sediments For Sustainable Development: State of the Art [J]. Marine Georesources & Geotechnology, 2015, 33 (5): 447-465.

[313] Shipman B, Stojanovic T. Facts, Fictions, and Failures of Integrated Coastal Zone Management in Europe [J]. Coastal Management, 2007, 35 (2-3): 375-398.

[314] Slack B, Wang J J. The Challenge of Peripheral Ports: An Asian Perspective [J]. Geojournal, 2002, 56 (2): 159-166.

[315] Stavroulakis P J, Papadimitrious, et al. 5th International Symposium on Ship Operations, Management and Economics [C]. Athens: Eugenides Foundation, 2015.

[316] Stebbings E, Papathanasopoulou E, Hooper T, et al. The Marine Economy

of the United Kingdom [J]. Marine Policy, 2020 (116): 103905.

[317] Stelzenmüller V, Cormier R, Gee K, et al. Evaluation of Marine Spatial Planning Requires Fit for Purpose Monitoring Strategies [J]. Journal of Environmental Management, 2021, 278 (2): 111545.

[318] Surís-Regueiro J C, Garza-Gil M D , Varela-Lafuente M M . Marine Economy: A Proposal for Its Definition in the European Union [J]. Marine Policy, 2013, 42: 111 - 124.

[319] The Allen Consulting Group. The Economic Contribution of Australia's Marine Industries 1995—96 to 2002—03: A Report Prepared for the National Oceans Advisory Group [R]. The Allen Consulting Group Pty Ltd, Australia, 2004.

[320] Tone K . A Slacks-Based Measure of Efficiency in Data Envelopment Analysis [J]. European Journal of Operational Research, 2001, 130 (3): 498 - 509.

[321] Uehara T , Niu J , Chen X , et al. A Sustainability Assessment Framework for Regional-Scale Integrated Coastal Zone Management (ICZM) Incorporating Inclusive Wealth, Satoumi, and Ecosystem Services Science [J]. Sustainability Science, 2016, 11 (5): 801 - 812.

[322] UNDP. China Human Development Report 2002: Making Green Development a Choice [M]. Oxford University Press, 2002.

[323] UNEP. Green Economy: Developing Countries Success Stories [M]. Nairobi, 2010.

[324] UNEP. Green Jobs: Towards Decent Work in a Sustainable, Low-Carbon World [M]. Nairobi, 2008.

[325] Vanclay F. The Potential Application of Social Impact Assessment in Integrated Coastal Zone Management [J]. Ocean & Coastal Management, 2012, 68 (11): 149 - 156.

[326] Varun M, Nauriyal D K, Singh S P. Domestic Market Competitiveness of Indian Drug and Pharmaceutical Industry [J]. Review of Managerial Science, 2020 (14): 519 - 559.

[327] Villarreal C C, AhumadaV M C. Mexico's Manufacturing Competitiveness in

the Us Market: A Short-Term Analysis [J]. Investigación Económica, 2015, 74 (292): 91-114.

[328] Wanke P F. Physical Infrastructure and Shipment Consolidation Efficiency Drivers in Brazilian Ports: A Two-Stage Network-DEA Approach [J]. Transport Policy, 2013, 29 (7): 145-153.

[329] Westwood J, Young H. The Importance of Marine Industry Markets to National Economies [C]. Oceans, IEEE, 1997.

[330] White M, O'Sullivan G. Implications of Eurogoos on Marine Policy Making in a Small Maritime Economy [J]. Elsevier Oceanography, 1997, 62: 278-285.

[331] Wright G. Marine Governance in an Industrialised Ocean: A Case Study of the Emerging Marine Renewable Energy Industry [J]. Marine Policy, 2015 (52): 77-84.

[332] Yip T L, Sun X Y, Liu J J. Group and Individual Heterogeneity in a Stochastic Frontier Model: Container Terminal Operators [J]. European Journal of Operational Research, 2011, 213 (3): 517-525.

[333] Young O R, Osherenko G, Ekstrom J, et al. Solving the Crisis in Ocean Governance: Place-Based Management of Marine Ecosystems [J]. Environment Science & Policy for Sustainable Development, 2007, 49 (4): 20-32.

[334] Zhou P, Poh K L, Ang B W. A Non-Radial DEA Approach to Measuring Environmental Performance [J]. European Journal of Operational Research, 2007, 178 (1): 1-9.